普通高等教育土木与交通类"十三五"规划教材

土木工程材料

主编 唐贵和

·北京·

内 容 提 要

本书根据土木工程专业的最新培养要求编写而成。本书共 12 部分，包括绪论、土木工程材料的基本性质、建筑金属材料、无机气硬性胶凝材料、水泥、墙体材料、混凝土、砂浆、木材、沥青和沥青混合料、建筑功能材料及土木工程材料试验。本书各章包括本章要点、能力要求、延伸阅读、本章小结及习题与思考题。

本书的指导思想不仅有利于学生学习知识，更重要的是培养创新精神，提高分析解决问题的能力，增强综合素质。本书可作为高等学校土木工程专业、水利水电专业及相近专业的本科教学，还可以供土木工程设计、施工、科研、管理和监理人员继续学习参考。

图书在版编目（CIP）数据

土木工程材料 / 唐贵和主编. -- 北京：中国水利水电出版社，2018.10

普通高等教育土木与交通类"十三五"规划教材
ISBN 978-7-5170-6991-1

Ⅰ.①土… Ⅱ.①唐… Ⅲ.①土木工程－建筑材料－高等学校－教材 Ⅳ.①TU5

中国版本图书馆CIP数据核字(2018)第225158号

书　名	普通高等教育土木与交通类"十三五"规划教材 **土木工程材料** TUMU GONGCHENG CAILIAO
作　者	主编　唐贵和
出版发行	中国水利水电出版社 （北京市海淀区玉渊潭南路1号D座　100038） 网址：www.waterpub.com.cn E-mail：sales@waterpub.com.cn 电话：(010) 68367658（营销中心）
经　售	北京科水图书销售中心（零售） 电话：(010) 88383994、63202643、68545874 全国各地新华书店和相关出版物销售网点
排　版	中国水利水电出版社微机排版中心
印　刷	北京合众伟业印刷有限公司
规　格	184mm×260mm　16开本　11.5印张　273千字
版　次	2018年10月第1版　2018年10月第1次印刷
印　数	0001—3000册
定　价	**36.00元**

凡购买我社图书，如有缺页、倒页、脱页的，本社营销中心负责调换

版权所有·侵权必究

前言

本书是根据2011年颁布的《高等学校土木工程专业指导性专业规范》中有关培养应用型人才的要求，并结合教育部卓越工程师培养计划的要求而编写的。本书适用于应用型土木工程材料课程教学的需要，可作为土木工程专业、水利水电工程等相关专业的教材，也可供土建类其他专业及有关工程技术人员参考。

本书反映了编者参编院校多年积累的教学经验，并吸取了其他兄弟院校同类教材的优点，加强了基本概念及理论的深度和广度，力图保持土木工程材料在理论上的系统性、内容上的先进性，也恰当考虑内容的深度和广度，注重培养学生的理解能力并努力方便于教学。本书在编写时，注意理论联系实际，遵循课程教学规律，由浅入深、循序渐进，设置每章的知识目标和本章要点，并设置了延伸阅读和练习题，让学生能对相关概念、计算原理和综合运用有一个更深入的理解，让学习成果得到巩固和加强。

本书第1章由文建华编写，第4章、第6章和第10章由唐贵和编写，第2章、第5章由陆金弛编写，第3章、第8章由谯雯编写，第7章、第9章由杨海燕编写。全书由唐贵和统稿。

本书在编写过程中吸取了目前流行的土木工程教材中适用一般院校特点的内容，在此对相关教材的作者表示衷心的感谢。本书完成之际，衷心感谢中国水利水电出版社相关编辑，由于他们不断支持和督促，本书才得以完善，并与读者见面。

由于编者水平所限，书中难免存在一些疏漏，恳请读者批评指正。

编者
2017年12月

目录

前言

绪论 ··· 1
  0.1 土木工程材料的含义和地位 ··· 1
    0.1.1 土木工程材料的含义 ·· 1
    0.1.2 土木工程材料的地位 ·· 1
  0.2 土木工程材料的分类及其发展趋势 ······································· 2
    0.2.1 土木工程材料的分类 ·· 2
    0.2.2 土木工程材料的发展趋势 ·· 2
  0.3 课程的目的和任务 ·· 3

第1章 土木工程材料的基本性质 ·· 4
  1.1 材料科学的基本理论 ··· 4
    1.1.1 材料的组成 ·· 4
    1.1.2 材料的结构 ·· 5
    1.1.3 材料的构造 ·· 7
  1.2 材料的基本物理性质 ··· 7
    1.2.1 材料的体积 ·· 7
    1.2.2 密度、表观密度、体积密度和堆积密度 ······················· 7
    1.2.3 材料的密实度和孔隙率 ··· 9
    1.2.4 材料的填充率和空隙率 ··· 10
    1.2.5 材料与水有关的性质 ·· 10
    1.2.6 材料的热工性能 ··· 13
  1.3 材料的基本力学性质 ··· 14
    1.3.1 强度 ·· 14
    1.3.2 弹性与塑性 ·· 16
    1.3.3 脆性与韧性 ·· 16
    1.3.4 硬度与耐磨性 ·· 16

1.4 材料的耐久性和环境协调性 ········· 17
1.4.1 材料的耐久性 ········· 17
1.4.2 材料的环境协调性 ········· 18

第2章 建筑金属材料 ········· 20
2.1 钢材的分类 ········· 20
2.1.1 按冶炼方法分类 ········· 20
2.1.2 按化学成分分类 ········· 20
2.1.3 按品质（杂质含量）分类 ········· 21
2.1.4 按用途分类 ········· 21
2.2 建筑钢材的力学性能 ········· 21
2.2.1 抗拉性能 ········· 21
2.2.2 冲击韧性 ········· 23
2.2.3 耐疲劳性能 ········· 24
2.2.4 硬度 ········· 24
2.3 建筑钢材的工艺性能 ········· 24
2.3.1 冷弯性能 ········· 24
2.3.2 钢的冷加工时效强化及其应用 ········· 25
2.3.3 钢材的热处理 ········· 26
2.3.4 钢材的焊接性能 ········· 26
2.4 钢材的组成结构和化学成分对性能的影响 ········· 27
2.4.1 晶格结构 ········· 27
2.4.2 化学成分 ········· 27
2.5 建筑钢材的标准和选用 ········· 28
2.5.1 建筑钢材主要钢种 ········· 28
2.5.2 常用建筑钢材 ········· 31
2.6 钢材的腐蚀及防护 ········· 34
2.6.1 钢材的腐蚀 ········· 34
2.6.2 钢材的防护 ········· 35
2.7 铝合金在建筑中的应用 ········· 36

第3章 无机气硬性胶凝材料 ········· 39
3.1 石灰 ········· 39
3.1.1 石灰的生产及分类 ········· 39
3.1.2 石灰的熟化与硬化 ········· 40
3.1.3 石灰的性质 ········· 41
3.1.4 石灰的技术要求 ········· 41
3.1.5 石灰的应用 ········· 42
3.2 石膏 ········· 43
3.2.1 石膏的种类 ········· 43
3.2.2 建筑石膏的水化硬化 ········· 43

    3.2.3 建筑石膏的技术要求与性质 ················ 44
    3.2.4 建筑石膏的应用 ································ 45
  3.3 水玻璃 ··· 45
    3.3.1 水玻璃的种类和生产 ························· 45
    3.3.2 水玻璃的硬化 ··································· 46
    3.3.3 水玻璃的性质 ··································· 46
    3.3.4 水玻璃的用途 ··································· 47

第4章 水泥 ··· 49
  4.1 通用硅酸盐水泥 ······································ 49
    4.1.1 通用硅酸盐水泥的定义与分类 ············ 49
    4.1.2 通用硅酸盐水泥的生产 ····················· 50
    4.1.3 硅酸盐水泥的水化硬化 ····················· 51
    4.1.4 硅酸盐水泥的技术要求 ····················· 54
  4.2 通用硅酸盐水泥的特性与应用 ··················· 57
    4.2.1 硅酸盐水泥（波特兰水泥） ················ 57
    4.2.2 普通硅酸盐水泥 ······························· 58
    4.2.3 矿渣硅酸盐水泥 ······························· 58
    4.2.4 火山灰质硅酸盐水泥 ························· 59
    4.2.5 粉煤灰硅酸盐水泥 ···························· 59
    4.2.6 复合硅酸盐水泥 ······························· 59
    4.2.7 水泥质量的评定、验收与保管 ············ 60
  4.3 特性水泥与专用水泥 ································ 61
    4.3.1 铝酸盐水泥 ······································ 61
    4.3.2 快硬硫铝酸盐水泥 ···························· 62
    4.3.3 膨胀水泥及自应力水泥 ····················· 63
    4.3.4 白色硅酸盐水泥 ······························· 63
    4.3.5 中热水泥和低热矿渣水泥 ·················· 64
    4.3.6 油井水泥 ··· 64
    4.3.7 道路硅酸盐水泥 ······························· 65
  4.4 水泥石的腐蚀与防止 ································ 65
    4.4.1 水泥石的腐蚀类型 ···························· 65
    4.4.2 水泥腐蚀的主要原因 ························· 67
    4.4.3 水泥腐蚀的防止 ······························· 67

第5章 墙体材料 ·· 69
  5.1 砌墙砖 ··· 69
    5.1.1 烧结砖 ··· 69
    5.1.2 蒸压灰砂砖 ······································ 72
  5.2 砌块与墙用板材 ······································ 73
    5.2.1 砌块的定义与分类 ···························· 73

  5.2.2 常用砌块的性能与应用 ……………………………………………… 73
  5.2.3 墙用板材 ………………………………………………………………… 74

第 6 章 混凝土 …………………………………………………………………… 77
6.1 普通混凝土的基本组成材料 …………………………………………………… 79
  6.1.1 水泥 ……………………………………………………………………… 79
  6.1.2 细集料（砂）…………………………………………………………… 80
  6.1.3 粗集料 …………………………………………………………………… 84
  6.1.4 拌合及养护用水 ………………………………………………………… 88
6.2 混凝土外加剂及掺合料 ………………………………………………………… 89
  6.2.1 混凝土外加剂 …………………………………………………………… 89
  6.2.2 掺合料 …………………………………………………………………… 94
6.3 普通混凝土拌合物的性能 ……………………………………………………… 97
  6.3.1 混凝土拌合物的和易性 ………………………………………………… 97
  6.3.2 混凝土浇筑后的性能 …………………………………………………… 102
6.4 普通混凝土硬化后的性能 ……………………………………………………… 103
  6.4.1 混凝土的强度 …………………………………………………………… 103
  6.4.2 混凝土变形性能 ………………………………………………………… 108
  6.4.3 混凝土耐久性的概念 …………………………………………………… 110

第 7 章 砂浆 …………………………………………………………………………… 115
7.1 建筑砂浆的组成材料 …………………………………………………………… 115
  7.1.1 胶凝材料 ………………………………………………………………… 115
  7.1.2 细集料（砂）…………………………………………………………… 116
  7.1.3 掺加料 …………………………………………………………………… 116
  7.1.4 外加剂 …………………………………………………………………… 116
7.2 砂浆的技术性质 ………………………………………………………………… 116
  7.2.1 和易性 …………………………………………………………………… 116
  7.2.2 砂浆强度等级 …………………………………………………………… 117
  7.2.3 黏结强度 ………………………………………………………………… 118
  7.2.4 收缩性能 ………………………………………………………………… 118
7.3 砌筑砂浆的配合比设计 ………………………………………………………… 119
  7.3.1 砌筑砂浆的技术条件 …………………………………………………… 119
  7.3.2 砌筑砂浆配合比的试配 ………………………………………………… 119
  7.3.3 砌筑砂浆配合比的调整与确定 ………………………………………… 121
  7.3.4 砌筑砂浆配合比设计例题 ……………………………………………… 122
7.4 其他用途砂浆 …………………………………………………………………… 122
  7.4.1 普通抹面砂浆 …………………………………………………………… 122
  7.4.2 绝热砂浆 ………………………………………………………………… 123
  7.4.3 吸声砂浆 ………………………………………………………………… 123
  7.4.4 防水砂浆 ………………………………………………………………… 123

  7.4.5 装饰砂浆 ··· 123
  7.4.6 预拌砂浆 ··· 124

第8章 木材 ··· 126
8.1 木材的分类和构造 ··· 126
  8.1.1 木材的分类 ··· 126
  8.1.2 木材的结构 ··· 126
8.2 木材的物理和力学性质 ··· 127
  8.2.1 木材的物理性质 ··· 127
  8.2.2 木材的力学性质 ··· 128
8.3 木材的防护及应用 ··· 128
  8.3.1 木材的干燥 ··· 128
  8.3.2 木材的防腐 ··· 129
  8.3.3 木材的防火 ··· 129
  8.3.4 木材的应用 ··· 129

第9章 沥青和沥青混合料 ··· 131
9.1 石油沥青 ··· 131
  9.1.1 石油沥青的组成 ··· 131
  9.1.2 石油沥青的结构 ··· 133
  9.1.3 石油沥青的技术性质 ··· 133
  9.1.4 石油沥青的应用 ··· 136
9.2 煤沥青 ··· 138
  9.2.1 煤沥青的组成 ··· 138
  9.2.2 煤沥青的结构 ··· 139
  9.2.3 煤沥青的技术性质 ··· 139
9.3 沥青混合料 ··· 139
  9.3.1 沥青混合料的组成结构 ··· 139
  9.3.2 提高沥青混合料强度的措施 ··· 140
  9.3.3 沥青混合料的技术性质 ··· 140

第10章 建筑功能材料 ··· 144
10.1 建筑防水材料 ··· 144
  10.1.1 防水卷材及片材 ··· 144
  10.1.2 防水涂料 ··· 147
  10.1.3 密封材料 ··· 148
  10.1.4 刚性防水堵漏涂料 ··· 149
10.2 绝热材料 ··· 150
  10.2.1 绝热材料的性能要求 ··· 150
  10.2.2 绝热材料的种类及使用要点 ··· 150
  10.2.3 建筑外墙保温材料的防火 ··· 152
10.3 隔声吸声材料 ··· 152

10.3.1 吸声材料 ········· 152
10.3.2 隔声材料 ········· 153
10.4 建筑装饰及复合功能材料 ········· 154
10.4.1 建筑玻璃 ········· 154
10.4.2 建筑陶瓷 ········· 156
10.4.3 建筑涂料 ········· 156
10.4.4 其他筑建筑装饰 ········· 157
10.5 建筑功能材料的新发展方向 ········· 158
10.5.1 绿色建筑功能材料 ········· 158
10.5.2 复合多功能建材 ········· 158
10.5.3 智能化建材 ········· 158

第11章 土木工程材料试验 ········· 160
11.1 试验一：土木工程材料的基本物理性能试验 ········· 160
11.1.1 材料密度试验 ········· 160
11.1.2 干体积密度、含水率和吸水率试验 ········· 161
11.2 试验二：建筑钢材拉伸试验 ········· 162
11.2.1 试验目的 ········· 162
11.2.2 主要仪器设备 ········· 162
11.2.3 取样方法 ········· 162
11.2.4 试验步骤 ········· 162
11.2.5 试验结果处理 ········· 163
11.3 试验三：水泥技术性能试验 ········· 163
11.3.1 试验目的及依据 ········· 163
11.3.2 水泥试验的一般规定 ········· 163
11.3.3 水泥标准稠度用水量测定（标准法） ········· 164
11.3.4 水泥凝结时间测定 ········· 164
11.3.5 安定性试验 ········· 165
11.3.6 水泥胶砂强度试验 ········· 166
11.4 试验四：骨料颗粒级配试验 ········· 167
11.4.1 试验目的及依据 ········· 167
11.4.2 取样及处理 ········· 167
11.4.3 砂的颗粒级配试验 ········· 167
11.4.4 石的颗粒级配试验 ········· 168
11.5 试验五：普通混凝土试验 ········· 169
11.5.1 试验依据 ········· 169
11.5.2 混凝土拌合试样制备 ········· 169
11.5.3 拌合物稠度试验 ········· 170
11.5.4 抗压强度试验 ········· 171
11.6 综合性设计试验一：普通混凝土配合比设计试验 ········· 172

  11.6.1 试验目的与要求 …………………………………………… 172
  11.6.2 工程和原材料条件 …………………………………………… 172
  11.6.3 原材料性能试验 ……………………………………………… 172
  11.6.4 计算初步配合比 ……………………………………………… 172
  11.6.5 配合比的试配 ………………………………………………… 172
  11.6.6 配合比的调整和确定 ………………………………………… 172
参考文献 ………………………………………………………………… 173

绪论

【本章要点】

本章主要介绍土木工程材料的含义、地位分类及发展趋势，学习本课程的目的和任务。本章的重点和难点是土木工程材料的分类。

【能力要求】

通过本章学习，学生应了解土木工程材料的发展趋势，掌握土木工程材料的分类。

0.1 土木工程材料的含义和地位

0.1.1 土木工程材料的含义

土木工程材料可分为广义土木工程材料和狭义土木工程材料。广义土木工程材料是指用于建筑工程中的所有材料，包括三个部分：一是构成建筑物、构筑物的材料，如石灰、水泥、混凝土和钢材等；二是施工过程中所需要的辅助材料，如脚手架、模板等；三是各种建筑器材，如消防设备、给水排水设备等。狭义土木工程材料是指直接构成土木工程实体的材料。本书所介绍的土木工程材料是指狭义土木工程材料。

0.1.2 土木工程材料的地位

土木工程行业是国民经济的支柱产业之一，而土木工程材料是该行业重要的物质基础，在国民经济中的地位和作用是十分重要的。土木工程材料的品种、数量、质量、规格、外观特征等因素都在很大程度上影响着土木工程的功能和质量，还影响着建筑物和构筑物的适用性、耐久性、经济性和艺术性。材料与结构的施工是密切相关的。材料是基础，它决定了结构的形式和施工方法。新材料的出现，将促进工程结构形式的变化、结构设计方法的改进和施工技术的革新。

为了确保土木工程的质量，土木工程材料必须实行标准化。世界范围内统一使用的是 ISO 国际标准。我国的标准有三类：一是国家标准，包括强制性标准 GB 和推荐性标准 GB/T。对强制性标准，任何技术或产品不得低于其规定的要求；对推荐性标准，表示也可以执行其他标准要求。二是行业标准，如建材行业标准 JC，建工行业标准 JG，交通行业标准 JT。三是地方标准 DB 和企业标准 QB，地方标准和企业标准的技术要求应高于国家标准。

土木建筑工程的总造价中,与材料相关的费用占60%左右。材料的选择、使用和管理,对工程成本影响很大。

0.2 土木工程材料的分类及其发展趋势

0.2.1 土木工程材料的分类

(1) 按化学组成分类

土木工程材料种类繁多,分类方法多样。常见的分类方法是根据材料组成物质的化学成分分类,将土木工程材料分为无机材料、有机材料和复合材料三大类。各大类又可以细分许多小类,具体如表0.2.1所示。

表0.2.1　　　　　土木工程材料按化学成分分类

无机材料	金属材料	黑色金属:铁、碳素钢、合金钢等 有色金属:铝、铜等及其合金等
	非金属材料	天然石材及砂:石板、碎石、砂等 烧结制品:陶瓷、砖、瓦等 玻璃及熔融制品:玻璃、玻璃棉、矿棉等 无机胶凝材料及制品:石灰、石膏、水泥混凝土等
有机材料	植物质材料	木材、竹材、植物纤维及其制品
	高分子材料	有机涂料、橡胶、黏结剂、塑料
	沥青材料	石油沥青、煤沥青、沥青制品
复合材料	金属-非金属材料	钢纤维混凝土、钢筋混凝土等
	无机非金属-有机材料	玻璃纤维增强塑料、聚合物混凝土、沥青混凝土等
	金属-有机材料	金属夹芯板

(2) 按使用功能分类

土木工程材料通常分为承重结构材料、非承重结构材料及功能材料三大类。

承重结构材料是指梁、板、基础、墙体和其他受力构件所用的建筑材料。最常用的有钢材、混凝土、砖和砌块等。非承重结构材料是指各种框架结构的填充墙、内隔墙和其他维护材料等。功能材料是指防水材料、防火材料、装饰材料、绝热材料等。

0.2.2 土木工程材料的发展趋势

为适用土木工程工业化,提高工程质量和降低成本,今后的土木工程材料将向以下几个方向发展。

(1) 绿色生态化

绿色生态化的土木工程材料需符合3R原则,即减量化、再利用和再循环。具体来说就是采用清洁生产技术,少用天然资源和能源;建筑材料尽可能重复使用,可方便拆卸就地再装配;达到生命周期后可回收再利用。

(2) 高性能、多功能与智能化

土木工程材料的高性能是指需满足其一些主要性能，如结构材料的轻质高强。复合材料是指在满足某一主要功能的基础上，附加了其他使用功能，使之具有更高的价值。土木工程材料的智能化包括多方面，特别是材料本身的自我诊断、自我修复具有十分重要的意义。

（3）产业化

建筑产业化是指通过运用现代管理模式，通过标准化的建筑设计以及模数化、工厂化的构件生产，实现建筑构件的通用化和现场施工的装配化、机械化。如外墙装饰瓷砖传统方法是采用现场粘贴的方式施工，其黏结强度难以保证，但采用预制挂板方式，瓷砖与预制混凝土直接黏结，强度可比现场粘贴方式高7~9倍，既提高了耐久性，减少了尺寸偏差，又大大加快了现场施工速度，改善了工人劳动条件，节约了材料和成本。

0.3 课程的目的和任务

本课程是土木工程类专业的技术基础课，学习的目的是使学生掌握主要土木工程材料的性质、用途、制备和使用方法，检测和质量控制方法，并了解工程材料性质与结构的关系，以及性能改善的途径，为合理地选材、用材打下良好的基础。

课程的任务是使学生获得土木工程材料的技术性质和应用的基本知识和必要的基本理论，并获得主要土木工程材料试验方法的基本技能训练。

学习本课程应掌握土木工程材料的性能为重点，并在此基础上熟悉它的应用。学习时要注意理论联系实际。

实验课本课程的重要教学环节之一。通过实验，学生可加强对材料性能的了解，熟悉材料实验的基本方法。

第 1 章

土木工程材料的基本性质

【本章要点】

本章主要内容为材料的基本构成及构造、基本物理性质、基本力学性质和有关参数及计算公式。重点为材料的物理性质和力学性质，难点是材料的耐久性。

【能力要求】

通过本章学习，学生应了解材料的组成及构造形式，掌握材料的物理性质、力学性质和耐久性等。

在土木工程各类材料中，材料受到各种物理、化学、力学因素单独及综合作用。例如，用于各种受力结构的材料，要受到各种外力的作用；而用于其他不同部位的材料，又会受到风霜雨雪的作用；工业或基础设施的建筑之中的材料，由于长期暴露在大气环境或酸性、碱性等侵蚀介质相连接，除了受到冲刷、机械振动之外，还会受到化学侵蚀、干湿循环、冻融循环等破坏作用。可见土木工程材料在实际工程中所受到的作用是复杂的。因此，对土木工程材料性质的要求是严格的和多方面的。

1.1 材料科学的基本理论

1.1.1 材料的组成

材料的组成决定材料性质最基本的因素。材料的组成包括材料的化学组成、矿物组成和相组成。

1. 化学组成

材料的化学组成是指材料的化学元素及化合物的种类和数量。当材料与环境及各类物质相接触时，它们之间必然要按化学规律发生相互作用。例如，材料受到酸、碱、盐类物质的侵蚀作用，钢材及其金属材料的锈蚀与腐蚀等，都是化学组成所决定。

2. 矿物组成

材料科学中常将具有特定的晶体结构及物理力学性能的组织结构称为矿物。矿物的组成是指构成材料的矿物种类和数量。如天然石材、无机胶凝材料等，其矿物组成是在其化学组成确定的条件下决定材料性质的主要因素。

3. 相组成

材料中结构相近、性质相近的均匀部分称为相。自然界中的物质可以分为气相、液相和固相三种形态。材料中，同种化学物质由于加工工艺的不同，温度、压力等环境条件的不同，可形成不同的相。例如，在铁碳合金中就有铁素体、渗碳体、珠光体。各种物质在不同的温度、压力等环境条件下，也常常会转变其他存在的状态，如由气相转变为液相或固相。土木工程材料大多数是多相固体材料，这种由两相或两相以上的物质组成的材料，称为复合材料。例如，混凝土可认为是由集料颗粒（集料相）分散在水泥浆体（基相）中所组成的两相复合材料。

复合材料的性质与其材料的组成和界面特性有密切关系。所谓界面是指多相材料中相与相之间的分界面。在实际材料中，界面是一个较薄区域，它的成分和结构与相内的部分是不一样的，可作为界面相来处理。因此，对于土木工程材料，可通过改变和控制其相组成和界面特性来改善和提高材料的技术性能。

从宏观组成层次讲，人工复合的材料如混凝土、建筑涂料等是由各种原材料配合而成的，因此影响这类材料性质的主要因素是其原材料的品质及配合比例。

1.1.2 材料的结构

材料的结构决定了材料的许多性质。材料的结构指组成材料的原子（或离子、分子）相互结合的方式或构成的形式以及结构要素按照一定的次序组合、排列及相互间的各种联系。一般可分为宏观结构、细观结构和微观结构。

1. 宏观结构

材料的宏观结构是指可用肉眼能观察到的外部和内部的结构。土木工程材料常见的结构形式有：密实结构、多孔结构、纤维结构、层状结构、散粒结构、纹理结构。

（1）密实结构

密实构造的材料内部基本上无孔隙，结构致密。这类材料的特点是强度和硬度较高，吸水性小，抗渗和抗冻性较好，耐磨性较好，绝热性差。如钢材、天然石材、玻璃、玻璃钢等。

（2）多孔结构

多孔构造的材料其内部存在大体上呈均匀分布的独立的或部分相通的孔隙，孔隙率较高，孔隙又有大孔和微孔之分。具有多孔构造的材料，其性质决定于孔隙的特征、多少、大小及分布情况，一般来说，这类材料的强度较低，抗渗性和抗冻性较差，绝热性较好。如加气混凝土、石膏制品、烧结普通砖等。

（3）纤维结构

纤维构造的材料内部组成有方向性，纵向较紧密而横向疏松，组织中存在相当多的孔隙，这类材料的性质具有明显的方向性，一般平行纤维方向的强度较高，导热性较好。如木材、竹、玻璃纤维、石棉等。

（4）层状结构

层状构造的材料具有叠合结构，它是用胶结料将不同的片材或具有各向异性的片材胶合而成整体，其每一层的材料性质不同，但叠合成层状构造的材料后，可获得平面各向同性，更重要的是可以显著提高材料的强度、硬度、绝热或装饰等性质，扩大其使用范围。如胶合板、纸面石膏板、塑料贴面板等。

（5）散粒结构

散粒结构指呈松散颗粒状的材料，有密实颗粒与轻质多孔颗粒之分。前者如砂子、石子等，因其致密，强度高，适合做承重的混凝土骨料。后者如陶粒、膨胀珍珠岩等，因具多孔结构，适合做绝热材料。粒状构造的材料颗粒间存在大量的空隙，其空隙率主要取决于颗粒大小的搭配。用作混凝土骨料时，要求紧密堆积，轻质多孔粒状材料用作保温填充料时，则希望空隙率大一些好。

（6）纹理结构

天然材料在生长或形成过程中，自然造成的天然纹理，如木材、大理石、花岗石等板材，或人工制造材料时特意造成的纹理，如瓷质彩胎砖、人造花岗石板材等，这些天然或人工造成的纹理，使材料具有良好的装饰性。为了提高建筑材料的外观美，目前广泛采用仿真技术，已研制出多种纹理的装饰材料。

2. 细观结构

细观结构是指用光学显微镜和一般扫描透射所能观察到的结构，是介于宏观和微观之间的结构。其尺度范围在 $10^{-3} \sim 10^{-9}$ m。材料的显微结构根据其尺度范围，还可分为显微结构和纳米结构。

3. 微观结构

材料的微观结构是指物相的种类、形态、大小及其分布特征。它与材料的强度、硬度、弹塑性、熔点、导电性、导热性等重要性质有着密切的关系。土木工程材料的使用状态均为固体，固体材料的相结构基本上可分为晶体和非晶体两类，不同结构的材料，各具不同特性。

（1）晶体结构

构成晶体的质点（离子、原子、分子）在空间上按特定的规则呈周期性排列时所形成的结构称为晶体结构。晶体有一定的形状，显示各向异性。但在实际应用的晶体材料，通常是由许多细小的晶粒杂乱排列形成，故晶体在宏观上显示为各向同性。

（2）非晶体结构

非晶体又称无定形物质，是相对晶体而言的。在非晶体中，组成物质的原子和分子之间的空间排列中不呈现周期性和平移对称性，其结构完全不具有长程有序，只存在着短程有序。非晶体包括玻璃体和凝胶等。

将熔融的物质进行迅速冷却（急冷），使其内部质点来不及作有规则的排列就凝固了，这时形成的物质结构即为玻璃体，又称无定形体。玻璃体无固定的几何外形，具有各向同性，破坏时也无清楚的解理面，加热时无固定的熔点，只出现软化现象。同时，因玻璃体是在快速急冷下形成的，故内应力较大，具有明显的脆性，如玻璃。

由于玻璃体在凝固时质点来不及作定向排列，质点间的能量只能以内能形式储存起来，因此玻璃体具有化学不稳定性，亦即存在化学潜能，在一定的条件下，易与其他物质发生化学反应。例如粉煤灰、水淬粒化高炉矿渣、火山灰等均属玻璃体，常被大量用作硅酸盐水泥的掺合料，以改善水泥性质。

硅酸盐水泥水化会产生凝胶体。

1.1.3 材料的构造

材料的构造是指具有特定性质的材料结构单元间的互相组合搭配情况。

构造这一概念与结构相比，更强调了相同材料或不同材料间的搭配组合关系。如材料的孔隙、岩石的层理、木材的纹理、疵病等，这些结构的特征、大小、尺寸及形态，决定了材料特有的一些性质。如孔隙是开口、细微且连通，则材料易吸水、吸湿，耐久性较差；若孔隙是封闭的，其吸水性会大大下降，抗渗性则提高。所以，对同种材料来讲，其构造越密实、越均匀，强度越高，表观密度越大。

1.2 材料的基本物理性质

土木工程材料在工程起着不同的作用，有的主要承受荷载，有的起围护作用，有的则起保温隔热或表面装饰、防水防潮、防腐、防火等作用。材料在这些外力、阳光、大气、水分及各种介质作用下，会发生受力变形、热胀冷缩、干湿变形、冻融交替、化学侵蚀等现象，产生不同程度的破坏。为了建筑物和构筑物能够安全、适用又经济，必须在工程设计和施工中充分了解各种材料的性质和特点，以便正确、合理地选择和使用材料，使其性能能够满足使用者的要求。

1.2.1 材料的体积

自然状态下的体积如图 1.2.1 所示。

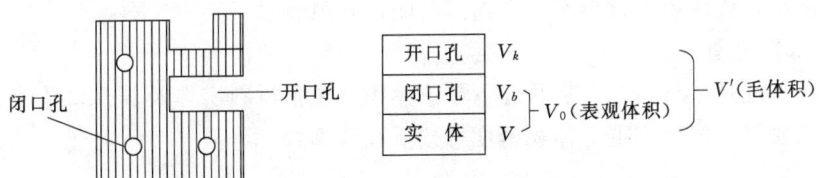

图 1.2.1 一颗小颗粒自然状态下体积的构成示意图

堆积状态下的体积如图 1.2.2 所示。

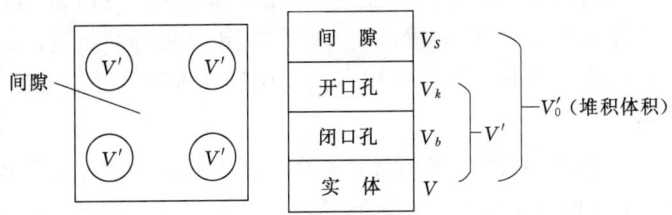

图 1.2.2 一堆小颗粒堆积状态下体积的构成示意图

材料体积内的固体物质所占体积称为绝对体积 V，从以上示意图可以看出，$V_0 = V + V_b$，$V' = V_0 + V + V_k$，$V'_0 = V' + V_s$。

1.2.2 密度、表观密度、体积密度和堆积密度

1. 密度

密度是指材料在绝对密实状态下单位体积的质量。按下式计算：

$$\rho = \frac{m}{V} \tag{1.2.1}$$

式中　ρ——材料的密度，g/cm³；

　　　m——材料的质量（干燥至恒重），g；

　　　V——材料在绝对密实状态下的体积，cm³。

除了钢材，玻璃等少数材料外，绝大多数材料内部都有一些孔隙。在测定有孔隙材料（如砖、石等）的密度时，应把材料磨成细粉，干燥后，用李氏瓶测定其绝对密实体积。材料磨得越细，测得的密实体积数值就越精确。

另外，工程上还经常用到比重的概念，比重又称相对密度，用材料的质量与同体积水（4℃）的质量的比值表示，无单位，其值与材料密度相同。

2. 表观密度

表观密度是指单位体积（含材料实体及闭口孔隙体积）材料的干质量，也称视密度。按下式计算：

$$\rho_0 = \frac{m}{V_0} \tag{1.2.2}$$

式中　ρ_0——材料的表观密度，kg/m³或g/cm³；

　　　m——材料的质量，kg或g；

　　　V_0——材料在包含闭口孔隙条件下的体积（即只含内部闭口孔，不含开口孔），m³或cm³。

通常，对于一些散状材料如砂、石子等材料，可采用排液置换法或水中称重法测量其体积，该体积含材料实体和内部的闭口孔隙。

3. 体积密度

体积密度是指材料在自然状态下单位体积（包括材料实体及其开口孔隙、闭口孔隙）的质量，俗称容重。体积密度可按下式计算：

$$\rho' = \frac{m}{V'} \tag{1.2.3}$$

式中　ρ'——材料的体积密度，kg/m³或g/cm³；

　　　m——材料的质量，按有关标准规定，该质量是指自然状态下的气干质量，即将试件置于通风良好的室内存放 7d 后测得的质量，kg 或 g；

　　　V'——材料在自然状态下的体积，包括材料实体及其开口孔隙、闭口孔隙，m³或cm³。

对于规则形状材料的体积，可用量具测得。如加气混凝土砌块的体积是逐块量取长、宽、高三个方向的轴线尺寸，计算其体积。对于不规则形状材料的体积，可用排液法或封蜡排液法测得。

毛体积密度是指单位体积（含材料的实体成分及其闭口孔隙、开口孔隙等表面轮廓线所包围的毛体积）材料的干质量。因其质量是指试件烘干后的质量，故也称干体积密度。

4. 堆积密度

堆积密度是指散粒状材料单位堆积体积（含物质颗粒固体及其闭口、开口孔隙体积及颗粒间空隙体积）的质量，有干堆积密度及湿堆积密度之分。堆积密度可按下式计算：

$$\rho_0' = \frac{m}{V_0'} \tag{1.2.4}$$

式中　ρ_0'——堆积密度，kg/m^3；
　　　m——材料的质量，kg；
　　　V_0'——材料的堆积体积，m^3。

材料的堆积体积包括材料绝对体积、内部所有孔体积和颗粒间的空隙体积。材料的堆积密度反映散粒结构材料堆积的紧密程度及材料可能的堆放空间。其测定方法在试验部分有专门介绍。

常用土木工程材料的密度、表观密度与堆积密度见表1.2.1。

表 1.2.1　　　　常用土木工程材料的密度、表观密度与堆积密度

材料	密度/(g/cm³)	表观密度/(kg/m³)	堆积密度/(kg/m³)
石灰岩	2.60	1800～2600	—
花岗岩	2.60～2.90	2500～2800	—
碎石	2.60	—	1400～1700
砂	2.60	—	1450～1650
黏土	2.60	—	1600～1800
普通黏土砖	2.50～2.60	1600～1800	—
黏土空心砖	2.50～2.60	1000～1400	—
水泥	2.90～3.20	—	1200～1500
普通混凝土	—	2100～2400	—
钢材	7.85	7850	—
木材	1.55	400～800	—
泡沫塑料	—	20～50	—

1.2.3　材料的密实度和孔隙率

1. 密实率

材料的密实度是指材料的自然体积中，被固体所充实的程度，即材料中固体物质的体积占总体积的百分数。

$$D = \frac{V}{V'} \times 100\% = \frac{\rho}{\rho'} \times 100\% \tag{1.2.5}$$

2. 孔隙率

材料的孔隙率是指材料内部孔隙的体积占材料总体积的百分率，它以 P 表示。孔隙率 P 的计算公式为

$$P = \frac{V' - V}{V'} \times 100\% = \left(1 - \frac{\rho}{\rho'}\right) \times 100\% = 1 - D \tag{1.2.6}$$

式中　P——材料孔隙率，%。

材料的密实度和孔隙率，从两方面反映了材料的基本性质——密实程度。材料的许多性质，例如材料的体积密度、强度、吸水性、抗冻性、抗渗性、导热性、吸

声性等，都与材料孔隙率和空隙特征直接相关。

材料内部除了孔隙的多少以外，孔隙的特征状态也是影响其性质的重要因素之一。材料的孔特征表现为，孔隙是在材料内部被封闭的，还是在材料的表面与外界连通。前者为闭口孔，后者为开口孔。有的孔隙在材料内部是被分割为独立的，还有的孔隙在材料内部相互连通。此外，孔隙的尺寸大小、孔隙在材料内部的分布均匀程度等都是孔隙在材料内部的特征表现。

1.2.4 材料的填充率和空隙率

对于砂、石头、粉粒等颗粒堆积材料的密实程度，可用填充率和孔隙率来表示。

1. 空隙率

材料空隙率是指散粒状材料在堆积体积状态下颗粒固体物质间空隙体积（开口孔隙与间隙之和）占堆积体积的百分率。空隙率 P' 的计算公式为

$$P' = \frac{V'_0 - V'}{V'_0} \times 100\% = \left(1 - \frac{\rho'_0}{\rho'}\right) \times 100\% = 1 - D' \quad (1.2.7)$$

式中　　P' ——材料空隙率，%。

空隙率考虑的是材料颗料间的空隙，这对填充和黏结散粒材料时，研究散粒状材料的空隙结构和计算胶结材料的需要量十分重要。

2. 填充率

填充率是指颗粒材料的堆积体积中，被颗粒所填充的程度。按下式计算：

$$P' = \frac{V'}{V'_0} \times 100\% = \frac{\rho'_0}{\rho'} \times 100\% \quad (1.2.8)$$

1.2.5 材料与水有关的性质

1. 亲水性和憎水性

当材料与水接触时可以发现，有些材料能被水润湿，有些材料则不能被水润湿，前者称材料具有亲水性，后者称具有憎水性。

材料被水湿润的情况可用润湿边角 θ 表示。当材料与水接触时，在材料、水以及空气三相的交点处，作沿水滴表面的切线，此切线与材料和水接触面的夹角 θ，称为润湿边角，θ 角愈小，表明材料愈易被水润湿。实验证明，当 $\theta \leqslant 90°$ 时，材料表面吸附水，材料能被水润湿而表现出亲水性，这种材料称为亲水性材料。当 $\theta > 90°$ 时，材料表面不吸附水，这种材料称为憎水性材料。当 $\theta = 0°$ 时，表明材料完全被水润湿，称为铺展。上述概念也适用于其他液体对固体的润湿情况，相应称为亲液材料和憎液材料。

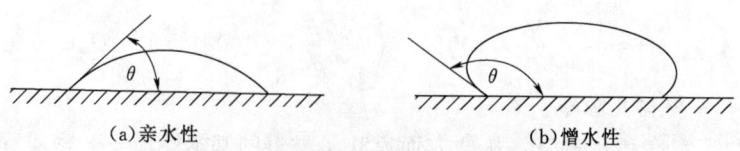

图 1.2.3　材料的亲水性和憎水性

2. 吸水性和吸湿性

(1) 吸水性

材料在水中能吸收水分的性质称为吸水性。材料的吸水性用吸水率表示，吸水率有质量吸水率和体积吸水率两种表示方法。

质量吸水率是指材料吸水饱和时，所吸收水分的质量占干燥材料质量的百分数，用下式表示：

$$W_m = \frac{m_b - m_g}{m_g} \times 100\% \qquad (1.2.9)$$

式中　W_m——材料的含水率，%；

　　　m_b——材料在吸湿状态下的重量，g；

　　　m_g——材料在干燥状态下的重量，g。

对于轻质多孔材料，采用质量吸水率表示，其值很大，甚至超过100%，这类材料宜用体积吸水率来表示。体积吸水率是指材料吸水饱和时，所吸水分的体积占干燥材料体积的百分数，用下式表示：

$$W_V = \frac{m_b - m_g}{V'_g} \times \frac{1}{\rho_w} \times 100\% \qquad (1.2.10)$$

式中　W_V——体积吸水率，%；

　　　V'_g——干燥材料体积，cm³；

　　　ρ_w——水的密度，g/cm³。

材料的吸水性与材料的孔隙率和孔隙特征有关。对于细微连通孔隙，孔隙率愈大，则吸水率愈大。闭口孔隙水分不能进去，而开口大孔虽然水分易进入，但不能存留，只能润湿孔壁，所以吸水率仍然较小。各种材料的吸水率很不相同，差异很大，如花岗岩的吸水率只有 0.5%～0.7%，混凝土的吸水率为 2%～3%，黏土砖的吸水率达 8%～20%，而木材的吸水率可超过 100%。

材料吸水后，自重增加，强度降低，保温性能下降，抗冻性能变差，有时还会发生明显的体积膨胀。

(2) 吸湿性

材料在潮湿空气中吸收水分的性质称为吸湿性。潮湿材料在干燥的空气中也会放出水分，此称还湿性。材料的吸湿性用含水率表示。含水率系指材料内部所含水重占材料干重的百分率。用公式表示为

$$W = \frac{m_h - m_g}{m_g} \times 100\% \qquad (1.2.11)$$

式中　W——材料的含水率，%；

　　　m_h——材料在吸湿状态下的重量，g。

材料的吸湿性随空气的湿度和环境温度的变化而改变，当空气湿度较大且温度较低时，材料的含水率就大，反之则小。材料中所含水分与空气的湿度相平衡时的含水率，称为平衡含水率。

3. 耐水性

材料长期在水作用下不破坏，强度也不显著降低的性质称为耐水性。水对材料的破坏是多方面的，如对材料的力学性质、光学性质、装饰性等都会产生破坏作

用。材料的耐水性用软化系数表示，如下式：

$$K_R = \frac{f_b}{f_g} \tag{1.2.12}$$

式中　K_R——材料的软化系数；
　　　f_b——材料在饱水状态下的抗压强度，MPa；
　　　f_g——材料在干燥状态的抗压强度，MPa。

K_R 的大小表明材料在浸水饱和后强度降低的程度。一般来说，材料被水浸湿后，强度均会有所降低。这是因为水分被组成材料的微粒表面吸附，形成水膜，削弱了微粒间的结合力所致。

软化系数一般在 0~1 之间波动。工程中将 $K_R > 0.85$ 的材料，通常被认为是耐水的材料。软化系数的大小，有时成为选择材料的重要依据。在设计长期处于水中或潮湿环境中的重要结构时，必须选用 $K_R > 0.85$ 的建筑材料。对用于受潮较轻或次要结构物的材料，其 K_R 值不宜小于 0.75。当岩石的软化系数小于或等于 0.75 时，定为软化岩石。

4. 抗渗性

材料抵抗压力水渗透的性质称为抗渗性，或称不透水性。材料的抗渗性通常用渗透系数表示。渗透系数的物理意义是：一定厚度的材料，在一定水压力下，在单位时间内透过单位面积的水量。用公式表示为

$$K_S = \frac{Qd}{AtH} \tag{1.2.13}$$

式中　K_S——材料的渗透系数，cm/h；
　　　Q——渗透水量，cm^3；
　　　d——材料的厚度，cm；
　　　A——渗水面积，cm^2；
　　　t——渗水时间，h；
　　　H——静水压力水头，cm。

K_S 值愈大，表示材料渗透的水量愈多，即抗渗性愈差。抗渗性是决定材料耐久性的主要指标。材料的抗渗性也可用抗渗等级来表示，抗渗等级是在规定试验方法下材料所能抵抗的最大水压力，用"Pn"表示。如 P6 表示可抵抗 0.6MPa 的水压力而不渗透。

材料的抗渗性与材料内部的空隙率特别是开口孔隙率有关，开口孔隙率越大，大孔含量越多，则抗渗性越差。材料的抗渗性还与材料的憎水性和亲水性有关，憎水性材料的抗渗性优于亲水性材料。材料的抗渗性与材料的耐久性有着密切的关系。

地下建筑及水工建筑等，因经常受压力水的作用，所用材料应具有一定的抗渗性。对于防水材料则应具有好的抗渗性。

5. 抗冻性

材料在吸水后，如果在负温下受冻，水在材料毛细孔内结冰，体积膨胀约 9%，冰的冻胀压力将造成材料的内应力，使材料遭到局部破坏，随着冻结和融化的循环进行，冰冻对材料的破坏作用逐步加剧，这种破坏称为冻融破坏。

抗冻性是指材料在吸水饱和状态下，能经受多次冻结和融化作用（冻融循环）而不破坏、强度又不显著降低的性质。材料在冻融循环过程中，表面将出现裂纹、剥落等现象，造成质量损失、强度降低。这是由于材料内部孔隙中的水分结冰时体积增大对孔壁产生很大的压力，冰融化时压力又骤然消失所致。无论是冻结还是融化过程都会使材料冻融交界层间产生明显的压力差，并作用于孔壁使之损坏。

材料的抗冻性用抗冻等级来表示。抗冻等级表示吸水饱和后的材料经过规定的冻融循环次数，其质量损失或相对动弹性模量下降符合有关规定值。混凝土的抗冻等级以符号 F 表示，后面带表示可经受冻融循环次数的数字，记为 F10、F15、F25、F100 等。如 F15 表示所能承受的最大冻融循环（在 −15℃ 的温度下冻结后，再在 20℃ 的水中融化，为一次冻融循环）次数不少于 15 次，这时强度损失率不超过 25%，质量损失不超过 5%。

材料的抗冻性与其强度、孔隙率大小及特征、含水率等因素有关。材料强度越高，抗冻性越好；孔对抗冻性的影响与其对抗渗性的影响相似。当材料孔隙吸水后还有一定的空间，含水未达到饱和时，可缓解冰冻的破坏作用。

抗冻性良好的材料，对于抵抗大气温度变化、干湿交替等风化作用的能力较强，所以抗冻性常作为考查材料耐久性的一项指标。在设计寒冷地区及寒冷环境（如冷库）的建筑物时，必须要考虑材料的抗冻性。

1.2.6　材料的热工性能

1. 热容量和比热容

热容量是指材料受热时吸收热量和冷却时放出热量的性质，可用下式表示

$$Q = mc(t_1 - t_2) \tag{1.2.14}$$

式中　Q——材料的热容量，kJ；

　　　m——材料的重量，kg；

　　　$t_1 - t_2$——材料受热或冷却前后的温度差，K；

　　　c——材料的比热容，kJ/(kg·K)。

材料比热容的物理意义是指 1kg 重的材料，在温度每改变 1K 时所吸收或放出的热量。用公式表示为

$$c = \frac{Q}{m(t_1 - t_2)} \tag{1.2.15}$$

材料的导热系数和热容量是设计建筑物围护结构（墙体、屋盖）进行热工计算时的重要参数，设计时应选用导热系数较小而热容量较大的建筑材料，以使建筑物保持室内温度的稳定性。同时，导热系数也是工业窑炉热工计算和确定冷藏库绝热层厚度时的重要数据。

2. 导热性

当材料两侧存在温度差时，热量将由温度高的一侧、通过材料传递到温度低的一侧，材料的这种传导热的能力，称为导热性。

材料的导热性可用导热系数来表示。导热系数的物理意义是：厚度为 1m 的材料，当温度每改变 1K 时，在 1s 时间内通过 1m² 面积的热量。用公式表示为

$$\lambda = \frac{Qa}{(t_1 - t_2)AZ} \tag{1.2.16}$$

式中　λ ——材料的导热系数，w/(m·K)；

　　　Q ——传导的热量，J；

　　　a ——材料的厚度，m；

　　　A ——材料传热的面积，m²；

　　　Z ——传热时间，S；

　　$t_1 - t_2$ ——材料两侧温度差，K。

材料的导热系数愈小，表示其绝热性能愈好。各种材料的导热系数差别很大，工程中通常把 $\lambda < 0.23$W/(m·K) 的材料称为绝热材料，如泡沫塑料。金属材料的导热系数一般较大。

影响材料的导热系数的因素如下：

（1）材料的组成与结构。一般地说导热系数，金属材料大于非金属材料、无机材料大于有机材料、晶体材料大于非晶体材料。

（2）同种材料孔隙率越大，导热系数越小。细小孔隙、闭口孔隙比粗大孔隙、开口孔隙对降低导热系数更为有利，因为避免了对流导热。

（3）含水或含冰时，会使导热系数急剧增加。因为水的导热系数是空气的 25 倍，而冰的导热系数又是水的 4 倍。所以，对于多孔结构的保温隔热材料，要注意防潮、防冻。

3. 燃烧性能

材料对火焰和高温度抵抗能力称为材料的耐燃性，是影响建筑物防火、建筑结构耐火等级的一项因素。由此出发，可把建筑材料分为三类：

（1）非燃烧材料。在空气中受到火烧或高温高热作用不起火、不碳化、不微燃的材料，如钢铁、砖、石等。用非燃材料制作的构件称非燃烧体。钢铁、铝、玻璃等材料受到火烧或高热作用会发生变形、熔融，所以虽然是非燃烧材料，但不是耐火的材料。

（2）难燃材料。在空气中受到火烧或高温高热作用时难起火、难微燃、难碳化，当火源移走后，已有的燃烧或微燃立即停止的材料，如经过防火处理的木材和刨花板。

（3）可燃材料。在空气中受到火烧或高温高热作用时立即起火或微燃，且火源移走后仍继续燃烧的材料，如木材。用这种材料制作的构件称为燃烧体，使用时应作防燃处理。

1.3　材料的基本力学性质

材料的力学性质又称机械性质，是指材料在外力作用下的变形性能和抵抗破坏的能力。

1.3.1　强度

在外力作用下，材料抵抗破坏的能力称为强度。当材料承受外力作用时，内部就产生应力。外力逐渐增加，应力也随之增大。直至质点间作用力不再能承受时，材料即发生破坏，此时的极限应力就是材料的强度。

根据外力作用方式的不同，材料的强度有抗压强度、抗拉强度、抗弯强度（或抗折强度）及抗剪强度等形式（图1.3.1）。

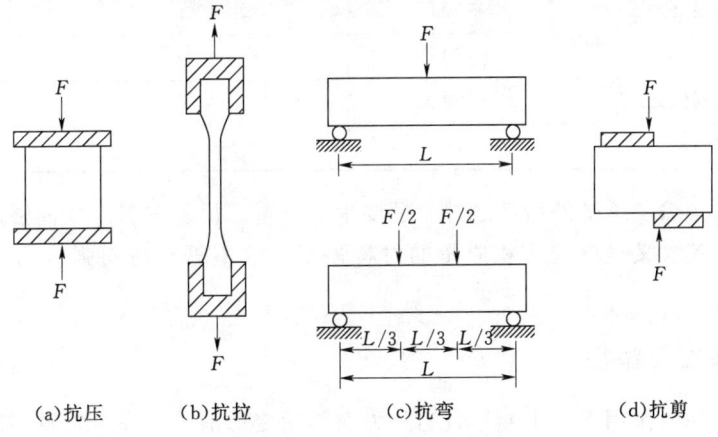

图1.3.1 材料的受力形式

材料的抗压强度、抗剪强度和抗拉强度，均可按下式计算：

$$f = \frac{F}{A} \tag{1.3.1}$$

式中　f——材料的抗压、抗拉或抗剪强度，MPa；
　　　F——材料破坏时的最大荷载，N；
　　　A——材料的受力截面面积，mm^2。

材料的抗弯强度（又称抗折强度）与材料的截面面积和受力情况有关。不同形状、大小的受力试件，在不同的受力情况下，其计算公式是不一样的。材料试验中，常采用矩形截面的试件，放在两支点上，当外力为作用在试件中心的集中荷载，抗弯强度（也称抗折强度）可用下式计算：

$$f_f = \frac{3FL}{2bh^2} \tag{1.3.2}$$

若在此试件跨距的三分点上加两个相等的集中荷载（$P/2$），抗弯强度按下式计算：

$$f_f = \frac{FL}{bh^2} \tag{1.3.3}$$

式中　f_f——材料的抗弯（抗折）强度，MPa；
　　　F——材料破坏时的最大荷载，N；
　　　b、h——试件横截面的宽和高，mm。

土木工程材料常按强度值大小划分成不同等级，这对生产、选用、设计和控制工程质量都十分重要，常用结构材料的强度值范围见表1.3.1。

表 1.3.1　　　　　　　　　常 用 材 料 的 强 度　　　　　　　　　MPa

材　料	抗压强度	抗拉强度	抗弯强度
花岗石	80～150	—	10～16
普通黏土砖	10～30	—	2～5
普通混凝土	15～80	2～10	
松木（顺纹）	30～50	80～120	
建筑钢材	240～1000	240～1500	—
水泥	30～80	—	5～9

承重结构除了承受外荷载之外，还要承受自重。反映材料轻质高强的力学参数是比强度，其含义是单位体积质量的材料强度，数值等于材料强度与其表观密度之比。

1.3.2　弹性与塑性

材料在外力作用下产生变形，当外力取消后变形消失，完全恢复到原始形状的性质称为弹性。这种完全恢复的变形称为弹性变形。

材料在外力作用下产生变形，当外力取消后，仍保持变形后的形状和尺寸，不产生裂缝或断裂的性质称为塑性，这种不可恢复的变形称为塑性变形。

单纯弹性的材料是没有的。有的材料（如钢材）在受力不太大时变现为弹性，超过弹性极限之后便出现塑性变形。许多材料（如混凝土）在受力后，弹性变形和塑性变形同时发生，若撤销外力，其弹性变形将消失，但塑性变形仍残留着（称为残余变形）。这种既有弹性又有塑性的变形称为弹塑性变形。

1.3.3　脆性与韧性

材料受力时，发生较大变形尚不断裂的性质称为韧性。具有这种性质的材料称为韧性材料，如钢材、木材、塑料、橡胶等属于韧性材料。

材料受力时，在没有明显变形的情况下突然断裂的性质称为脆性。具有这种性质的材料称为脆性材料，如生铁、混凝土、石、玻璃等。一般来说，脆性材料的抗压强度较高，而抗拉强度却很低，比其抗压强度低很多，这从表 1.3.1 也可以看出。

1.3.4　硬度与耐磨性

硬度是指材料表面抵抗较硬物质压入或刻划的能力。常用刻划法和压入法测定材料硬度，刻划法常用于测定天然矿物的硬度。压入法是以一定的压力将一定规格的钢球或金刚石压入试样表面，根据压痕的面积或深度来计算材料的硬度。钢材、木材及混凝土等材料的硬度常用压入法测定。

耐磨性是材料抵抗磨损的能力，常用磨损率来表示，按下式计算：

$$N = \frac{m_1 - m_2}{A} \quad (1.3.4)$$

式中　N ——磨损率，g/cm^2；

m_1、m_2——材料磨损前、磨损后的质量，g；

A——试件磨损面积，cm^2。

一般来说，强度高且密实的材料，其硬度大，耐磨性也较好。

1.4 材料的耐久性和环境协调性

土木工程材料的发展方向除要求具有良好的使用性能外，还须具有良好的环境协调性能，即具有好的耐久性、低的环境负荷值和高的可循环再生率，强调环保绿色。

1.4.1 材料的耐久性

材料在长期使用过程中，能保持其原有性能而不变质、不破坏的性质，统称之为耐久性，它是一种复杂的、综合的性质，包括材料的抗冻性、耐热性、大气稳定性和耐腐蚀性等。材料在使用过程中，除受到各种外力作用外，还要受到环境中各种自然因素的破坏作用，这些破坏作用可分为物理作用、化学作用和生物作用。要根据材料所处的结构部位和使用环境等因素，综合考虑其耐久性，并根据各种材料的耐久性特点，合理地选用。

物理作用主要有干湿交替、温度变化、冻融循环等等，这些变化会使材料体积产生膨胀或收缩，或导致内部裂缝的扩展，长久作用后会使材料产生破坏。

化学作用主要是指材料受到酸、碱、盐等物质的水溶液或有害气体的侵蚀作用，使材料的组成成分发生质的变化，而引起材料的破坏。如钢材的锈蚀等等。

生物作用主要是指材料受到虫蛀或菌类的腐朽作用而产生的破坏。如木材等一类的有机质材料，常会受到这种破坏作用的影响。

表 1.4.1　　　　　　　　　　材料耐久性与破坏因素的关系

耐久性特征	破 坏 因 素	评 定 指 标
抗渗性	压力水、静水	渗透系数、抗渗等级
抗冻性	水、冻融循环	抗冻等级、耐久性系数
冲磨气蚀	流水、泥沙	磨损率
碳化	CO_2、H_2O	碳化深度
化学侵蚀	酸、碱、盐	*
老化	阳光、空气、水	*
钢筋锈蚀	H_2O、O_2、氯离子、电流	电位锈蚀率
碱-集料反应	H_2O、R_2O、活性集料	膨胀率
耐热	冷热交替、晶型转换	*
耐火	高温、火	*

注　带 * 者可进一步根据强度变化率、开裂、变形等情况综合确定。

1.4.2 材料的环境协调性

土木工程材料的环境协调问题日益受到重视。材料的环境协调性是指材料在生产、使用和废弃全寿命周期中要有较低的环境负荷,包括生产中废物的利用、减少三废的产生,使用中减少对环境的污染,废弃时有较高可回收率。1994年设立中国环境标志产品认证委员会,土木工程材料中首先对水性涂料实行环境标志,制定环境标志的评定标准。为了保障人民群众的身体健康和人身安全,国家制订了《建筑材料放射性核素限量》(GB 6566—2001)以及关于室内装饰装修材料有害物质限量等10项国家标准,提出了有关控制要求,并已于2002年1月1日开始实施。

【延伸阅读】

家居装修过程中,往往会使用油漆、涂料等材料,这些材料有可能会污染环境。其中以苯、甲醛的毒性污染最大。2001年,中国消费者协会组织在北京和杭州两地对部分装修后的室内环境进行了入室测试,结果发现半数样板存在苯污染,占比43.3%。甲醛,作为一种对人类最有害的气体,被称为室内"夺命杀手",尤其在中国,严重危害新装修家庭,尤其是儿童、孕妇、老人的身体健康。装修材料的选用不仅要考虑美观,更应该考虑环保。

【本章小结】

本章主要介绍材料的物理性质和力学性质等,是学习土木工程材料课程应首先具备的基本概念和基础知识。材料组成、结构和构造是决定材料性能的重要因素。与材料体积有关的物理性质可以用密度、表观密度、堆积密度、孔隙率、填充率和空隙率来表达,与水有关的性质可以用吸水性、吸湿性、耐水性、抗渗性和抗冻性来表达,与力学性质有关的性质可以用强度、弹性与塑性、韧性与脆性等表达,与正常工作和使用寿命有关的性质可以用耐久性来表达。

【习题与思考题】

1.1 选择题

(1) 孔隙率增大,材料的_____降低。

A. 密度　　　　　B. 表观密度　　　　C. 憎水性　　　　D. 抗冻性

(2) 材料在水中吸收水分的性质称为_____。

A. 吸水性　　　　B. 吸湿性　　　　　C. 耐水性　　　　D. 渗透性

1.2 是非判断题

(1) 某些材料虽然在受力初期表现为弹性,达到一定程度后表现为塑性特性,这类材料称为塑性材料。(　　)

(2) 材料吸水饱和后状态时水占的体积可视为开口空隙体积。(　　)

(3) 在空气之中吸收水分的性质称为材料的吸水性。(　　)

(4) 材料的导热系数越大越好,其保持隔热性能越好。(　　)

1.3 问答题

(1) 工程材料在工程建设中的重要性表现在哪些方面?其发展方向如何?

（2）生产材料时，在组成一定的情况下，可采取什么措施来提高材料的强度和耐久性？

1.4 计算题

（1）一块红砖，标准尺寸为240mm×115mm×53mm，烘干后质量为2.665kg，将其磨细后取干粉55g，用密度瓶测得其密实体积为20.7cm³，求此砖的密实密度、体积密度和孔隙率。

（2）某材料进行抗压试验，在绝干、水饱和状态下测得的破坏荷载分别是185kN和207kN，受压面积为115mm×120mm，判断该材料能否用于地下工程。

第 2 章 建筑金属材料

【本章要点】

本章主要内容为土木工程常用钢材的力学性能和工艺性能及技术要求，钢材的化学成分及其对钢材性能的影响；土木工程常采用的主要钢材品种及特点，以及钢材的锈蚀成因与防护方法等。重点为建筑钢材的力学性能和工艺性能，难点是建筑钢材的品种及选用。

【能力要求】

通过本章学习，学生应了解钢材的种类，掌握钢材的力学性能和工艺要求，了解钢材化学成分对性能的影响，熟悉土木工程中常用钢材品种和选用方法。

2.1 钢材的分类

钢材是经济建设中极为重要的金属材料。它以铁、碳为主要成分的铁碳合金，其含碳量小于 2.11%。钢材是现代工业的基础，也是建筑工程中重要的并广泛使用的建筑材料。钢材品种繁多，一般是根据化学成分、质量等级、冶炼方法和用途来分。

2.1.1 按冶炼方法分类

按炼钢时脱氧程度分：镇静钢（Z）、特殊镇静钢（TZ）、沸腾钢（F）和半镇静钢（b）。

按冶炼冶炼设备分：平炉钢、转炉钢和电炉钢。

2.1.2 按化学成分分类

按钢的化学成分分为碳素钢和合金钢两大类。碳素钢按钢中含碳量的多少分类。低碳钢：含碳量小于 0.25%；中碳钢：含碳量为 0.25%～0.60%；高碳钢：含碳量大于 0.60%。

而合金钢可按合金元素的多少来分类。低合金钢：合金元素总含量小于 5.0%；中合金钢：合金元素总含量为 5%～10%；高合金钢：合金元素总含量大于 10%。

建筑工程中，钢结构用钢和钢筋混凝土结构用钢，主要使用非合金钢中的低碳钢，及低合金钢加工成的产品。合金钢亦有少量应用。

2.1.3 按品质（杂质含量）分类

按质量分类主要根据钢中所含的磷、硫含量来分。普通钢：含硫量不大于 0.050%、含磷量不大于 0.045%；优质钢：含硫量不大于 0.035%、含磷量不大于 0.035%；高级优质钢：含硫量不大于 0.025%，高级优质钢的钢号后加"高"字或"A"，含磷量不大于 0.025%；特级优质钢：含硫量不大于 0.015%，特级优质钢后加"E"；含磷量不大于 0.025%。

2.1.4 按用途分类

按用途可分为碳素结构钢和碳素工具钢。碳素结构钢主要用于制造各种构件（如桥梁、船舶和建筑物等）和机器零件（如齿轮、轴、螺钉和连杆等），碳素结构钢一般属于低碳钢和中碳钢。碳素工具钢所含碳量较高，一般属于高碳钢，主要用于制造各种刀具、工具、量具和模具。

2.2 建筑钢材的力学性能

钢材主要性能包括力学性能和工艺性能。其中力学性能是钢材最重要的使用性能，包括强度、弹性、塑性和耐疲劳性能。工艺性能表示钢材在各种加工过程中的行为，包括冷弯性能和可焊性等。

2.2.1 抗拉性能

1. 静拉伸试验

静拉伸试验是钢材使用最广泛的力学性能试验方法之一。试验时，将低碳钢的标准试样，夹持在万能试验机的夹具中，在常温下以要求的载荷和加载速度在拉伸机上缓慢拉伸，使拉伸试样承受轴向拉力 F，并使拉伸试样沿轴向产生伸长 ΔL（$\Delta L = L_1 - L_0$），直至试样断裂，以拉力 F 除以拉伸试样的原始截面 A_0（即拉应力 σ）为纵坐标，以拉力 F 除以试样的原始长度 L_0（即应变 ε）为横坐标，就可以画出低碳钢的应力-应变曲线，如图 2.2.1 所示。

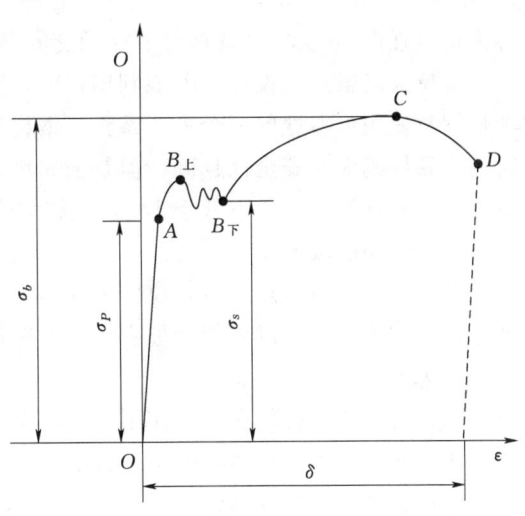

图 2.2.1 低碳钢的应力-应变曲线

2. 应力-应变曲线

应力和应变的关系反映出钢材的主要力学特征。从静拉伸试验所得的图 2.2.1 低碳钢的应力-应变关系中可看出，低碳钢从受拉到拉断，经历了四个阶段：弹性阶段（OA）、屈服阶段（AB）、强化阶段（BC）和颈缩阶段（CD）。

（1）弹性阶段（OA）

OA 线段是一条直线，当应力较低时，应力与应变成正比，外力增加，拉伸试样变形增加,卸去外力,拉伸试样恢复到原来的形状,这种不产生永久变形的性能称为弹性。A 所对应的应力值称为弹性极限,用 σ_P 表示。OA 线段的斜率为拉伸试样的弹性模量。用 E 表示,E 值的大小是应力与应变的比,即 $E=\sigma/\varepsilon$。弹性模量是衡量材料产生弹性变形难易程度的指标。E 值愈大,使其产生一定的弹性变形的应力也愈大。因此,人们在工程中把弹性模量 E 称为材料的刚度。刚度表征材料弹性变形抗力大小的物理量。弹性模量 E 主要取决于材料的本身。它是钢材最稳定的性能之一,材料进行合金化处理热处理和冷加工对它影响均很小。

(2) 屈服阶段(AB)

在 AB 阶段,钢材在荷载作用下,开始丧失对变形的抵抗能力,同时产生明显的塑性变形,在应力-应变曲线上 AB 段实际上是一条上下波动的曲线,存在上屈服点($B_上$)和下屈服点($B_下$),达到 B 点时,人们称之为屈服现象。也就是说 AB 阶段,实际上是弹性变形向塑性变形的过渡,超过 B 点,发生的变形是永久变形,也就是发生了不可恢复的变形。

σ_S 表示材料在外力作用下开始产生塑性变形的最低应力,即应力-应变曲线下屈服点所对应的应力值。该值表示材料抵抗微量塑性变形的能力。在工程技术上,绝大部分结构构件都是在弹性状态下工作,不允许发生塑性变形,因此,屈服点 σ_S 是设计的依据,也是材料重要的力学性能指标。

(3) 强化阶段(BC)

在钢材屈服到一定程度后,由于内部晶格扭曲、晶粒破碎等原因,阻止了塑性变形的进一步发展,钢材抵抗外力的能力重新提高,在应力-应变图上,曲线从 $B_下$ 点开始上升直至最高点 C,这一过程称为强化阶段;最高点的 C 所对应的应力称为抗拉强度(σ_b),这是钢材所能承受的最大拉应力。

抗拉强度虽然在设计中不能利用,但是抗拉强度与屈服强度之比(强屈比)是评价钢材使用可靠性的一个重要参数。钢材强屈比愈大,钢材受力超过屈服点工作时的可靠性越大,安全性越高,但是强屈比太大,钢材强度的利用率偏低,浪费材料。钢材的强屈比一般不低于 1.2,抗震结构的普通钢筋强屈比不低于 1.25。

(4) 颈缩阶段(CD)

在负荷达到最高点之后,拉伸试样的某一部位断面开始急剧缩小,出现了颈缩现象,又称为颈缩,以后的变形主要集中在颈缩附近,到 D 点试样被拉断。

3. 塑性

钢材的塑性指材料在外力作用下,产生塑性变形而不断裂的性能。塑性通常用拉伸试验的伸长率和截面收缩率来表示。

伸长率 δ 按下式计算:

$$\delta = \frac{L_u - L_0}{L_0} \times 100\% \tag{2.2.1}$$

式中　δ——断裂后伸长率;

　　　L_0——试样原始标距,即室温下施力前的试样长度,mm;

　　　L_u——试样断裂后的标距,即在室温下将断后的两部分紧密对接在一起,保证两部分轴线位于同一条直线上,测量试样断裂后的长度,mm。如图 2.2.2 所示。

伸长率 δ 是衡量钢材塑性的指标，它的数值越大，表示钢材塑性越好。由于 δ 值与试样尺寸有关，因此，一般规定 $L_0=5d_0$ 或 $L_0=10d_0$（d_0 为试样原始直径），δ_5 或 δ_{10} 分别表示两种不同尺寸的试样测得的伸长率。同一种材料，测得的 δ_5 一般比 δ_{10} 要大些。

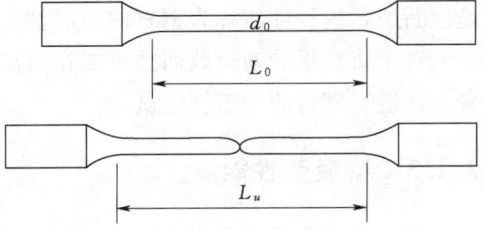

图 2.2.2　试样拉伸前和断裂后标距的长度

截面收缩率按下式计算：

$$\varphi = \frac{A_u - A_0}{A_0} \times 100\% \qquad (2.2.2)$$

式中　φ——断面收缩率；

A_0——试样原始截面面积，mm^2；

A_u——试样拉断后颈缩处截面面积，mm^2。

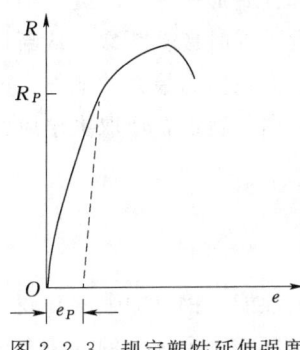

图 2.2.3　规定塑性延伸强度

伸长率和断面收缩率表示钢材断裂前经受塑性变形的能力。伸长率或断面收缩率越大，说明钢材的塑性越好。钢材的塑性越大，不仅便于进行各种加工，而且能保证钢材在建筑上的安全使用。

对于受力下屈服现象不明显的中碳钢和高碳钢（硬钢），难以测定屈服点，则规定以产生参与变形为原标距的 0.2% 所对应的应力值作为屈服强度，称为条件屈服强度，用 $\sigma_{0.2}$ 表示，实际工程以此作为设计标准强度，如图 2.2.3 所示。

2.2.2　冲击韧性

冲击韧性是钢材抵抗冲击荷载的能力，用处在简支梁状态的金属试样在冲击负荷作用下折断时冲击吸收功。钢材的冲击韧性试验是将标准弯曲试样置于冲击机的支架上，并使切槽位于受拉的一侧，在试样中间开 V 型缺口。

冲击韧性试验当试验机的重摆从一定高度自由落下时，试样吸收的能量等于重摆所做的功 A_{KF}。若试件在缺口处的最小横截面积为 A，则冲击韧性 α_{KF} 为

$$\alpha_{KF} = \frac{A_{KF}}{A} \qquad (2.2.3)$$

式中 α_{KF} 的单位为 J/cm^2。

α_{KF} 越大，表示冲断时单位截面所吸收的功越多，钢材的冲击韧性越大，钢材抵抗冲击荷载的能力越强。

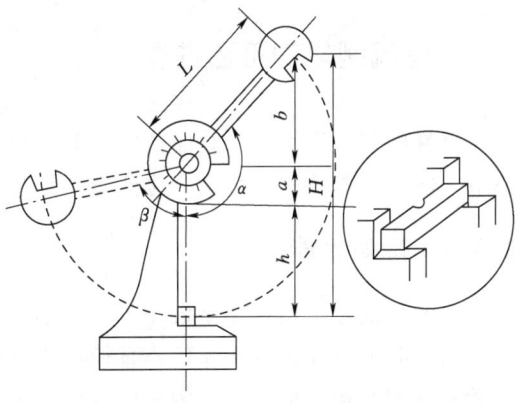

图 2.2.4　冲击韧性试验图

α_k 值与试验温度有关。有些材料在常温时冲击韧性并不低，破坏时呈现韧性破坏特征。但当试验温度低于某值时，α_k 突然大幅度下降，材料无明显塑性变形而发生

脆性断裂，这种性质称为钢材的冷脆性。

对于直接承受动荷载而且可能在负温度下工作的重要结构，必须按照有关规范要求，进行钢材的冲击韧性试验。

2.2.3 耐疲劳性能

钢材在交变荷载反复多次作用下，可以在远低于其屈服极限的应力作用下被破坏。这种破坏称为疲劳破坏。一般把钢材在荷载交变 1×10^7 次时不破坏的最大应力定位疲劳强度或者疲劳极限。在设计承受反复荷载且需进行疲劳验算的结构时，应了解所用钢材的疲劳极限。

在测定疲劳极限时，应当根据结构使用条件确定采用的应力循环类型，应力比值（又称应力特征值 p，为最小与最大应力之比）和周期基数。周期基数一般为 2×10^6 或 4×10^6 次以上。

钢材的疲劳破坏一般是由拉应力引起的，首先在局部开始形成细小断裂，随后由于微裂纹尖端的应力集中而使其逐渐扩大，直至突然发生瞬时疲劳断裂。从断口可以明显地区分出疲劳裂纹扩展区和瞬时断裂区。疲劳应力在应力最大的地方，即应力集中的地方形成，因此钢材疲劳强度不仅取决于它的内部组织，还取决于应力最大处的表面质量及内应力大小等因素。

2.2.4 硬度

钢材硬度是指表面抵抗硬物压入而不产生塑性变形的性能。钢材的强度和硬度呈现一定的关系。故测得钢材的硬度后可以间接求得其强度。测定硬度的方法有很多，常用的硬度指标为布氏硬度值。

布氏硬度值试验原理是用一定的直径的淬硬钢球，在规定的荷载（p）作用下压入试件表面，并保持一定的时间，然后卸去荷载，用压痕单位球面积上所承受的荷载大小 p 作为所测金属材料的硬度值，称为布氏硬度，用符号 HB（单位：MPa）表示。

2.3 建筑钢材的工艺性能

良好的工艺性能，可以保证钢材顺利通过各种加工，而使钢材制品的质量不受影响。冷弯、冷拉、冷拔及焊接性能均是建筑钢材重要的工艺性能。

2.3.1 冷弯性能

冷弯性能是指钢材在常温下承受弯曲变形的能力，是建筑钢材的重要工艺性能。试验时的弯曲角度 α 和弯心直径 d 相对钢材厚度 a 的比值来表示。钢材的冷弯试验是通过直径（或厚度）为 a 的试件，采用标准规定的弯心直径 $d(d=na$，n 为整数)，弯曲到规定的角度时（180°或 90°），检查弯曲处有无裂纹、断裂及起层等现象。若没有这些现象则认为冷弯性能合格。钢材冷弯时的弯曲角度越大，弯心直径越小，则表示冷弯性能越好，如图 2.3.1 所示。

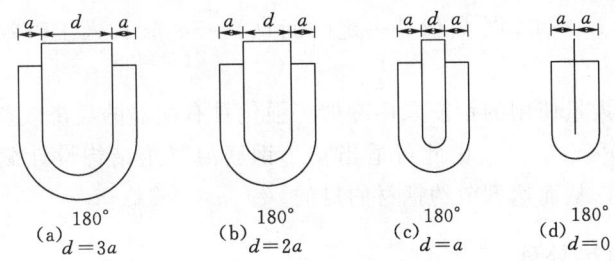

图 2.3.1　钢材的冷弯性能

钢材的冷弯性能和伸长率一样，表明钢材在静荷下的塑性，冷弯是钢材处于不利变形条件下的塑性，而伸长率反映钢材在均匀变形下的塑性。故冷弯性能是一种比较严格的检验，能揭示钢材内部组织是否均匀，是否存在内应力和夹杂物等缺陷。在实际工程中，冷弯试验还被用作对钢材焊接质量进行严格检验的一种手段，能揭示焊件在受弯表面是否存在未熔合、微裂缝和夹杂物。

2.3.2　钢的冷加工时效强化及其应用

将钢材于常温下进行冷拉、冷拔或冷轧使其产生塑性变形，从而提高屈服强度，降低塑性韧性，这个过程称为冷加工强化处理。冷加工的原理是钢材加工至塑性变形后，区域内的晶粒产生相对滑移，滑移面下的晶粒破碎，晶格变形，构成滑移面的凹凸不平，阻碍晶格的进一步滑移，从而给以后的变形造成较大的困难，提高了钢材对外力的抵抗。冷加工钢材变形后的滑移面减少，塑性降低，脆性增大。

1. 冷拉

冷拉是将钢筋拉至其 σ-ε 曲线的强化阶段内任一点 K 处，然后缓慢卸去荷载，则当再度加载时，其屈服极限将有所提高，而其塑性变形能力有所降低的冷加工强化。冷拉一般可控制冷拉率，预应力混凝土的预应力筋则宜采用控制应力法。钢筋经冷拉后，一般屈服点可提高 20%～25%。

2. 冷拔

冷拔是将直径为 6.5～8mm 的碳素结构钢的 Q235（或 Q215）盘条，通过拔丝机中钨合金做成的比钢筋直径小 0.5～1mm 的冷拔模孔，冷拔成比原直径小的钢丝，称为冷拔低碳钢丝。如果经过多次冷拔，可得规格更小的钢丝。冷拔作用比纯拉伸的作用强烈，钢筋不仅受拉，而且同时受到挤压作用。经过一次或多次冷拔后得到的冷拔低碳钢丝，其屈服点可提高 40%～60%，但失去软钢的塑性和韧性，而具有硬质钢材的特点。

3. 冷轧

冷轧是将圆钢在轧钢机上轧成断面形状规则的钢筋，可以提高其强度及与混凝土的黏结力。钢筋在冷轧时，纵向与横向同时产生变形，因而能较好地保持其塑性和内部结构的均匀性。

将冷加工处理后的钢筋，在常温下存放 15～20d，或加热至 100～200℃ 后保持一定时间（2～3h），其屈服强度进一步提高，且抗拉强度也提高，同时塑性和韧性也进一步降低，弹性模量则基本恢复。这个过程称为时效处理。

时效处理方法有两种：在常温下存放 15～20d，称为自然时效，适合用于低强度钢筋；加热至100~200℃后保持一定时间（2~3h），称人工时效，其适合于高强钢筋。

建筑工程中大量使用的钢筋采用冷加工强化具有明显的经济效益。冷拔钢丝的屈服点可提高40%~60%。由此可适当减小钢筋混凝土结构设计截面，或减小混凝土中配筋数量，从而达到节约钢材的目的。

2.3.3 钢材的热处理

热处理是将钢材按规定的温度制度，进行加热、保温和冷却处理，以改变其组织，得到所需要的性能的一种工艺。热处理包括淬火、回火、退火和正火。

1. 淬火

将钢材加热至基本组织改变温度以上，保温使基本组织转变为奥氏体，然后投入水或矿物油中急冷，使晶粒细化，碳的固溶量增加，强度和硬度增加，塑性和韧性明显下降。

2. 回火

将比较硬脆、存在内应力的钢，加热至基本组织改变温度以下（150~650℃），保温后按一定制度冷却至室温的热处理方法称为回火。回火后的钢材，内应力消除，硬度降低，塑性和韧性得到改善。

3. 退火

将钢材加热至基本组织转变温度以下（低温退火）或以上（完全退火），适当保温后缓慢冷却，以消除内应力，减少缺陷和晶格畸变，使钢的塑性和韧性得到改善。

4. 正火

将钢件加热至基本组织改变温度以上，然后在空气中冷却，使晶格细化，钢的强度提高而塑性有所降低。

对于含碳量高的高强度钢筋和焊接时形成的硬脆组织的焊件，适合以退火方式来消除内应力和降低脆性，保证焊接质量。

2.3.4 钢材的焊接性能

焊接是把两块金属局部加热，并使其接缝部分迅速呈熔融或半熔融状态牢固地连接起来。它是钢结构的主要连接形式。钢材的焊接性能是指在一定的焊接工艺条件下，在焊缝及其附近过热区不产生裂纹及硬脆倾向，焊接后钢材的力学性能，特别是强度不低于原有钢材的强度。

土木工程中，焊件结构要占90%以上。在钢筋混凝土结构中，大量的钢筋接头、钢筋网片、钢筋骨架、预埋件及预制构件的安装等，都要采用焊接。常用的焊接方法有闪光对焊、电渣压力焊和电弧焊。

钢材的化学成分对钢材的可焊性有很大的影响。随钢材的含碳量、合金元素及杂质元素含量的提高，钢材的可焊性降低。钢材的含碳量超过0.25%时，可焊性明显降低；硫含量较多时，会使焊口处产生热裂纹，严重降低焊接质量。钢材的焊接须执行有关规定。

采用焊前预热和焊后热处理的方法，可使可焊性较差的钢材的焊接质量得以提高。

2.4 钢材的组成结构和化学成分对性能的影响

2.4.1 晶格结构

建筑钢材的特性及各种性能上的差异，是由它们内部微观结构所决定，钢材宏观力学性能基本上是由晶体力学性能的表现。钢材和一切金属材料一样，为晶体结构，是铁－碳合金晶体，钢的晶格有两种构架，即体心立方晶格和面心立方晶格。晶格按原子排列的方式不同分为若干类型，例如，纯铁在 910℃ 以下为体心立方晶格，称为 α-Fe，其最小几何单元称为晶胞。其晶体结构中，各个原子以金属键相互结合在一起，这种结合方式就决定了钢材具有很高的强度和良好的塑性。

钢材的力学性能与晶体结构有密切关系，主要体现在以下几方面：

（1）晶格表面有些平面上的原子较密集，因而结合力较强。这些面与面之间，由于原子间距较大，因而结合力较弱。这种情况，使晶格在外力作用下，容易沿原子密集面产生相对滑移，而 α-Fe 晶格中这种容易导致滑移的面是比较多的。这是建筑钢材塑性变形能力较大的原因。

（2）晶格中存在许多缺陷，如点缺陷、线缺陷和面缺陷，由于缺陷的存在，使晶格受力滑移时，不是整个滑移面全部原子一起移动，只是缺陷局部移动，这是钢材实际强度远低于其理论强度的原因。

（3）晶粒界面处的原子排列紊乱，对滑移阻力很大，晶粒愈细，强度越高，韧性也越好。生产中常利用合金元素以细化晶粒来提高钢材的综合性能。

（4）α-铁晶格中可溶入其他元素，如碳、锰、硅、氮等，形成固溶体。形成的固溶体会使晶格产生变形，因而强度略有提高，塑性和韧性降低。生产中常利用合金元素形成固溶体以提高钢材强度，称为固溶强化。

钢材在常温下主要有以下三种微组织：

（1）铁素体：是碳在 α-Fe 中的固溶体，由于 α-Fe 体心立方晶格的原子间空隙小，溶碳能力较差，故铁素体含碳量很少（小于 0.02%），由此决定其塑性、韧性好；但强度、硬度低。

（2）渗碳体：是铁和碳的化合物 Fe_3C，其含碳量高达 6.67%，晶体结构复杂，塑性差，性硬脆，抗拉强度低。

（3）珠光体：是铁素体和渗碳体的机械混合物，含碳量较低（0.8%），层状结构，塑性较好，强度和硬度较高。

此外，钢材在温度高于 723℃ 时，还存在奥氏体。奥氏体为碳在 γ-Fe 中的固溶体，溶碳能力较强，高温时含碳量可达 2.06%，低温下降至 0.8%。其强度、硬度不高，但塑性好。碳钢处于红热状态时即存在这种组织，这时钢易于轧制成型。

2.4.2 化学成分

钢材经冶炼仍存在一些合金元素，如硅、锰、钛、钒、铌等为合金元素，而磷、氮、硫、氧等为杂质。

硅、锰大部分溶于铁素体中，当硅含量小于 1% 时，可提高钢材的强度，对塑性、韧性影响不大；锰一般含量在1%~2%之间，除强化外，能削弱硫和氧引起的热脆性，且改善钢材的热加工性。硅、锰是我国低合金钢的主要合金元素。钛是强脱氧剂，钒、铌是碳化物和氮化物的形成元素，三者皆能细化晶粒，增加强度，在建筑常用的低合金钢中，三者为常用合金元素。

磷主要溶于铁素体中起强化作用，同时可提高钢材的耐磨、耐蚀性，但塑性、韧性显著降低，当温度很低时，对后二者影响更大，磷的偏析倾向强烈。氮溶于铁素体中或呈氮化物形式存在，对钢材性质影响与碳、磷相似。二者在低合金钢中可配合其他元素作为合金元素。硫、氧主要存在于非金属夹杂物中，降低各种力学性能，硫化物造成的低熔点使钢材在焊接时易于产生热裂纹，显著降低可焊性，且有强烈的偏析作用；氧有促进时效倾向的作用，氧化物所造成的低熔点亦使钢的可焊性变坏。

2.5 建筑钢材的标准和选用

建筑钢材可分为型钢和混凝土结构用钢筋两类。各种型钢和钢筋主要取决于钢种及加工方式。

2.5.1 建筑钢材主要钢种

1. 普通碳素结构用钢

国家标准《碳素结构钢》（GB 700—88）中规定，牌号由代表屈服点的字母、屈服点数值、质量等级符号、脱氧方法等四部分按顺序组成。其中以"Q"代表屈服点；屈服点数值共分195MPa、215MPa、235MPa、255MPa和275MPa五种；质量等级以硫、磷等杂质含量由多到少，分别用A、B、C、D符号表示；脱氧方法以F表示沸腾钢、b表示半镇静钢、Z、TZ表示镇静钢和特殊镇静钢，Z和TZ在钢的牌号中予以省略。随着牌号的增大，对钢材屈服强度和抗拉强度的要求增大，对伸长率的要求降低。

例如：Q235-A·F表示屈服点为235MPa的A级沸腾钢。

随着牌号的增大，其含碳量增加，强度提高，塑性和韧性降低，冷弯性能逐渐变差。同一钢号内质量等级越高，钢材的质量越好，如Q235C、Q235D级优于Q235A、Q235B级。

碳素钢的技术要求包括化学成分、力学性能、冶炼方法、交货状态及表面质量五个方面。钢材的力学性能包括钢材的化学成分、冷弯性能、力学性能应符合表2.5.1、表2.5.2和表2.5.3的规定。

表 2.5.1　　　　　　　　碳素结构钢的化学成分

牌号	代号	等级	厚度或直径/mm	脱氧方法	化学成分（质量分数）/%，不大于				
					C	Si	Mn	P	S
Q195	U11952	—	—	F、Z	0.12	0.3	0.50	0.035	0.040
Q215	U12152	A		F、Z	0.15	0.35	1.2	0.045	0.050
	U12155	B		F、Z					0.045

续表

牌号	代号	等级	厚度或直径/mm	脱氧方法	化学成分（质量分数）/%，不大于				
					C	Si	Mn	P	S
Q235	U12352	A	—	F、Z	0.22	0.35	1.4	0.045	0.050
	U12355	B		F、Z	0.20			0.045	0.045
	U12358	C		Z	0.17			0.040	0.040
	U12359	D		TZ				0.0.35	0.035
Q275	U12752	A	—	F、Z	0.21	0.35	1.5	0.045	0.050
	U12755	B	≤40	Z	0.22			0.045	0.045
	U12758	C	>40	Z	0.2			0.040	0.040
	U12759	D	—	T、Z				0.0.35	0.035

表 2.5.2　　　　　　　　碳素结构钢的冷弯性能

牌号	试件方向	冷弯试验 $B=2a$，180°	
		钢材的厚度（直径）/mm	
		≤60	>60～100
		弯心直径 d	
Q195	纵向	0	—
	横向	0.5a	
Q215	纵向	0.5a	1.5a
	横向	a	2a
Q235	纵向	a	2a
	横向	1.5a	2.5a
Q275	纵向	1.5a	2.5a
	横向	2a	3a

注　1. B 为试件宽度，a 为钢材厚度（直径）。
　　2. 钢材厚度（或直径）大于 100mm，弯曲试验由双方协商确定。

表 2.5.3　　　　　　　　碳素结构钢的力学性能

牌号	等级	拉伸试验，不小于												冲击试验	
		屈服强度/MPa						抗拉强度/MPa	伸长率/%					温度/℃	V形冲击功（纵向）/J
		钢材厚度（直径）/mm							钢材厚度（直径）/mm						
		≤16	16～40	40～60	60～100	100～150	150～200		≤40	>40～60	>60～100	>10～150	>150～200		
		不小于							不小于						不小于
Q195	—	195	185	—	—	—	—	315～430	33	—	—	—	—	—	—
Q215	A	215	205	195	185	175	165	335～450	31	30	29	27	26	—	—
	B													20	27
Q235	A	235	225	215	215	195	185	370～500	26	25	24	22	21	—	—
	B													20	27
	C													0	
	D													20	

续表

牌号	等级	拉伸试验，不小于							冲击试验	
		屈服强度/MPa					抗拉强度/MPa	伸长率/%				温度/℃	V形冲击功(纵向)/J
		钢材厚度（直径）/mm						钢材厚度（直径）/mm					
		≤16	16~40	40~60	60~100	100~150	150~200		≤40	>40~60	>60~100	>10~150	>150~200		
		不小于							不小于					不小于
Q275	A	275	265	255	245	225	215	410~540	22	21	20	18	17	—	—
	B								—	—	—	—	—	20	27
	C								—	—	—	—	—	0	
	D								—	—	—	—	—	−20	

注 1. Q195—强度不高，塑性、韧性、加工性能与焊接性能较好，主要用于轧制薄板和盘条等。
2. Q215—与Q195钢基本相同，其强度稍高，大量用做管坯、螺栓等。
3. Q235—强度适中，有良好的承载性，又具有较好的塑性和韧性，可焊性和可加工性也较好，是钢结构常用的牌号，大量制作成钢筋、型钢和钢板用于建造房屋和桥梁等。Q235良好的塑性可保证钢结构在超载、冲击、焊接、温度应力等不利因素作用下的安全性，因而Q235能满足一般钢结构用钢的要求。Q235-A一般用于只承受静荷载作用的钢结构。Q235-B适合用于承受动荷载焊接的普通钢结构，Q235-C适合用于承受动荷载焊接的重要钢结构，Q235-D适合用于低温环境使用的承受动荷载焊接的重要钢结构。
4. Q255—强度高、塑性和韧性稍差，不易冷弯加工，可焊性较差，主要用做铆接或拴接结构，以及钢筋混凝土的配筋。
5. Q275—强度、硬度较高，耐磨性较好，但塑性、冲击韧性和可焊性差，不宜在建筑结构中使用，主要用于制造轴类、农具、耐磨零件和垫板等。

2. 优质碳素结构用钢

按《优质碳素结构钢》（GB/T 699—1999）的规定，优质碳素结构钢根据锰含量的不同可分为：普通锰含量（锰含量＜0.8%）钢和较高锰含量（锰含量0.7%~1.2%）钢两组。

优质碳素结构钢的钢材一般以热轧状态供应，硫、磷等杂质含量比普通碳素钢少，其他缺陷限制也较严格，所以性能好，质量稳定。

优质碳素结构钢的牌号用两位数字表示，它表示钢中平均含碳量的万分数。如45号钢，表示钢中平均含碳量为0.45%。数字后若有"锰"字或"Mn"，则表示属较高锰含量的钢，否则为普通锰含量钢。如35Mn表示平均含碳量0.35%，含锰量为0.7%~1.2%。若是沸腾钢或半镇静钢，还应在牌号后面加"沸"（或F）或"半"（或b）。

优质碳素钢的性能主要取决于含碳量。含碳量高，则强度高，但塑性和韧性降低。在土木工程中，30~45号钢主要用于重要结构的钢铸件和高强度螺栓等，45号钢用做预应力混凝土锚具，65~80号钢用于生产预应力混凝土用钢丝和钢绞线。

3. 低合金高强度结构钢

根据国家标准《低合金高强度结构钢》（GB 1591—94）的规定，低合金高强度结构钢分为Q295、Q345、Q390、Q420和Q460共五个牌号。每个牌号根据硫、磷等有害杂质的含量，分为A、B、C、D和E五个等级。

低合金钢均为镇静钢，其牌号由代表钢材屈服强度的字母"Q"、屈服强度值和质量等级符号三个部分按顺序组成。牌号表示方法为

Q 屈服强度　　质量等级

如 Q345B 表示屈服强度不小于 345MPa，质量等级为 B 级的低合金高强度结构钢。

国家标准《低合金高强度结构钢》（GB 1591—94）规定了各牌号的低合金高强度结构钢的化学成分、力学性能（见表 2.5.4）。由于合金元素的强化作用，使低合金结构钢不但具有较高的强度，且具有较好的塑性、韧性和可焊性。低合金高强度结构钢广泛应用于钢结构和钢筋混凝土结构中，特别是大型结构、重型结构、大跨度结构、高层建筑、桥梁工程、承受动力荷载和冲击荷载的结构。

表 2.5.4　　　　　　　低合金高强度结构钢的力学性能

牌号	质量等级	屈服点/MPa	抗拉强度/MPa	伸长率/%	V 形冲击功（纵向）/J +20℃	180°弯曲试验	
		钢材厚度（直径、边长）/mm				钢材厚度（直径）/mm	
		16～400	100～400	40～400	12～150	≤16	16～100
Q345	A B C D E	265～340	450～630	17～20	34	$d=2a$	$d=3a$
Q345	A B C D E	310～390	470～620	18～20	34	$d=2a$	$d=3a$
Q345	A B C D E	340～420	500～680	18～19	34	$d=2a$	$d=3a$
Q460	C D E	380～460	530～720	16～17	34	$d=2a$	$d=3a$

注　表中 d 指弯心直径，a 指试件厚度（直径）。

2.5.2　常用建筑钢材

1. 钢筋

（1）热轧光圆钢筋

热轧钢筋是建筑工程中用量最大的钢材品种之一，主要用于钢筋混凝土结构和预应力钢筋混凝土结构的配筋。

热轧光圆钢筋的强度较低，但具有塑性好，伸长率高（$\delta_5 \geq 25\%$），便于弯折成型，容易焊接等特点。它的使用范围很广，可用作中、小型钢筋混凝土结构的主要受力钢筋,构件的箍筋,钢、木结构的拉杆等。可作为冷轧带肋钢筋的原材料,盘条还可作为冷拔低碳钢丝的原材料。其力学性能见表 2.5.5。

表 2.5.5　　　　　　　　热轧光圆钢筋的力学性能

牌号	屈服强度/MPa	抗拉强度/MPa	断后伸长率/%	最大伸长率/%	冷弯试验
			不小于		
HPB235	235	370	25.0	10.0	$d=a$
HPB300	300	420			

（2）带肋钢筋

带肋钢筋是指截面通常为圆形,且表面带肋的混凝土结构用钢,一般分为热轧和冷轧两类。带肋钢筋表面轧有通长的纵肋（平行于钢筋轴线的均匀连续肋）和均匀分布的横肋（与纵肋不平行的其他肋）,带肋钢筋加强了钢筋与混凝土之间的黏结力,可有效防止混凝土与配筋之间发生相对位移。

热轧带肋钢筋的牌号由 HRB 和牌号的屈服点最小值构成,有 HRB335、HRB400、HRB500 三个牌号。H、R、B 分别为热轧（hot rolled）、带肋（ribbed）、钢筋（bars）三个词的英文首字母。热轧带肋钢筋的力学性能符合表 2.5.6 规定。

表 2.5.6　　　　　　　　热轧带肋钢筋的力学性能

牌号	钢种	公称直径/mm	屈服强度/MPa	抗拉强度/MPa	断后伸长率/%	最大伸长率/%
				不小于		
HRB335	低碳低合金钢	6～50	335	455	17	7.5
HRB400		6～50	400	540	16	
HRB500	种碳低合金钢	6～50	500	630	15	

HRB335 和 HRB400 用低合金镇静钢和半镇静钢轧制,以硅、锰作为主要固溶强化元素。其强度较高,塑性和可焊性均较好。钢筋表面轧有通长的纵肋和分布的横肋,从而加强了钢筋与混凝土之间的黏结力。这两种钢筋广泛用于大、中型钢筋混凝土结构的主筋,经冷拉处理后也可作为预应力筋。

HRB500 用中碳低合金镇静钢轧制而成,除以硅、锰为主要合金元素外,还加入钒或钛作为固熔弥散强化元素,使之在提高强度的同时保证塑性和韧性。HRB500 表面形状与 HRB335 的 HRB400 相同,主要用于工程中的预应力钢筋。

表 2.5.7　　　　　　　　冷轧带肋钢筋的力学性能

钢筋等级	屈服强度/MPa	抗拉强度/MPa	钢材种类	主要用途
Ⅰ	235	370	Q235	非预应力钢筋
Ⅱ	335 335	510 490	20MnSi 20MnNb	非预应力及预应力钢筋
Ⅲ	400	570	20MnSiV 20MnSiTi 25MnSi	非预应力及预应力钢筋
Ⅳ	500	630	40Si$_2$MnV 45SiMnV 45Si$_2$MnTi	预应力钢筋

冷轧带肋钢筋是由热轧圆盘条经冷轧后，在其表面带有沿长度方向均匀分布的三面或二面横肋的钢筋。根据国家标准《冷轧带肋钢筋》(GB 13788—2000)的规定，冷轧带肋钢筋的牌号由 CRB 和钢筋的抗拉强度最小值构成。C、R、B 分别为冷轧 (cold rolled)、带肋 (ribbed)、钢筋 (bars) 三个词的英文首位字母。冷轧带肋钢筋分为 CRB550、CRB650、CRB800、CRB970、CRB1170 五个牌号。CRB550 为普通钢筋混凝土用钢筋，其他牌号为预应力混凝土钢筋。CRB550 钢筋的公称直径范围为 4~12mm。CRB650 及以上牌号钢筋的公称直径为 4mm、5mm、6mm。冷轧带肋钢筋的力学性能应符合表 2.5.7 的规定。

冷轧扭钢筋是采用低碳热轧盘钢 (Q235) 钢材经冷扎扁和冷扭转而成的具有连续螺旋状的钢筋。该钢筋刚度大，不易变形，与混凝土的握裹力大，无须加工（预应力或弯钩），可直接用于混凝土工程，节约钢材 30%。使用冷扎扭钢筋可减小板的设计厚度、减轻自重，施工时可按需要将成品钢筋直接供应现场铺设，免除现场加工钢筋，改变了传统加工钢筋占用场地，不利于机械化生产的弊端。冷轧扭钢筋的力学性能应符合表 2.5.8 的规定。

表 2.5.8　　　　　　　　冷轧扭钢筋的力学性能和工艺性能

强度级别	型号	抗拉强度 R_m/MPa	伸长率 A/%	冷弯 180°	应力松弛率/%	
					10h	1000h
CTB550	Ⅰ	≥550	$A_{11.5}$≥4.5	受弯曲部位表面不得产生裂纹	—	—
	Ⅱ	≥550	A≥10		—	—
	Ⅲ	≥550	A≥12		—	—
CTB650	Ⅳ	≥650	A_{100}≥4		≤5	≤8

2. 预应力混凝土用钢丝和钢绞线

预应力混凝土用钢丝是以优质碳素结构钢盘条为原料，经淬火奥氏体化、酸洗、冷拉制成的用作预应力混凝土骨架的钢丝。钢丝的抗拉强度比钢筋混凝土用热轧光圆钢、热轧带肋钢筋高许多，在构件中采用预应力钢丝可收到节省钢材、减少构件截面和节省混凝土的效果，主要用作桥梁、吊车梁、大跨度屋架、管桩等预应力钢筋混凝土构件中。

根据《预应力混凝土用钢丝》(GB/T 5223—2002) 规定，钢丝按加工状态分为冷拔钢丝和消除应力钢丝两类。消除应力钢丝按松弛性能又可分为低松弛级钢丝和普通松弛钢丝。冷拔钢丝代号为 WCD；低松弛钢丝代号为 WLR；普通松弛钢丝代号为 WNR。钢丝按外形分为光圆、螺旋肋、刻痕三种。光圆钢丝代号为 P；螺旋肋钢丝代号为 H；刻痕钢丝代号为 I。

根据《预应力混凝土用钢绞线》(GB 5224—95) 规定，预应力混凝土用钢绞线是以数根优质碳素结构钢钢丝经绞捻和消除应力的热处理而制成。根据钢丝的股数分为 1×2、1×3 和 1×7 三种类型，其中 1 表示以一根钢丝为芯，2、3、7 分别表示其周围围绕的钢丝数量为 2、3 和 7 根。

预应力钢绞线主要用于预应力混凝土配筋。与钢筋混凝土中的其他配筋相比，预应力钢绞线具有强度高、柔性好、质量稳定、成盘供应无需接头等优点。适用于大型屋架、薄腹梁、大跨度桥梁等负荷大、跨度大的预应力结构。

3. 型钢

型钢由于截面形式合理，材料在截面上分布对受力最为有利，且构件间连接方便，所以它是钢结构中采用的主要钢材。型钢的规格通常以反映其断面形状的主要轮廓尺寸来表示。

(1) 热扎型钢

热轧型钢主要采用碳素结构钢 Q235-A，低合金高强度结构钢 Q345 和 Q390 热轧成钢。常用的热轧型钢有：工字钢、H 型钢、T 型钢、槽钢、等边角钢、不等边角钢等。热轧型钢的标记型钢名称、横断面主要尺寸、型钢标准号及钢牌号与钢种标准。

碳素结构钢 Q235-A 轧制成的热轧型钢，强度适中，塑性和可焊性较好，冶炼容易，成本低，适用于土木工程中的各种钢结构。低合金高强度结构钢制成的热轧型钢，性能比前者好，适用于大跨度、承受动荷载的钢结构。

(2) 钢板

钢板材包括钢板、花纹钢板、建筑用压型钢板和彩色涂层钢板等。

钢板是矩形平板状的钢材，可直接轧制成或由宽钢带剪切而成，按轧制方式分为热轧钢板和冷轧钢板。钢板规格表示方法为宽度×厚度×长度（mm）。钢板分厚板（厚度>4mm）和薄板（厚度≤4mm）两种。厚板主要用于结构，薄板主要用于屋面板、楼板和墙板等。在钢结构中，单块钢板不能独立工作，必须用几块板组合成工字形、箱形等结构来承受荷载。

(3) 冷弯薄壁型钢

冷弯薄壁型钢是用 2～6mm 的薄钢板经冷弯或模压而制成，有角钢、槽钢等开口薄壁型钢及方形、矩形等空心薄壁型钢，用于轻型钢结构。

4. 钢材的选用

(1) 荷载性质。对经常承受动荷载或振动荷载的结构，易产生应力集中，引起疲劳破坏，需选用材质高的钢材。

(2) 使用温度。经常处于低温状态的结构，钢材易发生冷脆断裂，特别是焊接结构，冷脆倾向更加显著，应该要求钢材具有良好的塑性和低温冲击韧性。

(3) 连接方式。焊接结构对钢材的化学组成和机械性能要求更加严格。

(4) 钢材的厚度。钢材的力学性能随着厚度增大而降低，钢材经过多次轧制后，钢的内部晶体组织更加紧密，强度更高，质量更好。

(5) 结构重要性。钢材的选用要考虑到结构重要性，如大跨度结构、重要的建筑物需选用质量更好的钢材。

2.6 钢材的腐蚀及防护

2.6.1 钢材的腐蚀

钢材表面与周围介质发生作用而引起破坏的现象称作腐蚀（锈蚀）。钢材腐蚀的现象普遍存在，如在大气中生锈，特别是当环境中有各种侵蚀性介质或湿度较大时，情况就更为严重。腐蚀不仅使钢材有效截面积均匀减小，还会产生局部锈坑，引起应力集中；腐蚀会显著降低钢的强度、塑性韧性等力学性能。根据钢材与环境介质的作用原理，腐蚀可分为化学腐蚀和电化学腐蚀。

(1) 化学腐蚀

化学腐蚀指钢材与周围的介质（如氧气、二氧化碳、二氧化硫和水等）直接发生化学作用，生成疏松的氧化物而引起的腐蚀。在干燥环境中化学腐蚀的速度缓慢，但当温度高和湿度较大时腐蚀速度大大加快。

(2) 电化学腐蚀

钢材由不同的晶体组织构成，并含有杂质，由于这些成分的电极电位不同，当有电解质溶液（如水）存在时，就会在钢材表面形成许多微小的局部原电池。整个电化学腐蚀过程如下：

阳极区：$Fe \Longrightarrow Fe^{2+} + 2e$

阴极区：$2H_2O + 2e + 1/2O_2 \Longrightarrow 2OH^- + H_2O$

溶液区：$Fe^{2+} + 2OH^- \Longrightarrow Fe(OH)_2$

$4Fe(OH)_2 + O^2 + 2H_2O \Longrightarrow 4Fe(OH)_3$

水是弱电解质溶液，而溶有 CO_2 的水则成为有效的电解质溶液，从而加速电化学腐蚀的过程。钢材在大气中的腐蚀，实际上是化学腐蚀和电化学腐蚀共同作用所致，但以电化学腐蚀为主。

2.6.2 钢材的防护

1. 钢材的防腐

钢材的腐蚀既有内因（材质），又有外因（环境介质的作用），因此要防止或减少钢材的腐蚀可以从改变钢材本身的易腐蚀性，隔离环境中的侵蚀性介质或改变钢材表面的电化学过程三方面入手。具体措施有采用耐候钢、金属覆盖、非金属覆盖和混凝土用钢筋的防锈。

(1) 采用耐候钢

耐候钢即耐大气腐蚀钢。耐候钢是在碳素钢和低合金钢中加入少量铜、铬、镍、钼等合金元素而制成。这种钢在大气作用下，能在表面形成一种致密的防腐保护层，起到耐腐蚀作用，同时保持钢材良好的焊接性能。耐候钢的强度级别与常用碳素钢和低合金钢一致，技术指标也相近，但其耐腐蚀能力却高出数倍。耐候钢的牌号、化学成分、力学性能和工艺性能可参见国家标准《焊接结构用耐候钢》（GB 4172—84）和《高耐候性结构钢》（GB 4171—84）。

(2) 金属覆盖

用耐腐蚀性好的金属，以电镀或喷镀的方法覆盖在钢材表面，提高钢材的耐腐蚀能力。常用的方法有：镀锌（如白铁皮）、镀锡（如马口铁）、镀铜和镀铬等。根据防腐的作用原理可分为阴极覆盖和阳极覆盖。

1) 阴极覆盖采用电位比钢材高的金属覆盖，如镀锡。所盖金属膜仅为机械地保护钢材，当保护膜破裂后，反而会加速钢材在电解质中的腐蚀。

2) 阳极覆盖采用电位比钢材低的金属覆盖，如镀锌，所覆金属膜因电化学作用而保护钢材。

(3) 非金属覆盖

在钢材表面用非金属材料作为保护膜，与环境介质隔离，以避免或减缓腐蚀。

如喷涂涂料、搪瓷和塑料等。

涂料通常分为底漆、中间漆和面漆。底漆要求有比较好的附着力和防锈能力，中间漆为防锈漆，面漆要求有较好的牢度和耐候性以保护底漆不受损伤或风化。一般应用为两道底漆（或一道底漆和一道中间漆）与两道面漆，要求高时可增加一道中间漆或面漆。使用防锈涂料时，应注意钢构件表面的除锈以及低漆、中间漆和面漆的匹配。常用底漆有：红丹底漆、环氧富锌漆、云母氧化底漆、铁红环氧低漆等。中间漆有：红丹防锈漆、铁红防锈漆等。面漆有：灰铅漆、醇酸磁漆和酚醛磁漆等。

（4）混凝土用钢筋的防锈

在正常的混凝土中pH值约为12，这时在钢材表面能形成碱性氧化膜（钝化膜），对钢筋起保护作用。若混凝土碳化后，由于碱度降低（中性化）会失去对钢筋的保护作用。此外，混凝土中氯离子达到一定浓度，也会严重破坏钢筋表面的钝化膜。

为防止钢筋锈蚀，应保证混凝土的密实度以及钢筋外侧混凝土保护层的厚度，在二氧化碳浓度高的工业区采用硅酸盐水泥或普通硅酸盐水泥，限制含氯盐外加剂掺量并使用混凝土用钢筋防锈剂。预应力混凝土应禁止使用含氯盐的骨料和外加剂。钢筋涂覆环氧树脂或镀锌也是一种有效的防锈措施。

2. 钢材的防火

钢是不燃性材料，但这并不表明钢材能够抵抗火灾。耐火试验与火灾案例表明：以失去支持能力为标准，无保护层时钢柱和钢屋架的耐火极限只有0.25h，而裸露钢梁的耐火极限为0.15h。温度在200℃以内，可以认为钢材的性能基本不变；超过300℃以后，弹性模量、屈服点和极限强度均开始显著下降，应变急剧增大；达到600℃时已经失去承载能力。所以，没有防火保护层的钢结构是不耐火的。

钢结构防火保护的基本原理是采用绝热或吸热材料，阻隔火焰和热量，推迟钢结构的升温速率。防火方法以包覆法为主，即以防火涂料、不燃性板材或混凝土和砂浆将钢构件包裹起来。

2.7 铝合金在建筑中的应用

铝是一种银白色的轻金属，属于有色金属，纯铝的比重小，仅2.7g/cm³，为铁的1/3，熔点较低（660℃），具有良好的导热性、导电性、防辐射性能及耐腐蚀性能，并有易于加工和焊接等特点。

铝与氧结合，形成一层致密、坚固的氧化铝薄膜保护层，对潮湿空气、水、硝酸的抗侵蚀能力比氧化铁强，但是遇碱和含氯的盐，会破坏其氧化膜，产生强烈的腐蚀。纯铝的强度、硬度都很低，不能满足使用要求，故工程中不用纯铝制品。

（1）防锈铝

防锈铝是铝镁或铝锰的合金。其特点是耐蚀性较高，抛光性好，能长期保持其光亮的表面，其强度比纯铝高，塑性及焊接性能良好，但切削加工性不良，可用于承受中等或低负载及要求耐腐蚀及光洁表面的构件、管道等。

（2）硬铝

硬铝是铝和铜或再加入镁、锰等组合的合金，建筑工程上主要为含铜（3.8%～4.8%）、镁（0.4%～0.8%）、锰（0.4%～0.8%）、硅（不大于0.8%）的铝合金，称为硬铝。经热处理强化后，可获得较高的强度和硬度，耐腐蚀性好。建筑上可用于作承重结构或其他装饰制件，其强度极限可达330～490MPa，伸长率可达12%～20%，布氏硬度值 HB 可达 1000MPa，是发展轻型结构的好材料。

（3）超硬铝

超硬铝是铝和锌、镁、铜等的合金。经热处理强化后，其强度和硬度比普通硬铝更高，塑性及耐蚀性中等，切削加工性和点焊性能良好，但在负荷状态下易受腐蚀，常用包铝方法保护，可用于承重构件和高荷载零件。

（4）锻铝

锻铝是铝和镁、硅及铜的合金。除具有较高的强度外，还有良好的高温塑性及焊接性，但易腐蚀，适宜作承重中等荷载的构件。

铝在建筑上，早在一千多年前就已被作为建筑装饰材料，逐渐发展应用到窗框、幕墙，以及结构构件。2009 年中国建筑铝型材的产量达到 496 万 t，而 2010 年中国建筑铝型材的消费量将突破 600 万 t。

【延伸阅读】

2004 年 5 月 23 日晨 7 点法国夏尔·戴高乐机场屋顶发生坍塌，该候机厅屋顶的数吨水泥块瞬间跌落，并将一登机通道的地面砸穿，整个过程犹如一场地震。经过一年的调查，事故委员认为顶棚支柱的卡箍松弛和当天气温过低两个因素造成顶棚的抗外力强度不断减少，而机场设计应对偶然性事故安全系数不足，从而顶棚发生垮塌的事故。

【本章小结】

钢材是土木工程中最重要的金属材料，能用于工程中的材料必须满足力学性能和工艺性能的要求，如较高的强度、良好的塑性韧性和较好的工艺性能。土木工程常用的钢材主要是碳素结构钢和低合金高强度结构钢，本章还介绍了工程常用钢材品种和选用方法，以及钢材的腐蚀原理及防护方法。

【习题与思考题】

1.1 选择题

（1）钢材抵抗冲击荷载的能力称为_____。

A. 塑性　　　　　B. 冲击韧性　　　　C. 弹性　　　　　D. 硬度

（2）钢的含碳量为_____。

A. <2.06%　　　　B. >3.0%　　　　C. >2.06%

1.2 是非判断题

（1）屈强比愈小，钢材受力超过屈服点工作时的可靠性愈大，结构的安全性愈高。
（　　）

（2）一般来说，钢材硬度愈高，强度也愈大。（　　）

(3) 钢材是各向异性材料。（　　）
(4) 钢材的腐蚀与材质无关，完全受环境介质的影响。（　　）

1.3 问答题

(1) 钢材拉伸试验的四个阶段？其标志性强度？
(2) 什么是强屈比？在工程中有何实际意义？

第 3 章

无机气硬性胶凝材料

【本章要点】

本章主要介绍胶凝材料的分类及其特性，常用无机气硬性胶凝材料的原材料、生产、硬化机理、性质及主要用途。本章重点和难点是胶凝材料的硬化机理、性质及主要用途。

【能力要求】

通过本章学习，学生应熟练掌握石灰、石膏、水玻璃等气硬性胶凝材料的硬化机理、性质和主要用途；了解这三种胶凝材料的原材料和生产工艺。

土木工程中，能通过一系列物理、化学作用，将散粒状材料（砂和石子）或砖块和石块黏结成整体的材料统称为胶凝材料。胶凝材料按其化学组成成分不同，可分为有机胶凝材料和无机胶凝材料两大类。

有机胶凝材料是天然或人工合成高分子化合物为主要成分的胶凝材料。常用的有机胶凝材料主要有石油沥青、煤沥青和各种树脂。

无机胶凝材料是以无机化合物为主要成分的胶凝材料，按其硬化条件不同，又分为气硬性无机胶凝材料和水硬性无机胶凝材料。气硬性胶凝材料只能空气中凝结硬化，也只能在空气中保持和增长强度，所以只适合用于地上和干燥环境中，不能用于潮湿环境，更不能用于水中。常用气硬性胶凝材料又分为建筑石膏、石灰和水玻璃等。水硬性胶凝材料既能在空气中，又能在水中凝结硬化、保持和增长强度。因此，它既适用于地上，也适用于潮湿环境或水中。常用水硬性胶凝材料有各种水泥等。本章主要介绍气硬性胶凝材料。

3.1 石灰

石灰是在土木工程中最早使用的一种无机气硬性胶凝材料，其主要成分为氧化钙或者氢氧化钙。石灰的来源广泛，生产工艺简单、成本低廉并具有良好的使用性能，目前在工程中仍然广泛使用。

3.1.1 石灰的生产及分类

石灰的原料的一个来源是主要成分为碳酸钙的天然岩石、白垩土、白云石和贝壳等。以上原料中常含有部分黏土等杂质，一般用于生产的原料中的黏土杂质不超过 8%。石灰的另一个来源是化学工艺的副产品，如用碳化钙制取乙炔时生产生的电石渣，主要成分就是氢氧化钙，即消石灰（熟石灰）。

以碳酸钙为主要成分的石灰石原料在高温下煅烧，碳酸钙将分解，释放出 CO_2，得到以 CaO 为主要成分的生石灰，其主要反应式为：

$$CaCO_3 \xrightarrow{900℃\sim1100℃} CaO + CO_2 \uparrow$$

石灰石的分解温度为 900℃ 左右，但为了加速分解过程，使原料充分煅烧，并考虑到热损失，在实际生产中通常将煅烧温度提高到 1000℃～1100℃ 下燃烧。煅烧良好的生石灰孔隙率大、表观密度较小、晶粒较细、与水反应速度快，这种石灰称为正火石灰。若煅烧温度过低或者煅烧时间不足，使 $CaCO_3$ 不能完全分解，将生成欠火石灰，降低石灰的利用率。若煅烧时间过长或者温度过高，将生成颜色较深的过火石灰。过火石灰的结构较致密，其表面上常被黏质杂质熔融形成的玻璃釉状物所覆盖，与水反应很慢，石灰硬化它将继续熟化而产生体积膨胀，引起局部起鼓而影响工程质量。

石灰石原料通常含有一些碳酸镁成分，所以煅烧生成的生石灰常含有 MgO。《建筑生石灰》（JC/T 479—2013）中规定，按 MgO 含量多少，建筑石灰可分为钙质生石灰和镁质生石灰。当 MgO 含量小于或等于 5% 时，称为钙质生石灰；当 MgO 含量大于 5% 时，称为镁质生石灰。

分解出的二氧化碳后，所得以 CaO 为主要成分的产品即为生石灰。将煅烧成的块状生石灰经过不同加工，还可得到石灰的另外三种产品：

生石灰粉：石灰在制备过程中，采用石灰石、白云石、白垩土、贝壳等原料经煅烧后，即得到块状的生石灰，生石灰粉是由块状生石灰磨细生成。

消石灰粉：将生石灰用适量水经消化和干燥而成的粉末，主要成分为 $Ca(OH)_2$，称为消石灰粉。

石灰膏：将块状生石灰用过量水（水约为生石灰体积的 3～4 倍）消化，或将消石灰粉和水拌合，所得的一定稠度的膏状物，主要成分为 $Ca(OH)_2$ 和水。

3.1.2　石灰的熟化与硬化

工地上在使用石灰时，通常将生石灰加水，使之消解为膏状或粉末状的消石灰，这个过程称为石灰的熟化，又称为石灰的消化或消解。其反应式如下：

$$CaO + H_2O \longrightarrow Ca(OH)_2 + 64.9 kJ$$

煅烧良好的石灰熟化反应速度很快，同时会放出大量的热，反应过程中固相体积增大 1.5～2 倍。如前所述，过火石灰水化极慢，它要在占据绝大多数的正常石灰凝结硬化才开始慢慢熟化，并产生体积膨胀，从而引起已硬化的石灰体积发生鼓包、开裂而被破坏。为了消除过火石灰的危害，通常将生石灰放在消化池中"陈伏"14d 以上才能使用。陈伏期间，石灰浆表面应保持一层水来隔绝空气，防止碳化。

石灰的硬化是指石灰浆体由塑性状态逐步转化为具有一定强度的固体的过程。石灰浆体在空气中逐渐硬化，主要包括下面两个过程：

（1）干燥结晶硬化过程

石灰浆体在干燥过程中，游离水分蒸发，形成网状孔隙，这些滞留于孔隙中的自由水由于表面张力的作用而产生毛细管压力,使石灰粒子更紧密。且由于水分蒸发,使 $Ca(OH)_2$ 从饱和溶液中逐渐结晶析出。

(2) 碳化过程

$Ca(OH)_2$ 空气中的 CO_2 和水反应,形成不溶于水的碳酸钙晶体,析出的水分则逐渐被蒸发。由于碳化作用主要发生在与空气接触的表层,且生成的 $CaCO_3$ 膜层较致密,阻碍了空气中 CO_2 的渗入,也阻碍了内部水分向外蒸发,因此硬化缓慢。

3.1.3 石灰的性质

(1) 可塑性和保水性好

生石灰熟化后形成石灰浆时,能自动形成颗粒极细的呈胶体分散状态的 $Ca(OH)_2$,表面吸附一层厚水膜,因而颗粒间的摩擦力减少,具有良好的可塑性。在水泥砂浆中加入石灰浆,使其可塑性和保水性显著提高。

(2) 硬化较慢、强度低

从石灰凝结硬化的过程可以看出,石灰的凝结硬化只能在空气之中进行,空气中 CO_2 含量少,碳化作用进行缓慢,且表面碳化后形成的紧密外壳,不利于碳化作用的深入,也阻碍其内部水分向外蒸发,所以石灰的硬化很缓慢。

石灰熟化的大量多余水分在硬化后蒸发,在石灰体内留下大量孔隙,所以硬化后的石灰体积密度小,强度也不高。石灰浆体 28d 的抗压强度通常只有 $0.2\sim0.5MPa$。

(3) 硬化时体积收缩大

石灰在硬化过程中,大量游离水蒸发,导致内部毛细管失水紧缩,引起显著的体积收缩变形,使硬化石灰体产生裂纹。因此,石灰除调成石灰乳作薄层粉刷外,不宜单独使用。通常工程中掺入一定量的骨料(砂子)或纤维材料(如麻刀、纸筋等)混合使用,以限制收缩。

(4) 耐水性差

石灰硬化缓慢、强度低,所以在石灰硬化体中,大部分仍是尚未碳化的 $Ca(OH)_2$,易溶于水,这会使石灰遇水后产生溃散。因此,石灰不宜在潮湿的环境下使用,也不宜单独用于建筑物基础。

(5) 吸湿性强

生石灰在放置过程中,会缓慢吸收空气中的水分而熟化成消石灰粉,再与空气中的 CO_2 作用生成碳酸钙,失去胶结能力。

存储生石灰,要防止受潮且存储时间不宜过久。因为生石灰受潮熟化过程中会放出大量的热量,并产生体积膨胀,所以在运输和存储生石灰时,要注意安全,不得与易燃、易爆和液体物品混装。运至工地或处理现场后,应立即进行熟化和陈伏处理,将储存期变成为陈伏期。

3.1.4 石灰的技术要求

建筑工程中所用的石灰常分三个品种:建筑生石灰、建筑生石灰粉和建筑消石灰粉。我国建材行业标准《建筑生石灰》(JC/T 479—92)、《建筑生石灰粉》(JC/

T 480—92)与《建筑消石灰粉》(JC/T 481—92)分别对生石灰、生石灰粉及消石灰粉的主要技术指标作出相关的规定,见表3.1.1。还需说明的是,交通部门行业标准《公路路面基层施工技术规范》(JTJ 034—2000)仍按国家标准《建筑石灰》(GB 1594—79)将生石灰和消石灰分为三个等级,其技术要求均低于对应的建材行业标准。

表 3.1.1　　　　　　　　建筑生石灰技术指标

项目	钙质生石灰			镁质生石灰		
	优等品	一等品	合格品	优等品	一等品	合格品
(CaO+MgO) 含量/%	≥90	≥90	≥90	≥90	≥90	≥90
未消化残渣含量(5mm筛孔筛余)/%	≤5	≤5	≤5	≤5	≤5	≤5
CO_2 含量/%	≤5	≤5	≤5	≤5	≤5	≤5
产浆量/(L/kg)	≥90	≥90	≥90	≥90	≥90	≥90

3.1.5　石灰的应用

石灰在建筑上的用途很广,比如,制作石灰乳涂料;配制砂浆;拌制石灰土和石灰三合土;生产硅酸盐制品。

(1) 配置石灰乳涂料

将消石灰或熟化好的石灰膏加入适量的水搅拌稀释,称为石灰乳。石灰乳是一种廉价常见易得的涂料,主要用于内墙和天棚刷白,可增加室内美观度和亮度。石灰乳中可加入各种颜色的耐碱性材料,以获得更好的装饰效果;加入少量磨细粒化高炉矿渣粉或粉煤灰,可提高其耐水性;加入聚乙烯醇、氯化钙等,可减少涂层粉化现象,提高其耐久性。

(2) 配置砂浆

由于石灰膏和消石灰粉中的氢氧化钙颗粒非常小,调水后石灰具有良好的可塑性和黏结性,常将其配制成砂浆,用于墙体的砌筑和抹面。石灰膏或消石灰粉与砂和水单独配制成的砂浆称石灰砂浆,与水泥、砂和水配制的砂浆称为混合砂浆。

(3) 拌制三合土和石灰土

石灰与黏土拌合后可制成石灰土,再加入砂或炉渣、石屑可制成三合土。三合土和石灰土在强力夯打下,大大提高了密实度,黏土中的活性 SiO_2 和活性 Al_2O_3 与石灰粉化水化产物作用,生成了水硬性的水化硅酸钙和水化铝酸钙,从而具有一定的耐水性。

(4) 生成硅酸盐制品

以石灰和硅质材料(如粉煤灰、石英砂、炉渣等)为原料,加水拌合,经成型、蒸养或蒸压处理等工序而成的建筑材料,统称为硅酸盐制品。如蒸压灰砂砖、粉煤灰砌块、硅酸盐砌块等,主要用作墙体材料。生石灰的水化产物 $Ca(OH)_2$ 能激化粉煤灰、炉渣等硅质工业废渣的活性,起碱性激发作用,$Ca(OH)_2$ 能与废渣中的活性 SiO_2、Al_2O_3 反应,生成由胶凝性、耐水性的水化硅酸钙和水化铝酸钙,此原理在利用工业废渣来生产建筑材料时被广泛采用。

3.2 石膏

石膏是一种以硫酸钙为主要成分的气硬性胶凝材料。石膏及其制品是一种高效节能材料,且原料资源丰富,在建筑工程中得到广泛应用。石膏制品质量轻、抗火、隔音、绝热效果好,同时生产工艺简单。目前石膏胶凝材料有建筑石膏、高强石膏等。

3.2.1 石膏的种类

(1) 天然二水石膏

天然二水石膏($CaSO_4 \cdot 2H_2O$)矿石是生产石膏胶凝材料的主要原料,纯净的天然二水石膏矿石呈无色透明或白色,但天然石膏常含有各种杂质而呈灰色、褐色、黄色、红色、黑色等颜色。天然二水石膏的等级见表 3.2.1。

表 3.2.1　　天然二水石膏的等级

等级	一	二	三	四	五
$CaSO_4 \cdot 2H_2O$ 含量/%	≥95	≥85	≥75	≥65	≥55

(2) 化工石膏

化工石膏是指一些含有 $CaSO_4 \cdot 2H_2O$ 与 $CaSO_4$ 混合物的化工副产品及废渣,也可作为生产石膏的原料,例如磷石膏是制造磷酸时的废渣,此外还有盐石膏、硼石膏、黄石膏、钛石膏等。

(3) 天然无水石膏

天然无水石膏($CaSO_4$)结晶紧密,结构比天然二水石膏致密,质地较硬,难溶于水,又称天然硬石膏。天然硬石膏密度为 $2.9 \sim 3.1 \text{g/cm}^3$,一般作为生产水泥的原料。

(4) 建筑石膏(半水石膏)

建筑石膏是以 β 半水石膏($\beta\text{-}CaSO_4 \cdot 1/2H_2O$)为主要成分,不预加任何外加剂的粉状胶结料,主要用于制作石膏建筑制品。

建筑石膏主要是由天然二水石膏在 107~170℃ 的干燥条件及常压下加热脱水而成的。二水石膏在温度为 65~75℃ 时脱水,至 107~170℃ 时生成 β 型半水石膏($\beta\text{-}CaSO_4 \cdot 1/2H_2O$),其反应式为:

$$CaSO_4 \cdot 2H_2O \longrightarrow \beta\text{-}CaSO_4 \cdot 1/2H_2O + 3/2H_2O$$

建筑石膏晶体较细,调制成一定稠度的浆体时,需水量较大,因而强度较低。

(5) 高强石膏

若将二水石膏置于具有 0.13MPa、124℃ 的过饱和蒸汽条件下蒸压,或置于某些盐溶液中沸煮,可获得晶粒较粗、较致密的 α 型半水石膏($\alpha\text{-}CaSO_4 \cdot 1/2H_2O$),这就是高强石膏。高强石膏晶粒粗大,调制成浆体时需水量较小,因而强度较高。

3.2.2 建筑石膏的水化硬化

建筑石膏与适量的水相混合,最初成为可塑的浆体,但很快就失去可塑性并产生强度,并发展成为坚硬的固体。这一过程可分为水化和硬化两部分。

建筑石膏加水拌合,与水发生水化反应形成二水石膏,其水化反应式如下:

$$CaSO_4 \cdot 1/2H_2O + 3/2H_2O \longrightarrow CaSO_4 \cdot 2H_2O$$

建筑石膏加水后,首先溶解于水,由于常温下二水石膏在水中的溶解度仅为半水石膏溶解度的1/5,故二水石膏胶体微粒会从溶液中析出。这时溶液浓度降低,新的一批半水石膏又可以继续溶解和水化。如此循环下去,直到半水石膏全部耗尽,转化为二水石膏。

石膏浆体中的自由水分因水化和蒸发而逐渐减少,浆体的可塑性逐渐减少,浆体变稠,此过程称为建筑石膏的凝结。此后,浆体逐渐变稠,逐渐凝聚成晶体,晶体颗粒不断长大并相互交错,结构中的孔隙逐渐减少,石膏强度不断增长,直至剩余水分完全蒸发后,强度才停止发展,形成硬化后的石膏结构。这就是建筑石膏的硬化。

石膏中的凝结和硬化是一个连续的过程。在此过程中,随着水化的进行,生成的二水石膏不断增加,浆体中的水分逐渐减少,浆体开始失去可塑性,称为初凝。而后浆体逐渐变稠,颗粒之间的摩擦力和黏结力增加,浆体完全失去可塑性,称为终凝。

3.2.3 建筑石膏的技术要求与性质

1. 建筑石膏的技术要求

建筑石膏按原材料种类分为天然建筑石膏(N)、脱硫建筑石膏(S)、磷建筑石膏(P)共三类,按2h强度(抗折)分为3.0、2.0、1.6三个等级。建筑石膏按产品名称、代号、等级及标准编号的顺序标记。例如,等级为2.0的天然建筑石膏标记为:建筑石膏N2.0。

建筑石膏组成中β型半水石膏的含量(质量分数)应不小于60%,其他技术要求应符合表3.2.2的要求。

表3.2.2　建筑石膏的技术要求

等级	2h抗压强度		凝结时间/min		细度(0.2mm方孔筛筛余)/%
	抗折	抗压	初凝	终凝	
3.0	≥3.0	≥6.0	≥3	≤30	≤10
2.0	≥2.0	≥4.0			
1.6	≥1.0	≥3.0			

2. 建筑石膏的性质

(1) 凝结硬化快

建筑石膏凝结硬化速度很快,初凝和终凝时间都很短。在室内自然干燥状态条件下,一星期左右完全硬化。因此,为满足施工要求,往往根据实际需要掺入适量的缓凝剂,如用石灰处理过的动物胶、硼砂等。缓凝剂能降低半水石膏的溶解度和溶解速度,会使石膏制品的强度有所降低。

(2) 硬化时体积微膨胀

建筑石膏硬化时不像石灰和水泥那样出现体积收缩,硬化时体积微膨胀(膨胀率约为0.1%),这使石膏制品表面光滑、棱角清晰、干燥时不开裂,适合制作建筑装饰制品。

(3) 硬化后孔隙率大、表观密度和强度低

为了获得良好的流动性，使用建筑石膏时往往加入的水量比水化所需水量要多。石膏凝结后，多余的水分蒸发，在石膏体积内留下大量孔隙，其孔隙率达到50%～60%，故表观密度小、强度低、硬化后强度仅为3～5MPa，但这也满足隔墙和饰面的要求。不同品种的石膏胶凝材料硬化后的强度差别很大，高强石膏硬化后的强度比建筑石膏要高2～7倍。

(4) 绝热、吸声性良好，有一定的调温调湿性

建筑石膏的导热系数较小，一般为0.121～0.205W（m·K），具有良好的绝热能力。建筑石膏制品的孔隙率大，吸声性强、热容量大、吸湿性强，所以对室内温度和湿度起到一定的调节作用。

(5) 防火性能良好

建筑石膏硬化后生成二水石膏，遇火时，由于石膏中的结晶水吸收热量蒸发，吸收大量热，且在石膏制品表面形成蒸汽幕，有效阻止火的蔓延。脱水后的石膏制品隔热性能更好，形成隔热层，且不产生有害气体。石膏制品不宜长期接近65℃以上的高温部位，因为二水石膏在此温度作用下将失去结晶水，从而失去强度。

(6) 耐水性、抗冻性差

因建筑石膏硬化后具有很强的吸湿性，在潮湿环境中会削弱晶体间结合力，使强度不断降低。长期浸泡在水中，二水石膏晶体溶解而引起破坏。若吸水后再受冻，会因孔隙内水分结冰膨胀而破坏。因此，建筑石膏不耐水、不耐冻，不宜用于潮湿部位。在加入适量水泥、矿渣粉等水硬性材料或有机防水剂后，可提高建筑石膏的耐水性。建筑石膏粉易受潮，长期存储会降低强度，因此建筑石膏粉在存储及运输间必须防潮，存储时间一般不超过3个月。

(7) 加工性和装饰性好

石膏硬化后的加工性好，可钉、可锯、可刨、可打眼，便于施工。其制品表面细腻平整，颜色洁白，具有良好的装饰效果。

3.2.4 建筑石膏的应用

(1) 粉刷石膏和制备石膏砂浆

建筑石膏具有优良的性质，常常用于室内高级抹灰和粉刷。建筑石膏和水、砂以及缓凝剂拌合成石膏砂浆，可用于室内抹灰。石膏粉刷层表面坚硬、光滑细腻、不起灰，便于进行再装饰，如刷涂料、贴墙纸等。

(2) 建筑石膏制品

建筑石膏制品的种类很多。如纸面石膏板、空心石膏板、石膏砌块、装饰石膏板、石膏角线、灯圈、罗马柱等，主要用于分室墙、内隔墙、吊顶及装饰。

3.3 水玻璃

3.3.1 水玻璃的种类和生产

水玻璃俗称泡花碱，是由不同比例的碱金属氧化物和二氧化硅化合而成的一种

可溶于水的硅酸盐。建筑常用的为硅酸钠（$Na_2O \cdot nSiO_2$）水溶液，又称钠水玻璃。要求高时也使用硅酸钾（$K_2O \cdot nSiO_2$）的水溶液，又称钾水玻璃。

水玻璃按其形态划分液体水玻璃和固体水玻璃两种。液体水玻璃无色透明，当含有不同杂质时可呈青灰色、绿色和微黄色等，可以与水按任意比例混合而形成不同浓度的溶液。浓度越稀，黏结力越强。固体水玻璃的形状呈块状、粒状和粉状。

水玻璃的生产方法有湿法和干法两种。湿法是将石英砂和氢氧化钠水溶液在蒸压釜（0.2～0.3MPa）内用蒸汽加热溶解而制成水玻璃溶液。干法是将石英砂和碳酸钠磨细拌均匀，在熔炉中于1300～1400℃下熔融，冷却后得到块状或粒状的固体水玻璃。固体水玻璃在0.3～0.8MPa的蒸压釜内加热溶解成胶状玻璃溶液。

水玻璃分子SiO_2与Na_2O分子数比值n称为水玻璃模数，水玻璃的浓度越高，模数越高，则水玻璃的密度和黏度越大，硬化速度越快，硬化后的黏结力与强度、耐热性与耐酸性就越高。但水玻璃的浓度和模数太高，则黏度太大不利于施工操作，难以保证施工质量，同时模数太高，水玻璃难溶于水，所以水玻璃的浓度和模数不宜太高。水玻璃的浓度一般用密度来表示，通常为1.3～1.5g/cm³，模数为2.6～3.0。

3.3.2 水玻璃的硬化

水玻璃在空气中吸收二氧化碳，析出二氧化硅凝胶，并逐渐干燥脱水成为氧化硅而硬化，其表达式为：

$$Na_2O \cdot nSiO_2 + CO_2 + mH_2O = nSiO_2 \cdot mH_2O + Na_2CO_3$$

由于空气中二氧化碳的浓度较低，为加速水玻璃的硬化，常加入氟硅酸钠（Na_2SiF_6）作为促硬剂，加速二氧化硅凝胶的析出，其反应式如下：

$$2(Na_2O \cdot nSiO_2) + Na_2SiF_6 + mH_2O = (2n+1)SiO_2 \cdot mH_2O + 6NaF$$

氟硅酸钠的适宜用水量为水玻质量的12%～15%，如果用量太少，不但硬化速度缓慢，强度降低，而且未经反应的水玻璃易溶于水，因而耐水性差。但如果用水量过多，又会引起凝结过速，使施工困难，而且硬化渗水性大，强度也低。加入适量氟硅酸钠的水玻璃7d基本可达到最高强度。

3.3.3 水玻璃的性质

水玻璃在凝结硬化后，具有以下特性：

(1) 黏结力强、强度较高

水玻璃硬化后，其主要成分为二氧化硅凝胶和氧化硅，因而具有较高的黏结力和强度。用水玻璃配制的混凝土的抗压强度可达15～40MPa。

(2) 耐酸性好

由于水玻璃硬化后的主要成分为二氧化硅，它可以抵抗除氢氟酸、过热磷酸以外的几乎所有的无机和有机酸。用于配制水玻璃耐酸混凝土、耐酸砂浆、耐酸胶泥等。

(3) 耐热性好

水玻璃硬化后形成的二氧化硅网状骨架，在高温下强度下降不大。用于配制水玻璃耐热混凝土、耐热砂浆、耐热胶泥。

(4) 耐碱性和耐水性差

水玻璃在加入氟硅酸钠后仍不能完全硬化，仍然有一定量的水玻璃 $Na_2O \cdot nSiO_2$。由于 SiO_2 和 $Na_2O \cdot nSiO_2$ 均可以溶于碱，且 $Na_2O \cdot nSiO_2$ 可溶于水，所以水玻璃硬化后不耐碱、不耐水。为提高耐水性，常采用中等浓度的酸对已硬化的水玻璃进行酸洗处理。

3.3.4 水玻璃的用途

利用水玻璃的上述性能，在建筑工程中主要有以下几方面的用途：

(1) 涂刷材料表面，提高抗风化能力

以密度为 $1.35g/cm^3$ 的水玻璃浸渍或涂刷黏土砖、普通混凝土、硅酸盐混凝土、石材等多孔材料，可提高材料的密实度、强度、抗渗性、抗冻性及耐水性等。这是因为水玻璃与空气中的二氧化碳反应生成硅酸凝胶，同时水玻璃也与材料中的氢氧化钙反应生成硅酸钙凝胶，两者填充于材料的孔隙，使材料致密。但不能用来涂刷或浸渍石膏制品，因为硅酸钠会与硫酸钙反应生成硫酸钠，在制品孔隙中结晶，体积显著膨胀，从而导致制品的破坏。

(2) 加固土壤

将水玻璃和氯化钙溶液交替压注到土壤中，生成的硅酸凝胶和硅酸钙凝胶可使土壤固结，从而避免了由于地下水渗透引起的土壤下沉。

(3) 配制速凝防水剂

水玻璃加两种、三种或四种矾，即可配制成所谓的二矾、三矾、四矾速凝防水剂。

(4) 修补砖墙裂缝

将水玻璃、粒化高炉矿渣粉、砂及氟硅酸钠按适当比例拌合后，直接压入砖墙裂缝，可起到黏结和补强作用。

(5) 配制耐热砂浆和耐热混凝土，适用于防腐工程

水玻璃耐酸泥沙耐酸腐蚀重要材料，主要特征是耐酸、耐高温、密实抗渗、价格低廉、使用方便，可拌合成耐酸胶泥、耐酸砂浆和耐酸混凝土，适用于化工、冶金、电力、煤炭、纺织等部门各种结构的防腐蚀工程，是防酸建筑结构贮酸池、耐酸地坪，以及耐酸表面砌筑的理想材料。

水玻璃应在密闭的条件下存放，长时间存放后，水玻璃会产生一定的沉淀，使用时应搅拌均匀。

【延伸阅读】

某工地急需配置石灰砂浆。当时有消石灰粉、生石灰及生石灰材料可供选用。因为生石灰价格相对便宜，便选用，并马上加水配置石灰膏，再配置石灰砂浆。使用数日之后，石灰砂浆出现众多凸出的膨胀裂缝。试分析原因。

【本章小结】

气硬性胶凝材料只能在空气中凝结、硬化和继续发展强度。本章介绍了石灰、石膏和水玻璃三种重要建筑气硬性胶凝材料的生产、凝结硬化规律、性质和工程应用。

【习题与思考题】

1.1 填空题

(1) 石灰的特性有：可塑性_____、硬化_____、硬化时体积_____和耐水性_____等。

(2) 建筑石膏的技术要求包括_____、_____和_____。

1.2 是非判断题

(1) 石膏浆体的水化、凝结和硬化实际上就是碳化作用。

(2) 石灰建筑石膏为 β 型半水石膏，高强度石膏为 α 型半水石膏。

1.3 问答题

(1) 何谓"陈伏"？石灰在使用前为什么要进行"陈伏"？

(2) 如何存储生石灰？

第 4 章 水泥

【本章要点】

本章主要介绍水泥的种类，通用硅酸盐水泥的矿物组成和水化、凝结硬化过程；常用水泥的技术性质、质量要求及如何合理选用水泥；一些专用水泥和特性水泥的组成、性能特点及其应用范围。

【能力要求】

通过本章学习，学生应掌握木通用硅酸盐水泥的技术性质及工程应用；了解专用水泥和特性水泥的组成、性能特点及应用范围。

水泥呈粉末状，与水混合后，经过一系列物理、化学反应过程由可塑性浆体变成坚硬的石块状体，并能将散粒状材料胶结成为整体，所以水泥是一种良好的矿物胶结材料。就硬化条件而言，水泥浆体不仅能在空气中硬化，还能在水中硬化，保持并继续增长其强度，故水泥属于水硬性胶凝材料。

目前，水泥已有百余种，可按下列方式分类：

按矿物组成，可分为硅酸盐类水泥、铝酸盐类水泥、硫铝酸盐类水泥、氟铝酸盐类水泥及铁铝酸盐类水泥，其中硅酸盐类水泥应用最广泛。

按用途和性能，又可以分为通用水泥、专用水泥和特性水泥。通用水泥指大量用于一般土木工程建筑工程的水泥。专用水泥是指专门用途的水泥，如砌筑水泥、油井水泥、道路水泥等。特性水泥是指具有比较突出的某种性能的水泥，如快硬硅酸盐水泥、膨胀水泥、抗硫酸盐水泥、中热水泥等。

按混合材料的品种和掺量，分为硅酸盐水泥、普通硅酸盐水泥、矿渣硅酸盐水泥、火山灰质硅酸盐水泥、粉煤灰硅酸盐水泥和复合硅酸盐水泥六大类。

4.1 通用硅酸盐水泥

4.1.1 通用硅酸盐水泥的定义与分类

在水泥诸多品种中，通用硅酸盐水泥是应用最广泛，研究最多，并占主导地位的水泥品种。按《通用硅酸盐水泥》（GB 175—2007/XG1—2009）规定：通用硅酸盐水泥是以硅酸盐水泥熟料和适量石膏及规定的混合材料制成的水硬性胶凝材料，用于一般土木建筑工程中。

按混合材料的品种和掺量，分为硅酸盐水泥、普通硅酸盐水泥、矿渣硅酸盐水泥、火山灰质硅酸盐水泥、粉煤灰硅酸盐水泥和复合硅酸盐水泥六大类。当硅酸盐水泥中不掺混合材料时，称为Ⅰ型硅酸盐水泥，代号P.Ⅰ。当硅酸盐水泥中混合材料掺量不超过5%时，称为Ⅱ型硅酸盐水泥，代号P.Ⅱ。

4.1.2 通用硅酸盐水泥的生产

生产硅酸盐水泥的原料主要有：石灰质原料（如石灰石、白垩等，主要提供CaO）和黏土质原料（如黏土、页岩等，主要提供SiO_2、Al_2O_3与Fe_2O_3），还有少量辅助原料，如铁矿石。煅烧所得的熟料还要加入作缓凝剂用的石膏。

如果所选用的石灰质原料和黏土质原料按一定比例配合不能满足化学组成要求时，则要掺加相应的校正材料。校正原料有铁质校正原料、硅质校正原料和铝质校正原料。

硅酸盐水泥的生产工艺概括起来就是"二磨一烧"，即先把几种原料按适当比例配合后在磨机中磨成生料，然后将制的生料入窑进行煅烧，再把烧好的熟料配以适当的石膏和混合料在磨机中磨成细粉，即得到水泥。硅酸盐水泥的生产流程如图4.1.1表示。

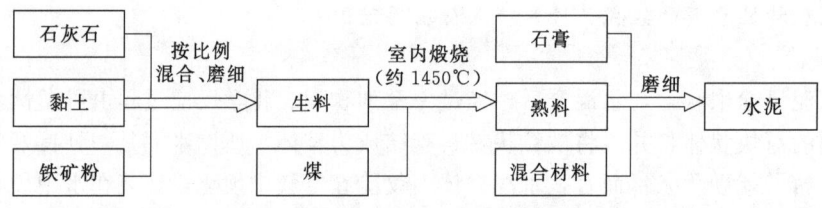

图4.1.1 硅酸盐水泥生产工艺流程

水泥生料在窑内的煅烧过程虽各具差异，但是主要过程包括：干燥、预热、分解、熟料生成、冷却几个阶段。上述过程中最关键的一环是，通过煅烧形成所要求的熟料矿物必须有足够的时间，以保证水泥熟料的质量。

硅酸盐水泥熟料主要由以下四种矿物组成，其名称、成分、化学式缩写、含量见表4.1.1。

表4.1.1 硅酸盐水泥熟料的矿物组成

矿物名称	化学成分	缩写符号	含量
硅酸三钙	$3CaO \cdot SiO_2$	C_3S	36%~50%
硅酸二钙	$2CaO \cdot SiO_2$	C_2S	15%~37%
铝酸三钙	$3CaO \cdot Al_2O_3$	C_3A	7%~15%
铁铝酸四钙	$4CaO \cdot Al_2O_3 \cdot Fe_2O_3$	C_4AF	10%~18%

在四种主要的矿物组成中，硅酸三钙和硅酸二钙的总含量约占75%以上，而铝酸三钙和铁铝酸四钙的总含量仅占25%，硅酸盐占绝大多数，故名硅酸盐水泥。除了上述四种主要矿物组成之外，硅酸盐水泥熟料中还含有少量的游离氧化钙和游离氧化镁及少量的碱（氧化钠和氧化钾）。它们可能对水泥的质量及应用带来不利影响。

水泥是几种熟料矿物成分组成的混合物，改变熟料中矿物组成的相对含量，水泥的技术性能也随之发生改变，由此可以制成不同特性的水泥。

4.1.3 硅酸盐水泥的水化硬化

1. 硅酸盐水泥熟料矿物的水化

硅酸盐水泥加水后，其矿物与水作用，生成一系列新的化合物，称为水化。生成的新化合物称为水化产物。

硅酸盐水泥是多矿物、多组分的化学物质，因此其水化是一个复杂的物理、化学反应过程，生成水化产物的同时，产生水化热，不同的矿物成分产生的水化热量不同，释放热量的速度也不一样。为了方便讨论，首先研究水泥单矿物的水化，然后在此基础上讨论硅酸盐类水泥的水化作用，各熟料矿物的水化反应如下：

(1) 硅酸三钙的水化

硅酸三钙与水作用时，反应较快，水化放热量大，在常温下的水化反应生成水化硅酸钙（C-S-H凝胶）和氢氧化钙。

$$3CaO \cdot SiO_2 + nH_2O = xCaO \cdot SiO_2 \cdot yH_2O + (3-x)Ca(OH)_2$$

(2) 硅酸二钙的水化

硅酸二钙与水作用时，反应较慢，水化放热较小，水化反应产物是水化硅酸钙（C-S-H凝胶）和氢氧化钙，只不过水化速度慢而已。

$$2CaO \cdot SiO_2 + nH_2O = xCaO \cdot SiO_2 \cdot yH_2O + (2-x)Ca(OH)_2$$

所形成的水化硅酸钙在C/S和形貌方面与C_3S水化生成的都无大区别，故也称为C-S-H凝胶。但$Ca(OH)_2$生成量比C_3S的少，结晶却粗大些。

(3) 铝酸三钙的水化

铝酸三钙的水化迅速，放热快，其水化产物组成和结构受液相CaO浓度和温度的影响很大，先生成介稳状态的水化铝酸钙，最终转化为水化铝酸三钙（C_3AH_6）。

$$3CaO \cdot Al_2O_3 + 6H_2O = 3CaO \cdot Al_2O_3 \cdot 6H_2O$$

在有石膏的情况下，C_3A水化的最终产物与起石膏掺入量有关。最初形成的三硫型水化硫铝酸钙，简称钙矾石，常用AFt表示，是针状晶体。若石膏在C_3A完全水化前耗尽，则钙矾石与C_3A作用转化为单硫型水化硫铝酸钙（AFm）。

(4) 铁相固溶体的水化

水泥熟料中铁相固溶体可用C_4AF作为代表。它的水化速率比C_3A略慢，水化热较低，即使单独水化也不会引起快凝。其水化反应及其产物与C_3A很相似。

$$4CaO \cdot Al_2O_3 \cdot Fe_2O_3 + 7H_2O = 3CaO \cdot Al_2O_3 \cdot 6H_2O + CaO \cdot Fe_2O_3 \cdot H_2O$$

四种熟料矿物单独与水作用表现出的特性各不相同，因此对水泥强度、凝结硬化速度及水化放热等的影响也不相同。其水化特性见表4.1.2。

以上讨论了硅酸盐水泥熟料单矿物的水化作用，但是水泥颗粒是一个多矿物的聚集体，除了上述的主要矿物外，还有少量的次要组成。如果忽略一些次要的矿物组成，则硅酸盐水泥与水作用后，主要水化产物是C-S-H凝胶、水化铁酸钙凝胶、水化铝酸钙凝胶、水化硫铝酸钙和氢氧化钙等晶体。在完全水化的水泥石中，C-S-H凝胶占70%，氢氧化钙占20%，水化硫铝酸钙约占7%。

表 4.1.2　　　　　　　　　熟料矿物的水化硬化特性

性能指标		熟　料　矿　物			
		C_3S	C_2S	C_3A	C_4AF
水化速率		快	慢	最快	快，仅次于C_3A
凝结硬化速率		快	慢	快	快
28d水化放热量		多	少	最多	中
强度	早期	高	低	低	低
	后期	高	高	低	低

2. 硅酸盐水泥熟料矿物的凝结和硬化

硅酸盐水泥水化初期，水化产物的数量较少，水泥浆还具有良好的可塑性。随后水化产物的数量不断增加，自由水分不断减少，水化产物颗粒间逐渐接近，部分颗粒黏结在一起形成了一定的网状结构，水泥浆体失去可塑性，但尚不具备强度的过程称为凝结。

随着水化的进一步进行，水化产物不断生成并填充水泥颗粒的空隙。更多的水化产物颗粒间产生黏结作用使所形成的网状结构更加密实，此时水泥浆体逐步产生强度，这一过程称为硬化。

硅酸盐水泥的水化和凝结水是一个连续、复杂的物理、化学过程。水化是凝结硬化的前提，凝结硬化是水化的结果。凝结与硬化时同一个过程的不同阶段，而且凝结硬化的各阶段是交错进行的，不能截然分开。水泥加水拌和后，未水化的水泥颗粒迅速分散在水中，称为水泥浆体。

水泥颗粒的水化从表面开始。水泥和水一接触，水泥颗粒表面的水泥熟料先溶解于水，然后与水反应，或熟料在固态直接与水反应，形成相应的水化物，水化物溶于水。由于各种水化物的溶解度很小，水化物的生成速度大于水化物向溶液的扩散速度，一般在几分钟之内，水泥颗粒表面的溶液就成为过饱和溶液，先后析出水化硅酸钙凝胶、水化硫铝酸钙、氢氧化钙和水化铝酸钙晶体等水化产物，包裹在水泥颗粒表面。在水化初期，水化产物很少，包有水化膜层的水泥颗粒之间还是分离着的，水泥浆还具有良好的可塑性，如图4.1.2所示。

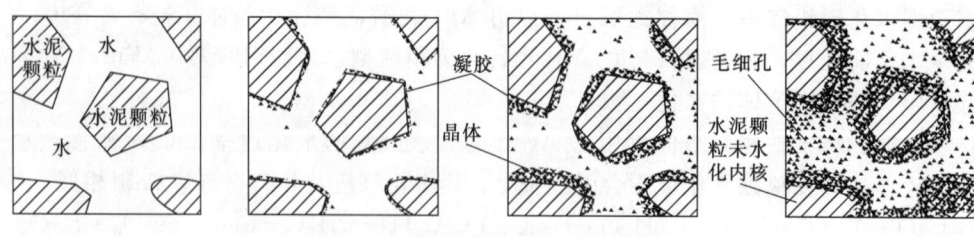

图 4.1.2　水泥凝结硬化过程示意图

水泥颗粒不断水化，随着时间的推移，新生水化物增加，包在水泥颗粒表面的水化物膜层增厚，颗粒间的空隙逐渐缩小，而包有凝胶体的水泥颗粒逐渐接近，以致相互接触，在接触点借助于范德华力，凝结成多孔的网络，形成凝聚结构，这种结构在振动的作用下可以被破坏。凝聚结构的形成使水泥浆开始失去可塑性，也就是水泥的初凝，但是这时还不具备强度。

随着上述过程的不断进行，固态水化物不断增加，颗粒间的接触点数目增加，结晶体和凝胶体相互贯穿形成的凝聚-晶体网状不断加强。而固相颗粒之间的空隙（毛细孔）不断减少，结构逐渐紧密，使水泥浆体完全失去可塑性，达到能担负一定荷载的强度。水泥最终表现为终凝，并开始进入硬化阶段。水泥进入硬化后，水化速度逐渐减慢，水化物随时间的增长而逐渐增加，扩展到毛细孔中，使其结构更加紧密，强度相应提高。

水泥的凝结硬化是从水泥颗粒表面开始，逐渐往水泥颗粒内核深入进行。开始时，速度较快，水泥强度增加快；但是由于水化反应不断进行，堆积在水泥颗粒周围的水化物不断增加，阻碍水和水泥未水化部分的接触，水化减慢，强度增加也逐渐减慢，但无论时间多久，水泥颗粒内核很难完全水化。因此，在硬化水泥石中，同时包含水泥熟料矿物水化的凝胶体和结晶体、未水化的水泥颗粒内核、水（自由水和吸附水）和孔隙（毛细孔和凝胶孔）。他们在不同时期相对数量的变化，使水泥石的性质随之发生改变。

3. 影响硅酸盐水泥凝结硬化的主要因素

水泥的凝结硬化过程，也就是水泥强度发展的过程。为了正确使用水泥，并能在生产中采取有效措施，调节水泥的性能，必须了解水泥水化硬化的因素。凝结硬化的影响因素有：水泥的熟料矿物组成及细度，水泥浆的水灰比，石膏的掺量，环境温度和湿度，龄期和养护时间。

（1）水泥的熟料矿物组成和细度

水泥熟料中各种矿物的凝结硬化特点不同，当水泥中各种矿物的相对含量不同时，水泥的凝结硬化特点也不相同。

水泥粉磨越细，水泥颗粒平均粒径越小，比表面积越大，水化时与水接触面也就越大，因而水化反应就越快，凝结硬化越快，早期强度高。

（2）水泥浆的水灰比

水泥浆的水灰比是指水泥浆中水和水泥的质量比。当水泥浆中加水较多时，水灰较大，此时水泥初期反应得以充分进行；但是水泥颗粒间被水隔开的距离较远，颗粒之间的相互连接形成骨架所需的凝结时间长，所以水泥浆凝结缓慢且空隙较多，降低了水泥的强度。

（3）石膏的掺量

硅酸盐水泥中加入适量的石膏，可起到良好的缓凝效果。掺入石膏后，由于钙矾石晶体的生成，还能改善水泥石的早期强度。石膏掺量过多时，不仅不能缓凝，还可能引起水泥安定性不良。

（4）环境的温度和湿度

水泥的水化反应速度与环境的温度和湿度有关。温度对水泥凝结硬化有明显影响。只有处于适当的温度下，水泥的水化、凝结和硬化才能进行。当温度升高时，水化反应速度加快，水泥强度也增加较快；当温度降低时，水化反应减慢，强度增加缓慢。当温度低于5℃时，水化硬化大大减慢；当温度低于0℃时，水化反应基本停止。而且，由于温度低于0℃，水结冰时，还会破坏水泥石结构。

水泥的水化、凝结硬化过程都必须在水分充足的条件下进行。潮湿的环境，水分不易蒸发，就有足够的水分保证水泥进行充分的水化、凝结和硬化。

保持环境的温度和湿度，使水泥石强度不断增大的措施，称为养护。

因此，使用水泥时，必须注意养护，使水泥在适宜的温度和湿度下进行凝结硬化，不断增加其强度。

(5) 养护时间

水泥的水化是从表面开始向内部逐渐深入进行的。随着时间的延续，水泥水化程度不断增大，水化产物不断增加。因此，水泥石的强度随着养护时间而增长的。一般在28d内的水化速度较快，强度发展也快，28d后显著减慢。但是，只要维持适当的温度和湿度，水泥的水化将不断进行，其强度在几个月、几年，甚至几十年后还会继续增长。

4.1.4 硅酸盐水泥的技术要求

国家标准《通用硅酸盐水泥》(GB 175—2007/XG1—2009) 对硅酸盐水泥的不溶物、烧失量、三氧化硫、氧化镁、氯离子、凝结时间、安定性和强度八个方面提出了技术要求，同时对碱含量和细度提出了选择性要求。

(1) 不溶物

Ⅰ型硅酸盐水泥不溶物不得超过0.75%；Ⅱ型硅酸盐水泥不溶物不得超过1.5%。不溶物是指经盐酸处理后的不溶残渣，用氢氧化钠溶液处理，经盐酸中和、过滤后所得的残渣，再经高温灼烧所剩的物质。不溶物含量高对水泥质量有不良影响。

(2) 烧失量

Ⅰ型硅酸盐水泥中烧失量不得超过3%；Ⅱ型硅酸盐水泥烧失量不得超过3.5%。用烧失量来限制石膏和混合材料中杂质含量，以保证水泥质量。

(3) 三氧化硫

水泥中三氧化硫的含量不得超过3.5%。三氧化硫过量会与铝酸钙矿物生成较多的钙矾石，产生较大的体积膨胀，引起水泥安定性不良。

(4) 氧化镁

水泥中氧化镁的含量不宜超过5%。如果水泥经压蒸安定性实验合格，则水泥中氧化镁的含量允许放宽到6%。氧化镁晶体粗大了，水化反应缓慢，且水化生产的 $Mg(OH)_2$ 体积膨胀达1.5倍，过量会使水泥安定性不良。因此，需以压蒸的方法加快其水化，方可判断其安定性。

(5) 氯离子

水泥中氯离子含量不大于0.06%。检验结果不符合标准任何一项技术要求，则该水泥为不合格品。

表 4.1.3 通用硅酸盐水泥化学指标

品　种	代号	不溶物 质量分数/%	烧失量 质量分数/%	三氧化硫 质量分数/%	氧化镁 质量分数/%	氯离子 质量分数/%
酸盐水泥	P·Ⅰ	≤0.75	≤3	≤3.5	≤0.75	
	P·Ⅱ	≤0.75	≤3.5			
普通硅酸盐水泥	P·O	—	≤5		≤0.75	≤0.75
矿渣硅酸盐水泥	P·S·A	—	—	≤4		
	P·S·B	—	—			

续表

品　种	代号	不溶物 质量分数/%	烧失量 质量分数/%	三氧化硫 质量分数/%	氧化镁 质量分数/%	氯离子 质量分数/%
火山灰硅酸盐水泥	P·P	—	—	≤3.5	≤0.75	
粉煤灰硅酸盐水泥	P·F	—	—			
复合硅酸盐水泥	P·C	—	—		≤0.75	≤0.75

(6) 凝结时间

凝结时间分为初凝和终凝。初凝时间是指水泥加水拌和到水泥浆开始失去可塑性的时间；终凝时间是指水泥加水拌和到水泥浆完全失去可塑性并开始产生强度的时间。

为保证水泥浆在工程施工中有足够的时间处于塑性状态，以便于操作使用，为使已形成工程结构形状的水泥浆尽早取得强度，以便能够承受荷载，国家标准规定水泥终凝时间不得迟于规定的时间。《通用硅酸盐水泥》（GB 175—2007/XG1—2009）规定，硅酸盐水泥初凝时间不小于45min，终凝时间不大于390min；普通硅酸盐水泥、矿渣硅酸盐水泥、火山灰质硅酸盐水泥、粉煤灰硅酸盐水泥和符合硅酸盐水泥初凝不小于45min，终凝不大于600min。

检验结果不符合标准要求的水泥视为不合格品。

(7) 安定性

安定性是表征水泥硬化过程中体积变化均匀性的物理性能指标。水泥在凝结硬化过程中，一般都会发生体积变化，如果这种体积变化是均匀的，一般不会为工程结构造成危害；当水泥中含有游离CaO、MgO及过量的三氧化硫时，这些物质会在水泥硬化一段时间后，开始发生体积膨胀反应，产生不均匀的局部体积膨胀，造成内部破坏应力，导致工程结构的强度降低和开裂，甚至局部崩溃。

《水泥标准稠度用水量、凝结时间、安定性检测方法》（GB/T 1346—2011）规定，水泥的安定性用雷氏法（标准法）和试饼法（代用法）检测，有争议时以雷氏法为准。雷氏法是测定水泥净浆在雷氏夹中煮沸后的膨胀值，当两试件煮沸后的膨胀平均值不大于5mm时，即认为水泥安定性合格。试饼法是观察水泥净浆试饼煮沸后的外形变化，目测试件未发现裂缝，用钢尺检查也没有弯曲的试饼为安定性合格，当两个试饼结果有矛盾时，该水泥的安定性为不合格。游离氧化钙引起的安定性不良，必须采用煮沸法检验。

检验结果不符合标准要求的水泥为不合格品。

(8) 强度

水泥强度是水泥的重要技术指标。根据《通用硅酸盐水泥》（GB 175—2007/XG1—2009）和《水泥胶砂强度检验方法（ISO法）》（GB/T 17671—1999）的规定，胶砂（即水泥、标准砂、水）的质量配合比为1:3:0.5，按规定的方法一锅胶砂成型三条试体，将做好标记的试件水平或竖直放在（20±1）℃的水中养护，水平放置时刮平面应朝上，测定3d和28d的强度。根据测定结果，将硅酸盐水泥的强度等级分为42.5、42.5R、52.5、52.5R、62.5、62.5R六个等级。普通硅酸盐水泥的强度等级分为42.5、42.5R、52.5、52.5R四个等级。矿渣硅酸盐水泥、火山灰硅酸盐水泥、粉煤灰硅酸盐水泥、复合硅酸盐水泥的强度等级分为32.5、

32.5R、42.5、42.5R、52.5、52.5R 六个等级，其中 R 代表早强型水泥。不同品种、不同强度等级的通用硅酸盐水泥，其不同龄期的强度应符合表 4.1.4 的规定。

检验结果不符合标准要求的水泥为不合格品。

表 4.1.4　　　　　　　　通用硅酸盐水泥各龄期的强度要求　　　　　　　单位/MPa

品　种	强度等级	抗压强度		抗折强度	
		3d	28d	3d	28d
硅酸盐水泥	42.5	≥17	≥42.5	≥3.5	≥6.5
	42.5R	≥22		≥4	
	52.5	≥23	≥52.5	≥4	≥7
	52.5R	≥27		≥5	
	62.5	≥28	≥62.5	≥5	≥8
	62.5R	≥32		≥5.5	
普通硅酸盐水泥	42.5	≥17	≥42.5	≥3.5	≥6.5
	42.5R	≥22		≥4	
	52.5	≥23	≥52.5	≥4	≥7
	52.5R	≥27		≥5	
矿渣硅酸盐水泥 火山灰硅酸盐水泥 粉煤灰硅酸盐水泥 复合硅酸盐水泥	32.5	≥10	≥32.5	≥2.5	≥5.5
	32.5R	≥15		≥3.5	
	42.5	≥15	≥42.5	≥3.5	≥6.5
	42.5R	≥19		≥4	
	52.5	≥21	≥52.5	≥4	≥7
	52.5R	≥23		≥4.5	

（9）细度（选择性指标）

细度是指水泥颗粒的粗细程度。它与凝结时间、强度、干缩以及水化放热速率等一系列性能都有密切的关系，必须控制在合适的范围内。水泥细度可以用不同的指标来说明，如筛余百分数、比表面积、颗粒平均直径或颗粒级配等。我国国家标准规定水泥的细度是以筛余百分数表示。同时采用透气法测得水泥的比表面积。

水泥粉磨越细，水化反应就越快，而且更为完全，因此必须将水泥磨到合适的细度，才能充分发挥其活性。在其他条件相同的情况下，强度随水泥比表面积的增加而提高，其影响程度对早期强度最为显著。水泥越细，标准稠度需水量越大，这主要是因为比表面积较大，需要较多水覆盖的缘故。干缩率随细度的提高而增加。而且，随着水泥比表面积的提高，干缩和水化放热速率变大；在贮存时，则越会受潮。因此，合适的粉磨细度，应该是使水泥质量能满足规定要求，并须与磨机产量以及成本等各种技术经济指标综合考虑，慎重选定。必要时宜采用较佳的颗粒级配，以满足不同的性能要求。

《通用硅酸盐水泥》（GB 175—2007/XG1—2009）规定，硅酸盐水泥和普通硅酸盐水泥的细度以比表面积表示，不小于 $300m^2/kg$；矿渣硅酸盐水泥、火山灰硅酸盐水泥、粉煤灰硅酸盐水泥、复合硅酸盐水泥的细度以筛余百分数表示，$80\mu m$ 方孔筛余不大于 10% 或 $45\mu m$ 方孔筛余不大于 30%。

（10）碱含量（选择性指标）

硅酸盐水泥如果含碱量较高，由于水泥水化所析出的 KOH 和 NaOH 与集料中活性的二氧化硅相互作用，形成了碱的硅酸盐凝胶，致使混凝土开裂，即产生所谓的碱-集料反应。通常认为，只有在水泥中的总含碱量较高，而集料中又含有活性 SiO_2 的情况下，具有水渗入才会发生上述的有害反应。活性集料有蛋白石、玉髓、燧石以及流纹石、安山岩及其凝灰岩等，其中蛋白石质的氧化硅可能活性最大。碱-集料反应通常进行得很慢，所引起的破坏往往经过若干年后才会明显出现。

水泥中所含的碱还可能与白云石质石灰石产生膨胀反应，导致混凝土破坏，常称为碱—碳酸盐岩反应。当水泥的含碱当量（$Na_2O+0.658K_2O$）在 0.6％以下时，不会发生过大的膨胀，对活性集料也是安全的。为此，若使用活性集料，用户要求提供低碱水泥时，水泥中碱含量不得大于 0.60％或由供需双方商定。

4.2 通用硅酸盐水泥的特性与应用

硅酸盐水泥的品种很多，不同水泥品种的差别也比较大，可以满足不同工程的不同需要。工程最常见的硅酸盐水泥，主要有硅酸盐水泥、普通硅酸盐水泥、矿渣硅酸盐水泥、火山灰硅酸盐水泥、粉煤灰硅酸盐水泥和复合硅酸盐水泥六大类，统统称为通用硅酸盐水泥。其主要区别是混合材料的品种和掺量不同。

4.2.1 硅酸盐水泥（波特兰水泥）

根据国家标准《通用硅酸盐水泥》（GB 175—2007/XG1—2009）规定，以硅酸盐水泥熟料、0～5％石灰石或粒化矿渣高炉矿渣、适量石膏磨细制成的水硬性胶凝材料，统称为硅酸盐水泥（波特兰水泥）。硅酸盐水泥分为两种，不掺混合材料的称Ⅰ型硅酸盐水泥，其代号 P·Ⅰ；在硅酸盐水泥熟料粉磨时掺加不超过水泥质量 5％的石灰石或粒化高炉矿渣混合料的称Ⅱ型硅酸盐水泥，其代号为 P·Ⅱ。

硅酸盐水泥特点：

（1）硅酸盐强度等级较高，主要用于承重结构的高强度混凝土和预应力混凝土工程。

（2）硅酸盐水泥凝结硬化快，硬化后的水泥石密实，耐冻性优于其他通用硅酸盐水泥，适用于要求凝结快、早期强度高，冬季施工及严寒地区遭受反复冻融的工程。

（3）抗碳化能力强。空气之中的二氧化碳与水泥石中的氢氧化钙反应生成碳酸钙的过程称为碳化。硅酸盐水泥碱性强，密实度高，因此抗碳化能力强，适用于二氧化碳浓度较高的环境，如翻砂、铸造车间等；特别适用于重要的钢筋混凝土结构及预应力混凝土结构。

（4）干缩小。硅酸盐水泥在硬化过程中，形成大量的水化硅酸钙凝胶，使水泥石密实，游离水分少，不易产生干缩裂缝，可用于干燥环境中的混凝土结构。

（5）耐磨性好。硅酸盐水泥强度高，耐磨性好，适用于耐磨要求较高的混凝土工程，如路面及地面工程。

（6）耐腐蚀性较差。硅酸盐水泥石中含有大量的氢氧化钙和水化铝酸钙，易引起软水、盐类和酸类的腐蚀。因此，它不适用于经常与流动的淡水接触或有水压力的工程，也不适用于受海水、其他腐蚀介质等作用的工程。

(7) 水化热高。硅酸盐水泥熟料中的硅酸三钙和铝酸三钙含量高，早期放热量大，放热速度快，早期强度高，用于冬季施工可避免冻害。但高放热量对大体积混凝土工程不利，如无可靠降温措施，不宜用于大体积混凝土工程。

(8) 耐热性差。硅酸盐水泥在250℃时水化物开始脱水，水泥石强度下降；当温度达到700℃以上时，水化物开始分解，水泥石结构开始破坏。因此，硅酸盐水泥不宜单独作为有耐热、高温要求的混凝土工程。

(9) 湿热养护效果差。硅酸盐水泥在常规养护条件下硬化快、强度高。但是经过蒸汽养护后，再经自然养护至28d测得的抗压强度往往低于未经蒸汽养护的抗压强度。

4.2.2 普通硅酸盐水泥

普通硅酸盐水泥又称普通水泥。普通硅酸盐水泥是指熟料和石膏组分大于等于80%且小于95%，掺加大于5%且不超过20%的粒化高炉矿渣、火山灰混合材料、粉煤灰、石灰石等活性混合材料，其中允许用不超过水泥质量8%的非活性混合材料或不超过水泥质量5%的窑灰代替活性混合材料，共同磨细制成的水硬性胶凝材料，代号P·O。

普通硅酸盐水泥由于加入了少量混合材料，故某些性能与硅酸盐水泥相比稍有差异。

普通硅酸盐水泥被广泛应用于各种混凝土或钢筋混凝土工程，是我国目前主要的水泥品种之一。

4.2.3 矿渣硅酸盐水泥

矿渣硅酸盐水泥有两个品种：一种是熟料和石膏组分大于等于50%且小于80%，掺加量大于20%且小于50%的活性混合材料粒化高炉矿渣，其中允许用不超过水泥质量8%的其他活性材料、非活性材料或窑灰中的任一种材料替代，代号为P·S·A；另一种是熟料和石膏组分大于等于30%且小于50%，掺加量大于50%且小于70%的活性混合材料粒化高炉矿渣，其中允许用不超过水泥质量8%的其他活性材料、非活性材料或窑灰中的任一种材料替代，代号为P·S·B。

矿渣水泥颜色较淡，主要特点如下：

(1) 具有较强的抗溶出性侵蚀及抗硫酸盐侵蚀的能力，较适用于受溶出性或硫酸盐侵蚀的水工建筑物、海港工程及地下工程。但是在酸性水（包括碳酸）及含镁盐的水中，矿渣水泥的抗侵蚀性能较硅酸盐水泥及普通水泥差。

(2) 水化热低。矿渣水泥由于熟料减少，因此水化热低，宜用于大体积混凝土工程。

(3) 早期（3d、7d）强度低，但是在后期（28d以后），由于水化硅酸钙凝胶数量增多，强度不断增长，最后甚至超过同强度等级的普通硅酸盐水泥。

(4) 环境温度和湿度对凝结硬化影响较大。采用蒸汽养护或压蒸养护等湿热处理方法，则能显著加快硬化速度。

(5) 耐热性强，可用于耐热混凝土工程，如制作冶炼车间、锅炉房等高温车间。

(6) 保水性差、泌水性大，干缩性较大。矿渣水泥中混合料掺量较多，且磨细粒化高炉矿渣有尖锐棱角，所以矿渣水泥的标准稠度需水量较大。但是保持水分的能力较差，泌水性较大，故矿渣水泥的干缩性较大。如养护不当，易产生裂缝。

(7) 抗冻性较差，耐磨性较差。矿渣水泥的抗冻性、耐磨性和抵抗干湿交替循环的性能均不及硅酸盐水泥和普通水泥。因此矿渣水泥不宜用于严寒地区水位经常变动的部位；也不宜用于高速挟沙冲刷或其他具有耐磨要求的工程。

(8) 抗碳化能力较差。矿渣水泥硬化后碱度较低，因此表层的碳化作用进行较快，碳化深度也较大。这时对钢筋混凝土不利，当碳化深入达到钢筋表面时，就会导致钢筋锈蚀。

4.2.4 火山灰质硅酸盐水泥

火山灰质硅酸盐水泥由硅酸盐水泥熟料和石膏不小于60%且小于80%，掺加大于20%且不超过20%且不超过40%的火山灰质活性混合料磨细制成的水硬性胶凝材料，代号P·P。

火山灰水泥的凝结硬化特性、水化放热、强度发展、碳化等特性，都有矿渣水泥基本相同。但是其抗冻性、耐磨性都比矿渣水泥差，故应避免用于抗冻及耐磨要求的部位。

火山灰水泥干燥收缩较大，在干热条件下会产生起粉现象，所以火山灰水泥不宜用于干热施工的工程。在潮湿环境下，会吸收石灰而产生膨胀胶化作用，使水泥石结构致密，因而有较高的密实性和抗渗性，适宜用于有抗渗要求较高的工程。

4.2.5 粉煤灰硅酸盐水泥

由硅酸盐水泥熟料和石膏组分不少于60%且少于80%，掺加大于20%且不超过40%的粉煤灰活性混合材料磨细制成的水硬性胶凝材料，称为粉煤灰硅酸盐水泥（简称粉煤灰水泥），代号P·F。

粉煤灰水泥的凝结硬化过程与火山灰水泥基本相同，性能也与矿渣水泥和火山灰水泥相似。

由于粉煤灰水泥具有干缩性小、抗裂性能较好的优点，而且水化热比硅酸盐水泥和普通水泥低，抗侵蚀性较强，因此适用于水利工程和大体积混凝土工程。

4.2.6 复合硅酸盐水泥

由硅酸盐水泥熟料和石膏组分不少于50%且少于80%，掺加大于20%且不超过50%两种或两种以上的活性或非活性混合材料，其中允许用不超过水泥质量8%的窑灰代替，掺矿渣时混合材料掺量不得与矿渣硅酸盐水泥重复，磨细制成的水硬性胶凝材料，称为复合硅酸盐水泥（简称复合水泥），代号P·C。

用于掺入复合水泥的混合材料由粒化高炉矿渣、火山灰质混合材料、粉煤灰、石灰石，符合标准要求的粒化精炼铁渣、粒化增钙液态渣及各种新开发的活性混合材料及各种非活性混合材料。复合水泥同时掺入两种或两种以上的混合材料，它们在水泥中不是每种混合材料作用的简单叠加，而是相互补充。复合水泥的特性取决于所掺混合材料的种类、掺量及相对比例，与矿渣水泥、火山灰水泥、粉煤灰水泥有不同程度的相似，应根据所掺入的混合材料种类，参照其他掺混材料水泥的适用范围和工程实践经验选用。

通用硅酸盐水泥的特性及选用原则见表4.2.1。

表 4.2.1　　　　　通用硅酸盐水泥各龄期的特性及选用原则

水泥品种	硅酸盐水泥	普通水泥	矿渣水泥	火山灰水泥	粉煤灰水泥
特性	早期强度高；水化热较大；抗冻性较好；耐蚀性差；干缩较小	与硅酸盐水泥基本相同	早期强度较低，后期强度增长较快；水化热较低；耐热性好；耐蚀性较强；抗冻性差；干缩性较大；泌水较多	早期强度较低，后期强度增长较快；水化热较低；耐蚀性较强；抗渗性好；抗冻性差；干缩性大	早期强度较低，后期强度才长较快；水化热较低；耐蚀性较强；干缩性小；抗裂性较高；抗冻性差
适用范围	一般土建工程中钢筋混凝土及预应力钢筋混凝土结构；受反复冰冻作用的结构；配制高强混凝土	与硅酸盐水泥基本相同	高温车间和有耐热耐火要求的混凝土结构；大体积混凝土结构；蒸汽养护的构件；有抗硫酸盐侵蚀要求的工程	地下、水中大体积混凝土结构和有抗渗要求的混凝土结构；蒸汽养护的构件；有抗硫酸盐侵蚀要求的工程	地上、地下及水中大体积混凝土结构；蒸汽养护的构件；抗裂性要求较高的构件；有抗硫酸盐侵蚀要求的工程
不适用范围	大体积混凝土结构；受化学及海水侵蚀的工程	与硅酸盐水泥基本相同	早期强度要求高的工程；有抗冻要求的混凝土工程	处在干燥环境中的混凝土工程；其他同矿渣水泥	有抗碳化要求的工程；其他同矿渣水泥

4.2.7　水泥质量的评定、验收与保管

1. 水泥质量的评定

对通用硅酸盐水泥进行检验，检验结果符合化学指标（不溶物、烧失量、三氧化硫、氧化镁、氯离子）、凝结时间、安定性、强度的技术要求为合格品；不符合为不合格品。水泥包装标志中的水泥品种、强度等级、生产者名称和出厂编号不全的也属于不合格品。

2. 水泥的验收

水泥的验收应注意下列事项：

（1）水泥到货后应核对包装袋上的工厂名称、水泥品种、强度等级、水泥代号、包装年月日和生产许可证号，然后清点数量。

（2）水泥的28d强度值在水泥发出日32d内由发出单位补报；收货仓库接到此试验报告单后，应与到货通知书等核对水泥品种、强度等级和质量，然后保存此报告单，以备查考。

（3）袋装水泥一般每袋重量（50±1）kg，但是快凝性硅酸盐水泥每袋净重（45±1）kg，砌筑水泥为（40±1）kg，硫酸盐早强水泥为（46±1）kg，验收时应特别注意。

3. 水泥的保管

水泥的验收应注意下列事项：

(1) 水泥在运输和存储不得受潮和混入杂物，不同品种、强度等级和出厂日期的水泥应分别存运。

(2) 存放袋装水泥时，地面垫高要离地 300mm，四周离墙 300mm；袋装水泥堆垛不宜太高，以免下部水泥受压结硬，一般 10 袋为宜。

(3) 水泥的储运应按照水泥到货先后，依次堆放，尽量做到先存先用。

(4) 水泥存储周期不宜过长，以免受潮而降低水泥强度；一般水泥存储期为 3 个月，高铝水泥为 2 个月，快硬水泥为 1 个月。

一般水泥存放 3 个月以上为过期水泥，强敌将降低 10%～20%，存放期越长，强度降低越大，过期水泥使用前必须重新检验、标定强度等级，否则不得使用。

4.3 特性水泥与专用水泥

4.3.1 铝酸盐水泥

铝酸盐水泥是以石灰石和铝矾为主要原料，经煅烧至全部或部分熔融，得到以铝酸钙为主要矿物的熟料，经磨细而成的水硬性胶凝材料，代号为 CA。按 Al_2O_3 的含量铝酸盐水泥分为 CA-50（$50\% \leqslant Al_2O_3 < 60\%$）、CA-60（$60\% \leqslant Al_2O_3 < 68\%$）、CA-70（$68\% \leqslant Al_2O_3 < 77\%$）和 CA-80（$77\% \leqslant Al_2O_3$）四类。铝酸盐水泥是一类快硬、高强、耐腐蚀、耐热的水泥，又称高铝水泥。

铝酸盐水泥的主要矿物成分为铝酸一钙（$CaO \cdot Al_2O_3$，简写 CA）和二铝酸一钙（$CaO \cdot 2Al_2O_3$，简写 CA_2），还有少量的其他铝酸盐，如 $2CaO \cdot Al_2O_3 \cdot SiO_2$（简写 C_2AS）、$12CaO \cdot 7Al_2O_3$（简写 $C_{12}A_7$）等。

CA 是铝酸盐水泥的主要矿物，有很高的水硬活性，凝结时间正常，水化硬化迅速；CA_2 水化硬化慢，后期强度高，但早期强度却较低，具有较好的耐高温性能。

国家标准《铝酸盐水泥》（GB 201—2000）规定，铝酸盐水泥的细度、凝结时间（胶砂）及强度应符合表 4.3.1 的要求。

表 4.3.1 铝酸盐水泥的细度、凝结时间及胶砂强度要求

性能指标	水泥类型	CA-50	CA-60	CA-70	CA-80
细度		比表面积不小于 300m²/kg 或 0.045mm 筛筛余不大于 20%			
凝结时间	终凝时间/min，不早于	30	60	30	30
	终凝时间/h，不迟于	6	18	6	6
抗压强度 /MPa	6h	20	—	—	—
	1d	40	20	30	25
	3d	50	45	40	30
	28d	—	85	—	—
抗折强度 /MPa	6h	3.0	—	—	—
	1d	4.5	2.5	5.0	4.0
	3d	6.5	5.0	6.0	5.0
	28d	—	10.0	—	—

铝酸盐水泥的早期强度发展迅速，适用于工期紧急的工程，如国防、道路和特殊抢修工程等。

铝酸盐水泥的放热量与硅酸盐水泥大致相同，但其放热速度特别快，一天之内即可放出水化热总量的70%~80%。使用时应特别注意，不能用于大体积混凝土工程。由于早期的水化放热量大，铝酸盐水泥在较低的气温下也能很好地硬化，可用于冬季施工的工程。

铝酸盐水泥硬化后，密实度较大，不含有铝酸三钙和氢氧化钙，因此，耐磨性很好，对矿物水和硫酸盐的侵蚀作用具有很高的抵抗能力。适用于耐磨要求较高的工程和受软水、海水和酸性水腐蚀及受硫酸盐腐蚀的工程。

铝酸盐水泥有较高的耐热性，如采用耐火粗细集料（如铬铁矿等）可制成使用温度达1300~1400℃的耐热混凝土。

铝酸盐水泥与硅酸盐水泥或石灰相混不但产生闪凝，而且由于生成高碱性的水化铝酸钙，使混凝土开裂破坏。因此，施工时除不得与石灰和硅酸盐水泥混合外，也不得与尚未硬化的硅酸盐水泥接触使用。铝酸盐水泥耐碱性极差，与碱性溶液接触，甚至在混凝土集料内含有少量碱性化合物，都会引起不断的侵蚀。因此，不得用于接触碱性溶液的工程。

铝酸盐水泥最适宜的硬化温度为15℃左右，一般不得超过25℃。如温度过高，水化铝酸一钙和水化铝酸二钙会转变成水化铝酸三钙，固相体积减少，孔隙率大大增加，强度显著降低。因此，铝酸盐水泥混凝土不能进行蒸汽养护，也不宜在高温季节施工。

由于上述晶型转变，铝酸盐水泥的长期强度及其他性能有降低的趋势。因此，铝酸盐水泥不宜用于长期承重的结构及处于高温高湿环境的工程。

4.3.2 快硬硫铝酸盐水泥

以适当生料，经煅烧得到无水硫铝酸钙和硅酸二钙为主要矿物成分的水泥熟料和石灰石、适量石膏共同磨细制成的，具有早期高强度特点的水硬性胶凝材料，代号P·SAC。

快硬硫铝酸盐水泥的主要矿物为无水硫铝酸钙和硅酸二钙。无水硫铝酸钙水化很快，早期形成大量的钙矾石和氢氧化铝凝胶，使快硬硫铝酸盐水泥获得较高的早期强度。硅酸二钙是低温烧成的，活性较高，水化较快，能较早生成C-S-H凝胶，填充与钙矾石的晶体骨架中，硬化成致密的结构，促进强度进一步提高，并保证后期强度的增长。

快硬硫铝酸盐水泥的强度以3d抗压强度划分为42.5、52.5、62.5、72.5四个等级。各强度等级水泥的各龄期强度不应低于表4.3.2规定。

快硬硫铝酸盐水泥的比表面积不小于350m²/kg。初凝不早于25min，终凝不迟于180min。凡比表面积、凝结时间（除用户要求变动外）中任一项不符合标准规定或强度低于商品强度等级规定的指标时为不合格品。水泥包装标志中水泥品种、强度等级、生产者名称和出厂编号不全的也属于不合格品。

快硬硫铝酸盐水泥具有以下特性：

（1）凝结快、早期强度高，特别适合抢修、紧急工程、修补工程及配制早强混凝土。

（2）水化放热快、但放热总量不大，因此适合冬季施工，但不适合大体积混凝土工程。

（3）硬化时体积微膨胀，适合于浆锚、喷锚支护等的制造于抢修、堵漏及有抗渗、抗裂要求的混凝土工程。

（4）耐蚀性好，适合用于有耐蚀性要求的工程。

（5）耐热性差，不适用于有耐热要求的混凝土工程。

此外，快硬硫铝酸盐水泥的碱度低，可用于各种玻璃纤维制品。

表 4.3.2　　　　快硬铝酸盐水泥的各龄期强度要求　　　单位/MPa

强度等级	抗压强度			抗折强度		
	1d	3d	28d	1d	3d	28d
42.5	33.0	42.5	45.0	6.0	6.5	7.0
52.5	42.0	52.5	55.0	6.5	7.0	7.5
62.5	50.0	62.5	65.0	7.0	7.5	8.0
72.5	56.0	72.5	75.0	7.5	8.0	8.5

4.3.3　膨胀水泥及自应力水泥

使水泥产生膨胀的反应主要有三种：CaO 水化生成 $Ca(OH)_2$、MgO 水化生成 $Mg(OH)_2$ 以及形成钙矾石，因为前两种反应产生的膨胀不易控制，目前广泛使用的是以钙矾石为膨胀组分的各种膨胀型水泥。

膨胀型水泥在硬化过程中不但不收缩，而且还有不同程度的膨胀。根据膨胀值的大小，可分为膨胀水泥和自应力水泥。膨胀水泥的线膨胀率一般在1%以下，相当于或稍大于普通水泥的收缩率。自应力水泥的线膨胀率一般为1%～3%，膨胀结果不仅使水泥避免收缩，而且尚有一定的线膨胀，在限制条件下，则可使混凝土受到压应力，从而达到预应力的目的。

膨胀水泥适用于补偿收缩混凝土，用作防渗混凝土；填灌混凝土结构或构件的接缝及管道接头，结构的加固与修补，浇筑机器底座及固结地角螺丝等。自应力水泥适用与制造自应力钢筋混凝土压力管及其配件。

4.3.4　白色硅酸盐水泥

硅酸盐水泥的颜色主要由氧化铁引起。当氧化铁含量在3%～4%时，熟料呈暗灰色；在0.45%～0.7%时，带淡绿色；而降低到0.35%～0.4%后，接近白色。因此，白色硅酸盐水泥（简称白水泥）的生产主要是降低氧化铁含量。此外，氧化锰、氧化铬和氧化钛也对白水泥的白度有显著影响，故其含量也应尽量减少。石灰质原料应选用纯的石灰石或方解石，黏土可选用高岭土。燃料最好用无灰分的天然气或重油。由于生料中的氧化铁含量少，故要求较高的煅烧温度（1500～1600℃），降低煅烧温度，常掺入少量萤石（0.25%～1.0%）作为矿化剂。

白水泥的 KH 与通常的硅酸盐水泥相近，由于氧化铁含量自由0.25%～0.4%，因此，SM 较高（4左右），铝率很高（20左右），主要矿物为 C3S、C2S

和 C_3A，C_4AF 含量极少。

白水泥的物理性能要求主要包括白度。白度是以白水泥与 MgO 标准白板的反射率的比值来表示的。为提高熟料白度，在煅烧时宜采用弱还原气氛，另外采用漂白措施，就是将刚出窑的熟料喷水冷却，使熟料急冷，也可以提高熟料的白度。为提高水泥白度，在粉磨时应加入白度较高的石膏，同时提高水泥粉磨细度。采用铁含量很低的铝酸盐或硫铝酸盐水泥生料也可生产出白色铝酸盐或硫铝酸盐水泥。

用白色水泥熟料与石膏以及颜料共同磨细可得彩色水泥。所用颜料要求对光和大气能耐久，能耐碱而又不对水泥性能起破坏作用。常用的颜料有氧化铁（红、黄、褐红）、二氧化锰（黑、褐色）、氧化铬（绿色）、赭石（赭色）、群青（蓝色）和炭黑（黑色）。但制造红、褐、黑等较深颜色彩色水泥时，也可用一般硅酸盐水泥熟料来磨制。

在水泥生料中加入少量金属氧化物着色剂直接烧成彩色熟料，也可制得彩色水泥。

白水泥具有强度高、色泽洁白等特点，多为装饰性应用，在建筑装饰工程中常用来配制彩色水泥，用于建筑内、外墙粉刷及天棚、柱子的粉刷，贴面装饰材料的勾缝处理，配制各种彩色砂浆用于装饰抹灰。

4.3.5 中热水泥和低热矿渣水泥

中热硅酸盐水泥和低热矿渣硅酸盐水泥的主要特点为水化热低，适用于大坝和大体积混凝土工程。

中热硅酸盐水泥是由适当成分的硅酸盐水泥熟料加入适量石膏磨细而成的具有中等水化热的水硬性胶凝材料，简称中热水泥。

低热矿渣硅酸盐水泥是由适当成分的硅酸盐水泥熟料加入矿渣和适量石膏磨细而成具有低水化热的水硬性胶凝材料，简称低热矿渣水泥。其矿渣掺量为水泥质量的 20%～60%，允许用不超过混合材总量 50% 的磷渣或粉煤灰代替矿渣。

为了减少水泥的水化热和放热速率，必须降低熟料中的铝酸三钙（C_3A）和硅酸三钙（C_3S）的含量，相应提高铁铝酸四钙和硅酸二钙的含量。但是，硅酸二钙早期强度较低，所以不宜增加过多，硅酸三钙也不应过少，否则，水泥强度发展过慢。因此，在设计中热硅酸盐水泥熟料和低热硅酸盐水泥熟料矿物组成时，首先着重减少铝酸三钙的含量，相应增加铁铝酸四钙的含量。

中热硅酸盐水泥主要适用于大坝溢流面的面层或大体积建筑物的面层和水位变化区等部位，要求水化热、较高耐磨性和抗冻性的工程；低热水泥和低热矿渣水泥主要适用于大坝或大体积混凝土建筑物内部，以及水下等要求低水化热的工程。

4.3.6 油井水泥

油井水泥专用于油井、气井地固井工程，又称堵塞水泥。它的主要作用是将套管与周围的岩层胶结封固，封隔地层内油、气、水泥，防止互相窜扰，以便在井内形成一条从油层流向地面，隔绝良好的油流通道。

油井水泥的基本要求为：水泥浆在注井过程中要有一定的流动性和合适的密度，水泥浆注入井内后，应较快凝结，并在短期内达到相当强度；硬化后的水泥浆应有良好的稳定性和抗渗性、抗蚀性等。

油井底部的温度和压力随着井深的增加而提高,每深入100m,温度约提高3℃,压力增加1~2MPa。因此,高温高压,特别是高温对水泥各种性能的影响是油井水泥生产和使用的最主要问题。高温作用使硅酸盐水泥的强度显著下降,因此,不同浓度的油井,应该用不同组成的水泥。根据《油井水泥》(GB 10238—98),我国油井水泥分为九个等级,包括普通(O)、中等抗硫酸盐型(MSR)和高抗硫酸盐型(HSR)三类。

4.3.7 道路硅酸盐水泥

由较高铁铝酸钙含量的硅酸盐道路水泥熟料,0%~10%活性混合材和适量石膏磨细制成的水硬性胶凝材料,称为道路硅酸盐水泥(简称道路水泥)。

对道路水泥的性能要求是:耐磨性好、收缩小、抗冻性好、抗冲击性好,有高的抗折强度和良好的耐久性。道路水泥的上述特性,主要依靠改变水泥熟料的矿物组成、粉磨细度、石膏加入量及外加剂来达到。道路水泥熟料的矿物组成,与普通水泥熟料相比,一般适当提高 C_3S 和 C_4AF 含量, C_4AF 的脆性小,体积收缩最小,提高 C_4AF 的含量,对提高水泥的抗折强度及耐磨性有利。但是,有些国家和水泥厂也不强调提高 C_3S 含量,而主要适当提高 C_4AF 含量和限制 C_3A 含量。因此道路水泥的熟料矿物组成要求: $C_3A<5\%$, $C_4AF>16\%$, f-CaO旋窑生产的不得大于1%,立窑生产的不得大于1.8%,其水泥的细度为0.08mm方孔筛筛余不得超过10%,初凝不早于1h,终凝不迟于10h,28d干缩率不大于0.1%,磨损量不得大于 $3.6kg/m^2$。

水泥的粉磨细度增加,虽可提高强度,但水泥的细度增加,收缩增加很快,从而易产生微细裂缝,使道路易于破坏。研究表明,当细度从 $2720cm^2/g$ 增至 $3250cm^2/g$ 时,收缩增加不大,因此,生产道路水泥时,水泥的比表面积一般可控制在 $3000~3200cm^2/g$,0.08mm方孔筛筛余宜控制在5%~10%。适当提高水泥中的石膏加入量,可提高水泥的强度和降低收缩,对制造道路水泥是有利的。另外,为了提高道路混凝土的耐磨性,可加入5%以下的石英砂。

道路硅酸盐水泥抗折强度高,耐磨性好,干缩性小,抗冻性、抗冲击性、抗硫酸盐腐蚀性能好,可减少混凝土路面的断板、温度裂缝和磨耗,减少路面维修费用,延长使用寿命。适用于公路路面、机场跑道、城市人流较多的广场等工程,也可用于要求较高的工厂地面和停车场等工程。

4.4 水泥石的腐蚀与防止

硅酸盐水泥硬化后,在通常使用条件下,有较好的耐久性,但是在某些腐蚀性液体或气体介质中,会逐渐受到腐蚀。

4.4.1 水泥石的腐蚀类型

引起水泥石腐蚀的原因有很多,作用也非常复杂。下面介绍几种典型介质的腐蚀作用。

1. 软水腐蚀（溶出性腐蚀）

雨水、雪水、蒸馏水、工厂冷凝水及含重碳酸盐很少的河水与湖水都属于软水。水泥石长期与这些水相接触，最先溶出的是氢氧化钙。

在静水及无压力水的情况下，由于周围的水易为溶出的氢氧化钙所饱和，使溶解中止，所以溶出仅限于表层，影响不大。在流水及压力水作用下，氢氧化钙会不断溶解流失。由于其溶度继续降低，还会引起其他水化物的分解溶蚀，使水泥石结构进一步遭到破坏，这种现象称为溶析。

2. 盐类腐蚀

（1）硫酸盐的腐蚀

在海水、湖水、盐泽水、某些工业污水及流经高炉矿渣或煤渣的水中常含有钠、钾、铵等硫酸盐，它们与水泥石中的氢氧化钙起置换作用，生成硫酸钙。硫酸钙与水泥石中的固态水化铝酸钙生成高硫型水化硫铝酸钙。生产的高硫型水化硫铝酸钙含有大量结晶水，比原体积增加 1.5 倍以上，由于上述反应式在已经固化的水泥石中产生的，因此对水泥石有极大的破坏作用。高硫型水化硫铝酸钙呈针状结构，通常称为"水泥杆菌"。

当水中硫酸盐的浓度较高时，硫酸钙直接在水泥空隙中结晶生成二水石膏，体积膨胀，从而导致水泥石破坏。

（2）镁盐的腐蚀

在海水和地下水中，常含有大量的镁盐，主要是硫酸镁和氯化镁。他们与水泥石中的氢氧化钙发生复分解反应。

$$MgSO_4 + Ca(OH)_2 + 2H_2O = CaSO_4 \cdot 2H_2O + Mg(OH)_2$$

$$MgCl_2 + Ca(OH)_2 = CaCl_2 + Mg(OH)_2$$

生成的氢氧化镁松软而无胶凝能力，氯化钙易溶于水，二水石膏则引起硫酸盐的破坏作用。因此，硫酸镁对水泥石起镁盐和硫酸盐的双重腐蚀作用。

3. 酸类腐蚀

（1）碳酸腐蚀

在工业污水、地下水常溶解有较多的二氧化碳，这种水对水泥石的腐蚀作用是通过下面的方式进行。开始时，二氧化碳与水泥石中的氢氧化钙作用生成碳酸钙。

$$Ca(OH)_2 + CO_2 + H_2O = CaCO_3 + 2H_2O$$

生成的碳酸钙再与含碳酸的水作用转变成重碳酸钙，这是可逆反应，生成的重碳酸钙易溶于水。

$$CaCO_3 + H_2O + CO_2 \rightleftharpoons Ca(HCO)_2$$

当水中含有较多的碳酸，并超过平衡浓度，则上述反应向右进行，因此，水泥石中的氢氧化钙转变成易溶于水的重碳酸钙而消失。氢氧化钙浓度降低，还会导致水泥石中其他水化物的分解，使腐蚀作用进一步加剧。

（2）一般酸的腐蚀

在工业污水、地下水常含有无机酸和有机酸，工业窑炉中的烟气常含有氧化硫，遇水则生成亚硫酸。各种酸类对水泥石都有不同程度的腐蚀作用。它们与水泥石中的氢氧化钙作用生成的化合物或者易溶于水，或体积膨胀，在水泥石内造成内应力而导致破坏。腐蚀作用最快是无机酸中的盐酸、氢氟酸、硫酸和有机酸中的醋酸、蚁酸和乳酸。

4. 强碱的腐蚀

碱类溶液如浓度不大时一般是无害的。但是铝酸盐含量较高的硅酸盐水泥遇到强碱（如氢氧化钠）作用后也会破坏。例如，氢氧化钠与水泥熟料中未水化的铝酸盐作用，生成易溶的铝酸钠。

$$3Ca \cdot Al_2O_3 + 6NaOH \Longrightarrow 3Na_2O \cdot Al_2O_3 + 3Ca(OH)_2$$

当水泥石被氢氧化钠浸透后又在空气中干燥，与空气之中的二氧化碳作用生成碳酸钠，其在水泥石中毛细孔中结晶沉淀，而使水泥石胀裂。

$$2NaOH + CO_2 \Longrightarrow Na_2CO_3 + H_2O$$

除上述腐蚀类型外，对水泥石有腐蚀作用的还有一些其他物质，如糖、铵盐、动物脂肪、含环烷酸的石油产品等。

4.4.2 水泥腐蚀的主要原因

水泥石的腐蚀是一个极为复杂的物理化学过程。水泥石在遭到腐蚀时，很少仅有单一的侵蚀作用，往往是几种作用同时存在，相互影响。水泥石产生腐蚀的根本原因是：

（1）水泥石中存在易被腐蚀的成分（氢氧化钙和水化铝酸钙）。

（2）水泥石结构不致密，存在较多毛细孔，侵蚀介质可通过毛细孔进入水泥石内部。

（3）侵蚀介质以液相的形式与水泥石接触并具有适宜的环境温度、湿度和介质浓度等。

4.4.3 水泥腐蚀的防止

根据水泥石腐蚀的原因，可采取以下预防措施：

（1）根据环境侵蚀特点，合理选用水泥品种，减少水泥石中易被腐蚀物质，即氢氧化钙、水化铝酸钙的含量。

（2）降低水泥的孔隙率，提高水泥石的密实度。

（3）在水泥石的表面涂抹或铺设保护层，隔断水泥石和外界侵蚀介质的接触。

【延伸阅读】

某机场道肩混凝土于 1995 年 7—11 月施工，当年 10 月就发现网状裂缝，次年 6 月表面层开始剥落。该混凝土使用某立窑水泥厂生产的普通硅酸盐水泥。该厂当时生产的熟料呈暗红色，还有一些白色物质。钻取破坏与未破坏的混凝土各加工成试件，未被破坏混凝土强度可满足设计要求、密实、颜色为正常的青灰色。而已破坏的混凝土强度大大下降，低于设计值，劈开可见砂浆层与集料之间黏结疏松。经 X 射线衍射分析可知，已破坏混凝土试样含有大量 $Ca(OH)_2$ 和大量 $CaCO_3$。经有关单位研究认为，该混凝土破坏主要是由于水泥质量不稳定所致，水泥中有一定数量的游离氧化钙存在，以及大量生成的钙矾石造成混凝土膨胀开裂。且由于水泥质量不稳定，给混凝土施工造成不便。水泥凝结时间或长或短，使混凝土施工质量得不到保证。

【本章小结】

通用硅酸盐水泥的矿物成分有4种，矿物组成不同，水泥性质会有很大差异。通用硅酸盐水泥的技术性质包括8个指标和2个选择性指标。通用硅酸盐水泥存储应该分别存放，并注意防潮，不宜久存。通用硅酸盐水泥品种不同，性能各异，适用于不同要求的混凝土和钢筋混凝土工程。硅酸盐水泥若使用不当，会收到腐蚀。腐蚀类型有软水腐蚀、盐类腐蚀、酸类腐蚀和强碱腐蚀等。防止水泥腐蚀的方法：合理选择水泥品种、提高水泥石密实度、制作保护层。与硅酸盐水泥相比，掺混合料的通用硅酸盐水泥具有早期强度低、后期强度增长较快、水化热小、抗腐蚀性较强、对温度湿度敏感等特点。

【习题与思考题】

1.1　选择题

（1）水泥熟料中水化速度最快，28d 水化热最大的是＿＿＿＿＿。

A. C_3S　　　　B. C_2S　　　　C. C_3A　　　　D. C_4AF

（2）以下水泥熟料矿物中，早期强度及后期强度都比较高的是＿＿＿＿＿。

A. C_3S　　　　B. C_2S　　　　C. C_3A　　　　D. C_4AF

1.2　是非判断题

（1）在水泥中，石膏加入的量越多越好。　　　　　　　　　　　　　（　）

（2）相同强度等级的普通水泥与粉煤灰水泥相比：前者早期强度高。（　）

1.3　问答题

（1）不同品种、同一强度等级及同一品种、不同强度等级的水泥能否掺混使用？对这两种情况提出处理意见。

（2）某工地仓库存放三种白色胶凝材料，分别是磨细生石灰、建筑石膏和白水泥，因标签脱落，有什么简便方法可以辨认？

第 5 章

墙体材料

【本章要点】

本章主要介绍墙体材料的发展状况和我国当前墙体材料改革的目的和任务。本章的重点和难点是几种砌筑砖的类型、性能和应用特点。

【能力要求】

通过本学习，学生应掌握我国当今常用的墙体材料的类型、性能和应用特点。

5.1 砌墙砖

砖是砌筑用的人造小型砌块。砖的分类方法有多种，按照生产工艺分为烧结砖和非烧结砖；按照孔洞率的大小，分为实心砖、多孔砖和空心砖；按用途又分为承重砖和非承重砖；按原料可分为黏土砖、粉煤灰砖、煤矸石砖等。

5.1.1 烧结砖

1. 烧结普通砖

以黏土、页岩、煤矸石、粉煤灰等为主要原料，经焙烧而成的小型块材称为烧结普通砖。按主要原料分为烧结黏土砖（符号为 N）、烧结页岩砖（符号为 Y）、烧结煤矸石砖（符号为 M）和烧结粉煤灰砖（符号为 F）等。目前主要是黏土砖，但黏土砖耗用大量农田，且生产中会逸出氟、硫等有害气体，能耗高，需限制生产，并逐步淘汰，不少城市已经禁止使用。

（1）生产过程

各种烧结普通砖的生产工艺基本相同，基本工艺如下：采土→配料→调制→制胚→干燥→焙烧→成品，其中焙烧是最重要的环节，一般采用连续式窑生产，窑内经过预热、焙烧、保温和冷却四个温度带。在焙烧温度范围内生产的砖称为正火砖，未达到焙烧温度范围生产的砖称为欠火砖，而超过焙烧温度范围生产的砖称为过火砖。欠火砖颜色浅，敲击时声音哑，孔隙率高，强度低、耐久性差，不能在工程中使用。过火砖颜色深，敲击声响亮，强度高，往往变形大，变形不大的过火砖可用于基础部位。

（2）主要技术性能指标

《烧结普通砖》（GB 5101—2003）规定，强度和抗风化性能合格的砖，根据尺寸偏差、外观质量、泛霜和石灰爆裂等分为优等品（A）、一等品（B）和合格品（C）3 个等级。

烧结普通砖的公称尺寸为 240mm×115mm×53mm。常用配砖规格为 175mm×115mm×53mm，装饰砖的主要规格同烧结普通砖。烧结普通砖的外观质量和尺寸偏差应符合《烧结普通砖》的规定。

泛霜是指在新砌筑的砖砌体表面出现的一层白色的可溶性盐类粉状物。这些结晶的粉状物有损建筑物外观，而且膨胀也会引起砖表层的疏松甚至剥落。石灰爆裂是指烧结砖的原料中夹杂有石灰石，焙烧时石灰石被烧成石灰块，在使用过程中生石灰吸水熟化变成熟石灰，体积膨胀引起砖裂缝，使砌体强度降低。砖根据强度分为 MU30、MU25、MU20、MU15、MU10 五个强度等级，各强度等级的砖应符合表 5.1.1 的规定。

表 5.1.1　　　　　烧结普通砖和烧结多孔砖的强度等级

强度等级	抗压强度平均值/MPa	变异系数 强度标准值/MPa	变异系数 单块最小抗压强度值/MPa
MU30	≥30	≥22	≥25
MU25	≥25	≥18	≥22
MU20	≥20	≥14	≥16
MU15	≥15	≥10	≥12
MU10	≥10	≥6.5	≥7.5

烧结普通砖的抗风化性是指能抵抗干湿变化、冻融变化等气候作用的性能。抗风化性与砖的使用寿命密切相关，抗风化性能好的砖其使用寿命长，砖的抗风化性能除了与砖本身性质有关外，与所处环境的风化指数也有关。

风化区用风化指数进行划分。风化指数是指日气温从正温降至负温或负温升至正温的每年平均天数与每年从霜冻之日起至消失霜冻之日止这一期间降雨总量（以 mm 计）的平均值的乘积。风化指数大于等于 12700 为严重风化区，风化指数小于 12700 为非严重风化区。各地如有可靠数据，也可按计算的风化指数划分本地区的风化区。我国的风化区划分见表 5.1.2。

表 5.1.2　　　　　风 化 区 的 划 分

严 重 风 化 区		非 严 重 风 化 区	
1. 黑龙江省	11. 河北省	1. 山东省	11. 福建省
2. 吉林省	12. 北京市	2. 河南省	12. 台湾省
3. 辽宁省	13. 天津市	3. 安徽省	13. 广东省
4. 内蒙古自治区		4. 江苏省	14. 广西壮族自治区
5. 新疆维吾尔自治区		5. 湖北省	15. 海南省
6. 宁夏回族自治区		6. 江西省	16. 云南省
7. 甘肃省		7. 浙江省	17. 西藏自治区
8. 青海省		8. 四川省	18. 上海市
9. 陕西省		9. 贵州省	19. 重庆市
10. 山西省		10. 湖南省	

严重风化区中的 1～5 地区的砖必须进行冻融试验,其他地区的砖的吸水率和饱和系数符合表 5.1.3 的规定时可认为抗风化性能合格,可不进行冻融试验,否则,必须进行冻融试验。

表 5.1.3　　　　　　　　　　砖的抗风化能力

砖种类	严重风化区				非严重风化区			
	5h 沸煮吸水率/%		饱和系数		5h 沸煮吸水率/%		饱和系数	
	平均值	单块最大值	平均值	单块最大值	平均值	单块最大值	平均值	单块最大值
黏土砖	≤21	≤23	≤0.85	≤0.87	≤23	≤25	≤0.88	≤0.9
粉煤灰砖	≤23	≤25			≤30	≤32		
页岩砖	≤16	≤18	≤0.74	≤0.77	≤18	≤20	≤0.78	≤0.8
煤矸石砖	≤19	≤21			≤21	≤23		

(3) 烧结普通砖的产品标记

烧结普通砖的产品标记按产品名称、规格、品种、强度等级、质量等级和标准编号的顺序编写,如规格为 240mm×115mm×53mm、强度等级为 MU15、质量等级为一等品的烧结普通砖,其标记为:烧结普通砖 N MU15 B GB/T 5101。

(4) 烧结普通砖的应用

在土木工程中烧结普通砖主要用作墙体材料,其中优等品可用于清水墙和墙体装饰,一等品和合格品可用于混水墙,中等泛霜的砖不能用于潮湿部位,烧结普通砖也可用于砌筑柱、拱、基础等。在砌体中配置钢筋或钢丝网称为配筋砌体,可代替钢筋混凝土柱或过梁等。烧结普通砖与轻质混凝土等隔热材料复合使用,中间填以轻质材料还可以做成复合墙体。

制造黏土砖会大量破坏土地,破坏生态环境,因而它是限制发展的产品。

2. 烧结多孔砖和烧结空心砖

烧结多孔砖是以黏土、页岩或煤矸石为主要原料经焙烧而成主要用于承重部位的多孔砖。主要原料与烧结空心砖相同,但为大面有孔洞的砖,孔的尺寸小而数量多,其孔洞率不小于 25%,用于承重部位,使用时孔洞垂直于承压面。

烧结多孔砖是以黏土、页岩、煤矸石、粉煤灰为主要原料,经焙烧而成主要用于承重部位的多孔砖。烧结多孔砖按主要原料可分为黏土砖(N)、页岩砖(Y)、煤矸石(M)和粉煤灰(F)。

烧结多孔砖根据抗压强度分为 MU30、MU25、MU20、MU15、MU10 五个强度等级。强度和抗风化性能合格的砖,根据尺寸偏差、外观质量、孔型及孔洞排列、泛霜、石灰爆裂分为优等品(A)、一等品(B)和合格品(C)三个质量等级。

砖的产品标记按产品名称、品种、规格、强度等级、质量等级和标准编号顺序编写。

标记示例:规格尺寸 290mm×140mm×90mm、强度等级 MU25、优等品的黏土砖,其标记为:烧结多孔砖 N290×140×90A25 GB 13544。

国家标准《烧结多孔砖》(GB 13544—2000)对烧结多孔砖的尺寸允许偏差、

外观质量、强度等级、孔型孔洞率及孔洞排列、泛霜、石灰爆裂、抗风化性能等作出了相关规定。其规定内容与国家《烧结普通砖》（GB/T 5101—1998）一致，其中强度等级及风化区划分可参照表 5.1.2 和表 5.1.3。

烧结多孔砖孔洞率在 25% 以上，表观密度约为 $1400 kg/m^3$ 左右。虽然多孔砖具有一定的孔洞率，使砖受压时有效受压面积减小，但因为制坯时受较大的压力，使砖孔壁致密程度提高，且对原材料要求也较高，补偿了因有效面积减小而造成的强度损失，因而烧结多孔砖的强度仍很高，可用于砌筑六层以下的承重墙。

烧结空心砖是以黏土、页岩或煤矸石为主要原料经焙烧而成的顶面有孔洞的砖。《烧结空心砖和空心砖块》（GB 13545—92）把空心砖分为优等品（A）、一等品（B）和合格品（C）三个产品等级。

烧结空心砖的特点是：孔洞个数较少但洞腔大，孔洞垂直于顶面平行于大面。使用时大面受压，所以这种砖的孔洞与承压面平行。烧结空心砖自重较轻，可减轻墙体自重，改善墙体的热工性能等，但强度不高，因而多用作非承重墙，如多层建筑内隔墙或框架结构的填充墙等。

5.1.2 蒸压灰砂砖

蒸压灰砂砖是以石灰和砂为主要原料，允许掺入颜料和外加剂，经坯料制备、压制成型、蒸压养护而成的实心砖，简称灰砂砖。

灰砂砖的尺寸规格与烧结普通砖相同，为 240mm×115mm×53mm。其表观密度为 $1800 \sim 1900 kg/m^3$，导热系数约为 $0.61W/(m·K)$。根据灰砂砖的颜色分为：彩色的（Co）、本色的（N）。

灰砂砖产品标记采用产品名称（LSB）、颜色、强度级别、产品等级、标准编号的顺序进行，如强度级别为 MU20，优等品的彩色灰砂砖标记为：LSB Co 20A GB 11945。

《蒸压灰砂砖》（GB 11945—1999）规定，灰砂砖根据尺寸偏差、外观质量、强度及抗冻性分为：优等品（A）、一等品（B）、合格品（C）。

根据浸水 24h 后的抗压强度和抗折强度分为 MU25、MU20、MU15、MU10 四个强度级别，每个强度级别有相应的抗冻指标。MU15、MU20、MU25 的砖可用于基础及其他建筑；MU10 砖仅可用于防潮层以上的建筑。

由于灰砂砖中的一些组分如水化硅酸钙、氢氧化钙、碳酸钙等不耐酸，也不耐热，若长期受热会发生分解、脱水，甚至还会使石英发生晶型转变，因此灰砂砖应避免用于长期受热高于 200℃、受急冷急热交替作用或有酸性介质侵蚀的建筑部位。此外，砖中的氢氧化钙等组分会被流水冲失，所以灰砂砖不能用于有流水冲刷的地方。

灰砂砖的表面光滑，与砂浆黏结力差，所以其砌体的抗剪不如黏土砖砌体好，在砌筑时必须采取相应措施，以防止出现渗雨漏水和墙体开裂。刚出釜的灰砂砖不宜立即使用，一般宜存放 1 个月左右再用。

灰砂砖与其他材料相比，蓄热能力显著。由于灰砂砖的表观密度大，隔声性能优越，其生产过程能耗较低。

5.2 砌块与墙用板材

墙体除砖之外，还有砌块和墙用板材，后两者是新型墙体材料，可以充分利用地方资源和工艺废料，并可以节省黏土资源和改善环境，具有生产工艺简单、原料来源广、适应性强、制作和使用方便灵活、可改善墙体功能等特点，同时能满足建筑结构体系的发展，包括抗震、工业化和多功能的需求。新型墙体材料正在朝大型化、轻质化、节能化和集约化的方向发展。

5.2.1 砌块的定义与分类

砌块是砌筑用的人造块材。砌块系列中主规格的长度、宽度或高度有一项或一项以上分别大于 365mm、240mm 或 115mm。但高度不大于长度或宽度的 6 倍，长度不超过高度的 3 倍。砌块按其尺寸规格分为小型砌块、中型砌块和大型砌块；按用途分为承重砌块和非承重砌块；按孔洞设置状况分为空心砌块（空心率≥25%）和实心砌块（空心率＜25%）。

5.2.2 常用砌块的性能与应用

1. 蒸压加气混凝土砌块

凡以钙质材料或硅质材料为基本的原料，以铝粉等为发气剂，经过切割、蒸压养护等工艺制成的，多孔、块状墙体材料称蒸压加气混凝土砌块。蒸压加气混凝土砌块的特性为多孔轻质、保温隔热性能好、加工性能好，但其干缩较大。若使用不当，墙体会产生裂纹。

蒸压加气混凝土砌块的导热系数一般为 $0.1\sim 0.16W/(m \cdot K)$，干燥收缩值一般小于 $0.5mm/m$。

蒸压加气混凝土砌块质量轻，具有保温、隔热、隔声性能好、抗震性强、耐火性好、易加工等优点，是应用较多的轻质墙体材料。它适合低层建筑的承重墙、多层建筑的间隔墙和高层框架结构的填充墙，也可以用于一般工业建筑的围护墙，作为保温隔热材料也可以用复合墙板和屋面结构中。

2. 普通混凝土小型空心砌块

普通混凝土小型空心砌块是以水泥、砂、碎石和砾石为原料，加水搅拌、振动加压或冲击成型，再经养护制成的一种墙体材料。普通混凝土小型空心砌块可用于多层建筑的内外墙。

普通混凝土小型空心砌块的主要规格为 390mm×190mm×190mm。根据《普通混凝土小型空心砌块》（GB 8239—1997）的规定，砌块根据尺寸偏差和外观质量分为优等品（A）、一等品（B）和合格品（C）三个质量等级。抗压强度分为 MU20、MU15、MU10、MU7.5、MU5、MU3.5 六个等级。混凝土小型空心砌块收缩大，容易产生裂缝，混凝土的原料和生产工艺确定后，相对空心率是影响收缩的主要因素。

混凝土小型空心砌块作为烧结砖的替代材料，可用于承重结构和非承重结构。目前主要用于地震设计烈度在 8 度和 8 度以下地区的一般工业与民用建筑物，利用空心配置钢筋可建造高层建筑。

3. 其他砌块

常用的建筑砌块还有轻集料混凝土小型空心砌块、粉煤灰砌块、粉煤灰小型空心砌块、石膏砌块等。

5.2.3 墙用板材

随着装配式大板体系、框架轻板体系等建筑结构体系的改革和大空间多功能框架结构的发展，各种轻型和复合墙用板材也蓬勃兴起。以板材为围护墙体的建筑体系具有轻质、节能、施工方便快捷等特点，墙用板材日益受到重视且具有良好的发展前景。

1. 水泥类板材

（1）蒸压加气混凝土板

蒸压加气混凝土板上由钙质材料（水泥加石灰或水泥加矿渣）、硅质材料（石英砂或粉煤灰）、石膏、铝粉、水和钢筋等制成的轻质材料。一般可分为外墙板和隔墙板，含有大量微小的、非连通的气孔，孔隙率为70%～80%，因而具有自重轻、绝热性能好、隔声吸声等特性。还具有较好的耐火性能与一定承载能力，可用于单层或多层工业厂房的外墙，也可以用于公共建筑的内隔墙和外墙。

（2）轻集料混凝土墙板

轻集料混凝土配筋墙板以水泥为胶结材料陶粒或天然浮石为粗集料，膨胀珍珠岩、浮石等为细集料，经搅拌、成型、养护而制成的轻质墙板。具有生产工艺简单、自重轻、绝热性能好、耐火、抗震性能优越等特性。浮石全轻混凝土墙板适用于装配式民用住宅大板建筑；粉煤灰陶粒珍珠岩混凝土墙板使用整体预应力装配式板柱结构。

（3）玻璃纤维增强水泥板（GRC板）

玻璃纤维增强水泥板以耐碱玻璃纤维、低碱度水泥、轻集料与水为主要原料制成的，简称GRC板。GRC板具有密度低、韧性好、耐水、易加工等特点，可用作建筑物的内隔墙和吊顶板。

2. 石膏类墙用板材

石膏板具有轻质、绝缘、吸声、防火、尺寸稳定和施工方便等性能，在建筑工程中得到广泛的应用，是一种很有发展前景的新型建筑材料。主要分类如下。

（1）纸面石膏板

纸面石膏板是以建筑石膏为胶凝材料，并掺入适量添加剂和纤维作为板芯，以特制的护面纸作为面层的一种轻质板材。纸面石膏板按用途可分为普通纸面石膏板、耐水纸面石膏板、耐火纸面石膏板三种。纸面石膏板主要用作隔墙、内墙等。耐火纸面石膏板主要用作耐火要求较高的室内隔墙和吊顶等，使用时需要使用龙骨。

（2）纤维石膏板

纤维石膏板是以建筑石膏、纤维材料、多种添加剂和水经特殊工艺制成的石膏板。强度高于纸面石膏板，具有较好的尺寸稳定性和防火防潮性能，以及可钉可锯的二次加工性能，广泛用作公共与民用建筑的隔墙、吊顶、地板等，还可以用来替代木材制作家具。

（3）石膏空心条板

石膏空心条板是以建筑石膏为胶凝材料，适量加入各种轻质骨料、改性材料，经拌合、浇筑、振捣成型。生产不需用纸、用胶，安装时不用龙骨，适用于工业与民用建筑的非承重内墙。

3. 复合墙板

单一材料制成的板材，常因材料本身的局限性而使其应用受到限制。如质量轻、保温隔声效果好的石膏板、加气混凝土板等，因耐水差或者强度低只能用于非承重内隔墙，而水泥类板材具有足够的强度、耐久性，但是自重大、隔声、保温性较差。目前国内外尚没有单一材料既能满足节能要求又能满足防水、强度等技术要求。因此，墙体材料常用复合技术生产出来的各种复合板材，以满足墙体多功能的要求，并已取得良好的技术经济效果。常用的复合墙板主要由结构层、保温层和面层组成。主要分类如下。

（1）钢丝网架水泥夹芯板

钢丝网架水泥夹芯板是以两片钢丝网将聚氨酯、聚苯乙烯等泡沫塑料、轻质岩棉或玻璃棉等芯材夹在中间，两片钢丝网间以斜穿过芯材的"之"字钢丝相连，形成稳定的三维结构，经喷抹水泥砂浆形成的板材。钢丝网架水泥夹芯板具有质量轻、保温、隔热、抗冻融性能好、抗震能力墙和耗能低等优点。还可以通过用矿棉取代泡沫塑料，使其耐火性能提高到 2.5h 以上。适当加筋可使其具有一定的承载力，用于屋面，是集保温、防水和承重为一体的多功能材料。

（2）金属夹芯板材

金属夹芯板材是以泡沫塑料或人造无机棉为芯材，在两侧粘上金属钢板而成。金属夹芯板具有质量轻、强度高、绝热性能好、施工方便等优点，具有较好的耐久性，涂上防腐层的彩色金属夹芯板具有较好的耐候性和抗腐蚀性，普遍用于仓库、冷库等的墙体和屋面。

【延伸阅读】

秦代的砖素有"铅砖"美誉。秦砖的特征，纹饰主要有米格纹、太阳纹、平行线纹、小方格纹等图案以及游猎和宴客等画面，也有用于台阶或壁面的龙纹、凤纹和几何形纹的空心砖。有的秦砖上刻有文字，字体瘦劲古朴，这种古砖十分少见。汉代画像砖的制作更为普遍，内容也愈加丰富，如阙门建筑、各种人物、车马、狩猎、乐舞、宴饮、杂技、驯兽、神话故事以及反映生产活动的画面。

【本章小结】

主要讲述了传统的黏土烧结砖的品种、性能和规格等，并较多介绍了新型节能利废的墙体材料。墙体材料除必须具有一定的强度、能承受荷载外，还需具有相应的防水、防冻、隔热、隔声等功能，而且要自重轻、价格合适、经久耐用。应就地取材，尽量利用工业废料或工业副产品加工制成各种墙体材料取代黏土实心砖。

【习题与思考题】

1.1 选择题

(1) 下面哪些不属于加气混凝土砌块的特点？

A. 轻质　　　　　B. 保温隔热　　　　C. 加工性能好　　　D. 韧性好

(2)《烧结普通砖》(GB 5101—2003) 规定强度和抗风化性能合格的砖，下列 _____ 不是质量分等级的标准？

A. 尺寸偏差　　　B. 外观质量　　　　C. 保温隔热　　　　D. 泛霜

1.2 填空题

(1)《烧结普通砖》(GB 5101—2003) 规定严重风化区的砖必须进行 _____ 。

(2) 常用的复合墙板主要由 _____ 、保温层和面层组成。

1.3 问答题

(1) 烧结普通砖的抗风化性能的含义是什么？怎么评定？

(2) 墙板在使用中的特性和优点？

第 6 章

混凝土

【内容提要】

本章主要介绍水泥混凝土的基本组成材料、分类和性能要求；普通混凝土拌合物的性能、测定及调整方法；普通混凝土硬化后的性能、变形性能和耐久性能；普通混凝土外加剂和掺和料；普通混凝土配合比设计；普通混凝土质量控制和强度评定；高性能混凝土；特种混凝土和高性能混凝土发展方向。

本章的重点是普通混凝土组成材料的主要技术要求，新拌混凝土的和易性及测试评价方法，硬化混凝土力学性能、变形性能和耐久性及其影响因素，普通混凝土配合比设计等；难点是合理砂率的确定、减水剂作用机理、混凝土受压破坏理论、混凝土配合比设计。

【能力要求】

通过本学习，学生应掌握：①混凝土的基本组成材料、技术能要求及选用；②掌握新拌混凝土的性能、测定及调整方法，普通混凝土硬化后的性能、变形性能和耐久性能；③普通混凝土外加剂和掺和料，普通混凝土配合比设计；④了解高性能混凝土和特种混凝土的性能、原材料及配制，了解高性能混凝土的发展方向。

"混凝土"一词源于拉丁语"Concretus"，原意为"共同生长"。混凝土是由胶凝材料、粗集料、细集料和水按照一定比例混合、拌合制成的混合物，经一定时间后硬化而成的人造石材，因此，混凝土也简写为"砼"。混凝土是现代土木工程中应用最广、用量最大、随处可见的土木工程材料，在房屋建筑、道路、桥梁、地铁、井巷、水利和港口等工程中，都离不开混凝土。

混凝土材料的应用及发展可以追溯到古老的年代。相传数千年前，我国劳动人民和埃及人就用石灰与砂混合配制成砂浆砌筑房屋。公元前 500 年左右，古罗马使用石灰、砂及卵石配制成混凝土，并在石灰中掺入火山灰配制成海岸工程的混凝土，这是最早使用水硬性胶凝材料制备混凝土的记录。1824 年，英国工匠约瑟夫·阿斯普丁在反复试验的基础上，总结出石灰、黏土、矿渣等各种原料之间的比例以及生产波特兰水泥的方法。1830 年左右，现代意义上混凝土问世，成为混凝土发展史上最重要的里程碑。1850 年，法国人朗波特发明了用钢筋加强混凝土，以弥补混凝土抗拉强度低的缺陷，并首次制成了钢筋混凝土船。钢筋混凝土的出现，是混凝土发展史上第一次飞跃。1928 年，法国人佛列西涅发明了预应力钢筋混凝土施工工艺，制成了预应力钢筋混凝土，为钢筋混凝土结构用于大跨度桥梁开辟了新途径，称为了混凝土发展史上第二次飞跃。1965年，混凝土各种外加剂的不断出现，尤其是减水剂的应用，显著改善了混凝土的各种性能，出现了混凝土发展史第三次飞跃。目前，混凝土技术正朝着高强、高耐久性、多功能、绿色和智能化发展。

混凝土品种繁多，性能和应用不尽相同，通常可按下列方式分类：

（1）按所用胶凝材料可分为水泥混凝土、石膏混凝土、水玻璃混凝土、石灰混凝土、沥青混凝土和聚合物混凝土等。

（2）按表观密度分为重混凝土，其干表观目的都大于$2600kg/m^3$，采用重集料和水泥配制而成主要用于防辐射工程；普通混凝土，其干表观密度为$1950\sim2500kg/m^3$，一般多在$200kg/m^3$，轻混凝土，其干表观密度小于$1950kg/m^3$，是采用轻集料或引入气孔配制而成的混凝土，多用于保温结构、承重兼保温结构。

（3）按施工工艺可分为泵送混凝土、商品混凝土、喷射混凝土自密实混凝土、离心混凝土、耐热混凝土、膨胀混凝土。

（4）按用途可分为内结构混凝土、水工混凝土、装饰混凝土、耐热混凝土、防辐射混凝土和海工混凝土等。

（5）按掺合料可分为粉煤灰混凝土、硅灰混凝土、碱矿渣混凝土和纤维混凝土等。

（6）按抗压强度等级可分为低强混凝土，强度等级在C25以下；中强度混凝土，强度等级为C30~C50；高强度混凝土，强度等级为C60~C100；超高强混凝土，强度等级在C100以上。

普通混凝土作为土木工程建设中使用最广泛的材料，与其他主要土木工程材料相比，具有如下优点：

（1）经济性。原材料来源丰富价格低廉，可就地取材，可充分利用工业废弃物；生产工艺简单，结构建成维护费用较低。

（2）可靠性。混凝土抗压强度高，且可根据需求配制不同强度等级的混凝土；与钢筋有较高的黏结力，且线膨胀系数基本相同，能够共同工作，取长补短。

（3）可塑性。混凝土凝结前具有良好的塑性，利于施工成型，可利用模板浇筑成各种形状和尺寸的构件或结构物。

（4）耐久性。在自然环境中使用时，具有良好的耐久性。

（5）耐火性。混凝土在高温或火灾中，能够较长时间保持强度，与钢结构相比具有很大优势。

（6）可改造性。可根据不同工程需要，通过采用新材料、新配方或施工方法配制出不同性质的混凝土，满足工程的多重需要。

普通混凝土也存在一些缺点，在一定程度上限制了混凝土的应用，比如：

（1）抗拉强度低，易脆裂。素混凝土的抗拉强度约为抗压强度的1/20~1/10，是钢筋抗拉强度的1/100左右，且属于脆性材料，变形能力差，易产生裂缝，受拉时易产生脆性破坏；在冲击荷载作用下容易发生脆断。对于钢筋混凝土、纤维混凝土和纤维混凝土，相关性能有所改善。

（2）自重大，比强度低。不利于用于高层、大跨度结构。

（3）体积稳定性差。水泥混凝土容易发生各种形状的收缩变形，产生内部缺陷和收缩开裂，影响结构耐久性。

（4）保温隔热性能差。混凝土导热系数较大，不利于保温隔热。

（5）生产周期长。混凝土浇筑后需要较长时间的养护才能达到预期强度，不利于加快施工进度和结构修补施工后尽快恢复使用。

（6）混凝土性能受施工质量影响大。混凝土施工中的搅拌、浇筑和振捣等环节影响到混凝土的均匀密实，混凝土施工后的养护是水泥水化和混凝土强度形成的保障，施工质量的好坏严重影响到混凝土硬化后的强度和耐久性。

6.1 普通混凝土的基本组成材料

普通混凝土的基本组成材料是水泥、水、粗集料和细集料 4 种组分。通常，混凝土中水泥和水形成水泥浆，水泥浆体占混凝土质量的 25%～35%，集料占 65%～75%。水泥浆体在混凝土中包裹在粗、细集料表面并填充集料间的空隙，在未硬化的混凝土中起润滑作用，赋予新拌混凝土拌合物一定的和易性，便于混凝土施工和质量保证。在硬化后的混凝土中，硬化水泥浆体（水泥石）起胶结作用，将混凝土粗细集料胶结成整体，赋予混凝土强度并形成坚硬的人造石材。混凝土中的粗、细集料在混凝土中起骨架作用，故也称骨料。集料在混凝土中所占比例大，且不参与水泥水化，通常弹性模量比水泥石大很多，因此作为骨架的集料使得混凝土比单纯水泥浆体具有更高的体积稳定性，减少了硬化水泥浆体的体积收缩。此外，粗、细集料的价格比水泥价格低很多，也可以降低混凝土的成本。

为改善混凝土的施工性能、力学性能及耐久性能，现代混凝土中往往加入各种化学添加剂和矿物掺和料，有时也称混凝土的第 5 组分和第 6 组分。

6.1.1 水泥

水泥是混凝土中的胶结材料，是影响混凝土强度、耐久性和经济性的最重要的组分。配制混凝土时，首先应该正确选择水泥品种及其强度等级，并结合其他材料的选择和混凝土配合比设计以配制出满足要求、经济性好的混凝土。

（1）水泥品种的选择

配制混凝土时，应根据混凝土工程性质、部位、施工条件、环境状况等，按各品种水泥的特性作出合理的选择。如大坝工程，宜用中热硅酸盐水泥或低热矿渣硅酸盐水泥。

（2）水泥强度等级的选择

水泥强度等级的选择，应与混凝土设计强度等级相适应。若用低强度等级的水泥配制高强度等级混凝土，不仅会使水泥用量过多，还会对混凝土产生不利影响。反之，用高强度等级的水泥配制低强度等级混凝土，若只考虑强度要求，会使水泥用量偏少，从而影响耐久性能；若水泥用量兼顾了耐久性等要求，又会导致超强而不经济。因此，根据经验一般以选择的水泥强度等级标准值为混凝土强度等级标准值的 1.5～2 倍为宜。

需要注意的是，现在配置混凝土时，经常加入矿物掺合料，有助于解决高强等级水泥配制低强度等级混凝土的超强现象和经济性差的问题；减水剂的应用则有利于实现低强度等级水泥配制高强度等级混凝土。不同水泥强度等级适宜配制的混凝土强度等级见表6.1.1。

表6.1.1　　　　水泥强度等级与其适宜配制的混凝土强度等级

水泥强度等级	适宜配制的混凝土强度等级	水泥强度等级	适宜配制的混凝土强度等级
32.5	C15、C20、C25、C30、C35	52.5	C40、C45、C50、C55、C60
42.5	C30、C35、C40、C45、C50	62.5	C60、C65、C70、C75、C80

6.1.2　细集料（砂）

根据《建筑用砂》（GB/T 14684—2011）的规定，粒径为0.15～4.75mm的集料称为细集料。

6.1.2.1　细集料的种类和类别

砂按产源分为天然砂、人工砂两类。天然砂是由自然风化、水流搬运和分选、堆积形成的、粒径小于4.75mm的岩石颗粒，但不包括软质岩、风化岩石的颗粒。天然砂包括河砂、湖砂、山砂和淡化海砂。人工砂是经除土处理的机制砂、混合砂的统称。《建筑用砂》（GB/T 14684—2011）规定了建筑用砂的技术要求。

根据产源不同，天然砂可分为：①河砂、湖砂：其颗粒圆滑，比较洁净，产源广；②山砂：与河砂相比有棱角，表面粗糙，但含砂量和含有机杂质较多，应该要加以限制使用；③淡化海砂：虽然有河砂的优点，但常混有贝壳碎片和含较多盐分。

一般工程上多使用河砂，如使用山砂和海砂应按技术要求进行检验。在配制钢筋混凝土时，海砂中Cl^-含量不应大于0.06%（以全部Cl^-换算成NaCl，计算其占干砂质量的百分率计），超过该值时，应通过淋洗，使Cl^-含量降至0.06%以下，或在拌制的混凝土中掺入占水泥质量0.6%～1.0%的$NaNO_2$等阻锈剂；对于预应力混凝土，则不宜采用海砂。机制砂由天然岩石炸碎而成，其颗粒富有棱角，比较洁净，但砂中片状颗粒及细粉含量较大，且成本较高，只有缺乏天然砂采用。混合砂是机制砂和天然砂混合而成的砂，其性能取决于原料砂的质量及配制情况。

根据砂的技术要求，砂可分为Ⅰ类、Ⅱ类和Ⅲ类。Ⅰ类砂宜用于配制强度等级大于C60的混凝土；Ⅱ类砂宜用于配制强度等级为C30～C60及有抗冻、抗渗或其他要求的混凝土；Ⅲ类砂宜用于配制强度等级小于C30的混凝土和建筑砂浆。

6.1.2.2　细集料的技术要求

细集料质量的优劣，直接影响到混凝土质量的好坏。《建筑用砂》（GB/T 14684—2011）对混凝土用砂的质量提出了以下要求。

(1) 含泥量、含粉量和泥块含量

含泥量是指天然砂中粒径小于$75\mu m$的尘屑、淤泥等颗粒质量占砂质量的百分率。泥粘附在砂的表面，妨碍水泥石与骨料的黏结，降低混凝土强度，还会增加拌和水量，加大混凝土的干缩，降低抗渗性和抗冻性。石粉含量是指机制砂中粒径小于$75\mu m$的矿物组成和成分与母岩相同的颗粒质量占砂质量的百分率。为确定机制砂中粒径小于$75\mu m$的颗粒是泥土还是石粉，可通过亚甲蓝试验MB值来判定。石粉会增大混凝土拌合物需水量，影响混凝土和易性，降低混凝土强度。泥块含量是指砂中原粒径大于 1.18mm，经水浸洗、手捏后小于 600μm 的颗粒质量占砂质量的百分率。泥块对混凝土性质的影响较为严重，因为它在搅拌时不易散开，在硬化后成为混凝土的薄弱部位，引起混凝土强度和耐久性的降低。

天然砂的含泥量和泥块含量应符合表 6.1.2 的规定，机制砂的石粉含量和泥块含量应符合表 6.1.3 的规定。

表 6.1.2　　天然砂的含泥量和泥块含量要求（GB/T 14684—2011）

类　别	Ⅰ	Ⅱ	Ⅲ
含泥量（按质量计）/%	≤1	≤3	≤5
泥块量（按质量计）/%	0	≤1	≤2

表 6.1.3　　机制砂的含泥量和泥块含量要求（GB/T 14684—2011）

类　别		Ⅰ	Ⅱ	Ⅲ
亚甲蓝试验	MB≤1.4 或合格	含泥量（按质量计）/%		≤10	
		泥块量（按质量计）/%		≤1	≤2
	MB≤1.4 或合格	含泥量（按质量计）/%	≤1	≤3	≤5
		泥块量（按质量计）/%		≤1	≤2

（2）有害物质

砂中有害物质包括云母、轻物质、有机物、硫化物和硫酸盐、氯化物和贝壳等。云母是表面光滑的小薄片，会降低混凝土拌合物的和易性，也会降低混凝土的强度和耐久性。硫化物和硫酸盐主要是硫铁矿和石膏等杂物带入。它们与水泥石固态水化铝酸钙反应生成钙矾石，反应产物体积膨胀 1.5 倍，从而引起混凝土膨胀开裂。有机物主要来自动植物的腐殖质、腐殖土、泥煤和废机油等，会延缓水泥的水化，降低混凝土的强度，尤其是早期强度。Cl^- 是强氧化剂，会导致钢筋混凝土中的钢筋锈蚀，钢筋锈蚀后体积膨胀，受力面积减少，从而引起混凝土开裂。

砂中有害物质限量应符合表 6.1.4 的规定。

表 6.1.4　　砂中有害物质限量（GB/T 14684—2011）

类　别	Ⅰ	Ⅱ	Ⅲ
云母（按质量计）/%	≤1	≤2	
轻物质（按质量计）/%		≤1	
有机物		合格	
硫化物基硫酸盐（按 SO_3 质量计）/%		≤0.5	
氯化物（按氯离子质量计）/%	≤0.01	≤0.02	≤0.06
贝壳（按质量计），该指标仅适用于海砂/%	≤3	≤5	≤8

（3）碱-集料反应

碱-集料反应是指水泥、外加剂等混凝土构成物及环境中的碱与集料中碱活性矿物在潮湿环境下缓慢发生并导致混凝土开裂破坏的膨胀反应。碱-集料反应包括碱-硅酸反应和碱-碳酸盐反应。集料中若含有无定形二氧化硅等活性骨料，当混凝土中有水分存在时，它能与水泥中的碱（K_2O 及 Na_2O）起作用，产生碱-集料反应，使混凝土发生破坏。对于重要工程混凝土使用的集料，或者怀疑集料中含有无定形二氧化硅可能引起碱-集料反应时，应进行专门试验，以确定集料是否可用。

经碱-集料反应试验后，试件应无裂缝、胶体外溢等现象，在规定的试验龄期内膨胀率应小于0.1%。

(4) 粗细程度和颗粒级配

砂的粗细程度是指不同粒径的砂混合在一起后的总体粗细程度。一般而言，细砂的总表面积较大，包裹砂粒表面积所需水泥浆量较多；粗砂总表面积较小，包裹砂粒表面所需水泥浆量较少。当混凝土拌合物和易性要求一定时，用粗砂比用细砂更能节约水泥。但砂子过粗，易使混凝土拌合物产生离析、泌水等现象。因此，实际配制混凝土时，所用砂不宜过细，也不宜过粗。

颗粒级配是指粒径大小不同的集料相互搭配的情况。良好的级配应当能使集料的空隙率和总表面积均较小，从而不仅使所需水泥浆量较少，而且还可以提高混凝土的密实度、强度及其他性能。

可见，砂的粗细程度和颗粒级配在拌制混凝土时必须同时考虑，最理想的情况是砂的空隙率及总表面积均较小，这样的水泥浆需要量最少，且能保证混凝土的密实度，有利于强度和耐久性的提高。砂、卵石和碎石的颗粒级配应符合《建筑用砂》(GB/T 14684—2011)，砂的粗细程度可由细度模数指标来衡量，颗粒级配情况通常以级配区和级配曲线表示，两者均可通过砂的筛分析方法进行测定。

砂的筛分析法是用孔径为4.75mm、2.36mm、1.18mm、600μm、300μm和150μm的方孔筛组成套筛加上筛底置于摇筛机上，固定后将500g干砂样放到4.75mm孔径的方筛上，盖上筛盖开动摇筛机进行筛分。摇筛10min后停机，取留在各筛上的砂，用天平称出其质量，称之为各号筛的筛余量（分计筛余量）m_i ($i=1, 2, \cdots, 6$，对应于各级方筛孔各筛孔)。将分计筛余量和筛底上粉末的质量$m_底$相加之和(M)作为分母，m_i作为分子，计算可得到筛余百分率a_i，进而计算出累计筛余百分率A_i。分计筛余量、分计筛余百分率和累计筛余百分率之间的关系及计算见表6.1.5。

表6.1.5 分计筛余量、分计筛余百分率和累计筛余百分率的关系 (GB/T 14684—2011)

筛孔尺寸/mm	筛余量/g	分计筛余百分率/%	累计筛余百分率/%
4.75	m_1	$a_1=m_1/M$	$A_1=a_1$
2.36	m_2	$a_2=m_2/M$	$A_2=a_1+a_2$
1.18	m_3	$a_3=m_3/M$	$A_3=a_1+a_2+a_3$
0.6	m_4	$a_4=m_4/M$	$A_4=a_1+a_2+a_3+a_4$
0.3	m_5	$a_5=m_5/M$	$A_5=a_1+a_2+a_3+a_4+a_5$
0.15	m_6	$a_6=m_6/M$	$A_6=a_1+a_2+a_3+a_4+a_5+a_6$
筛底	$m_底$	—	—

根据砂筛分析试验结果，砂的细度模数可由下式计算：

$$M_x = \frac{(A_2+A_3+A_4+A_5+A_6)-5A_1}{100-A_1} \quad (6.1.1)$$

砂的细度模数越大，表示砂的粗细程度越粗。砂按照细度模数分为粗、中、细3种规格，对应的细度模数分别为：3.1~3.7；中砂，3~2.3；细砂，1.6~2.2。建筑用砂的细度模数通常为1.6~3.7。砂的粗细程度并不能反应砂级配的优劣，细度模数相同的砂，其级配可能相差很大。因此，在配制混凝土时，必须同时考虑砂的级配和砂的细度模数。

根据筛分析中各筛孔累计筛余百分率,可将砂分为 3 个级配区,见表 6.1.6。普通混凝土用砂的颗粒级配,应该处于表 6.1.6 中任何一个级配区内。如果以累计筛余百分率为纵坐标,以筛孔尺寸为横坐标,表 6.1.6 中级配区及累计筛余百分率上下限值可以绘制出砂的标准级配区筛分曲线范围,可以直观地用于级配区的判断,如图 6.1.1 所示。机制砂的级配区范围与此稍有区别,见表 6.1.6。

表 6.1.6 砂 的 颗 粒 级 配

各级方筛孔		累计筛余百分率/%		
累计筛余百分率编号/%	筛孔尺寸/mm	Ⅰ区	Ⅱ区	Ⅲ区
	9.5	0	0	0
A_1	4.75	0~10	0~10	0~10
A_2	2.36	5~35	0~25	0~15
A_3	1.18	35~65	10~50	0~25
A_4	0.6	71~85	41~70	16~40
A_5	0.3	80~95	70~92	55~85
A_6	0.15	90~100	90~100	90~100
A_6	0.15(机制砂)	85~97	90~94	75~94

判定砂级配是否合格的方法如下:

1)各筛上累计筛余百分率原则上处于表 6.1.6 所规定的任何一个级配区(对于机制砂,0.15mm 筛孔上的累计筛余百分率与天然砂不同)。

2)A_1(4.75mm)和 A_4(0.6mm)筛孔上不允许有任何超出。

3)某一粒级(除 A_1 和 A_4 之外)的分计筛余百分率或几个粒级累计筛余百分率,允许有少量超出,但超出总量应小于 5%。

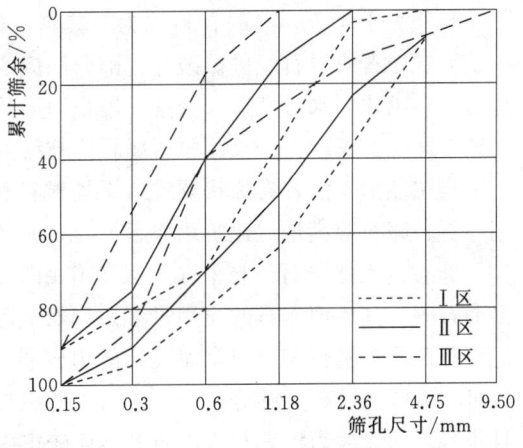

图 6.1.1 天然砂的级配区范围

实际判断过程中,观察表 6.1.6 可以发现,3 个级配区唯有 0.6mm 孔径方孔筛对应的累计筛余百分率上下限互不相交(无重叠)。因此,根据 A_4 基本上可以判断砂试样属于哪个级配区,然后再结合判定砂级配是否合格的方法的其他步骤进行最终判断。可以概括口诀如下:"A_4 初定级配、A_4 在范围、5%以内"。

通常认为,Ⅱ区砂的级配较好且颗粒粗细程度适中,配制混凝土时宜优先选用。当采用Ⅰ区砂时,应提高砂率并保持足够的水泥用量,以满足混凝土的和易性。当采用Ⅲ区砂时,宜适当降低砂率以保证混凝土强度。如果某地区的砂子自然级配不符合要求,可采用人工级配砂,即可将粗、细两种砂按适当的比例混合在一起以满足级配要求,或者按某种砂筛分分级后,再按一定比例混合配制。

(5)坚固性

砂的坚固性是反映砂在自然风化和其他外界物理化学因素作用下抵抗破裂的能

力。坚固性取决于孔隙率、裂缝和杂质。通常采用硫酸盐浸泡法检验颗粒抵抗膨胀应力的能力。此法是先将集料试样浸泡于硫酸钠饱和溶液中，使溶液渗入集料的孔隙中，然后取出试样进行烘烤，使孔隙中的溶液结晶，而产生膨胀应力，如此循环进行5次。《建筑用砂》（GB/T 14684—2011）规定，Ⅰ类和Ⅱ类砂经浸泡后的质量损失率应不大于8%，Ⅲ类砂经浸泡后的质量损失率不大于10%。

机制砂除满足硫酸钠溶液试验外，还应该满足压碎指标。《建筑用砂》（GB/T 14684—2011）规定，Ⅰ类、Ⅱ类和Ⅲ类的单级最大压碎指标分别应不大于20%、25%和30%。采用压碎指标法进行检验时，砂筛分成0.3～0.6mm、0.6～1.18mm、1.18～2.36mm和2.36～4.75mm四个单粒级，按规定方法对单粒级砂样施加压力，施压后重新筛分，用单粒级下限筛的试样通过量除以该粒级试样的总量即为压碎指标。

（6）表观密度、堆积密度、空隙率

《建筑用砂》（GB/T 14684—2011）规定，砂的表观密度不小于2500kg/m^3，松散堆积密度不小于1400kg/m^3，空隙率不大于47%。

6.1.3 粗集料

6.1.3.1 粗集料的种类及特性

粒径大于4.75mm的骨料称为粗集料，俗称石。常用的有碎石及卵石两种。碎石是天然岩石或岩石经机械破碎、筛分制成的，粒径大于4.75mm的岩石颗粒。卵石是由自然风化、水流搬运和分选、堆积而成的、粒径大于4.75mm的岩石颗粒。卵石和碎石颗粒的长度大于该颗粒所属相应粒级的平均粒径2.4倍为针状颗粒；厚度小于平均粒径0.4倍者为片状颗粒（平均粒径指该粒级上、下限粒径的平均值）。建筑用卵石、碎石应满足《建筑用卵石、碎石》（GB/T 14685—2011）的技术要求。

卵石由天然岩石经自然条件长期作用形成，根据来源可分为河卵石、海卵石和山卵石等，其中河卵石的应用最多。卵石表面光滑、少棱角、空隙率和表面积较小，但有机杂质含量较多，与水泥胶结能力较弱。碎石主要由天然岩石破碎、筛分形成，也可将大卵石扎碎、筛分而得。碎石表面粗糙、多棱角、空隙率和表面较大，但洁净且集料之间摩擦力大，与水泥石黏结比较牢固。在相同条件下，卵石混凝土的强度较碎石混凝土低，在单位用水量相同的条件下，卵石混凝土的流动性较碎石混凝土大。

《建筑用卵石、碎石》（GB/T 14685—2011）按技术要求将粗集料分为Ⅰ类、Ⅱ类和Ⅲ类。Ⅰ类适宜用于强度等级大于C60的混凝土；Ⅱ类粗集料适宜用于强度等级为C30～C60及有抗冻、抗渗或其他要求的混凝土；Ⅲ类粗集料宜用于强度等级小于C30的混凝土。

6.1.3.2 粗集料的技术要求

粗集料质量的优劣，直接影响到混凝土质量的好坏。《建筑用卵石、碎石》（GB/T 14685—2011）对卵石和碎石的质量均提出了要求，具体如下。

（1）最大粒径和颗粒级配

对于粗集料，集料的最大粒径对水泥混凝土和沥青混合料性能的影响，往往比平均粗细程度的影响大，因此，在明确了级配要求后，还用最大粒径作为粗集料颗粒大小的表征。最大粒径是指集料的100%都要求通过的最小的标准筛筛孔尺寸。

公称最大粒径是指集料可能全部通过或允许有少量不通过（一般允许筛余不超过10%）的最小的标准筛筛孔尺寸。通常比集料最大粒径小一个粒级。

粗集料最大粒径与其总表面积大小密切相关。当集料最大粒径增大时，其总表面积减少，保证一定的厚度润滑层所需的水泥浆数量减少。因此，在条件许可的情况下，粗集料最大粒径应尽量选大一些。研究表明，对于贫混凝土（单位水泥用量不多于170kg），采用大粒径集料是有利的；但当集料粒径大于40mm后，对于结构常用混凝土并无多大好处，甚至可能造成混凝土的强度下降。

最大粒径受结构形式、钢筋疏密和施工条件限制。根据《混凝土结构工程施工质量验收规范》（GB 50204—2002）的规定，混凝土的最大粒径不得超过截面最小尺寸的1/4，且不得大于钢筋最小净距的3/4；对于混凝土实心板，集料最大粒径不宜超过板厚的1/3，且不得超过40mm；任何情况下，粗集料的最大粒径不得大于150mm。粗集料的最大粒径也受施工条件的限制，石子粒径过大不利于混凝土的运输和搅拌。为防止混凝土泵送管管道堵塞和混凝土分层，不同泵送高度时粗集料的最大粒径和输送管径之比需满足表 6.1.7 的要求。

表 6.1.7　　　　　　粗集料的最大粒径与输送管径之比

石子种类	泵送高度/m	粗集料最大粒径与输送管径之比
碎石	<50	≤1∶3
	50~100	≤1∶4
	>100	≤1∶5
卵石	<50	≤1∶2.5
	50~100	≤1∶3
	>100	≤1∶4

粗集料的级配跟细集料的级配含义和目的相同，且同样通过筛分试验来测定。石子筛分标准筛一套12个，均为方孔，孔径分别为2.36mm、4.75mm、9.5mm、16mm、19mm、26.5mm、31.5mm、37.5mm、53mm、75mm、90mm。分计筛余百分率和累计筛分百分率的计算和砂相同。

粗集料的颗粒级配分为连续级配和间断式级配两种。连续级配是石子由小到大各粒级相连的级配；间断级配是小颗粒的石子和大颗粒的石子相配，中间缺少一些粒级的级配。土木工程多采用连续级配，间断级配虽然可获得比连续级配更小的空隙率，但混凝土拌合物产生离析现象，不便于施工，因此较少采用。《建筑用卵石、碎石》（GB/T 14685—2011）对卵石和碎石颗粒级配的要求见表 6.1.8。

表 6.1.8　　　　　　粗 集 料 颗 粒 级 配

公称粒径/mm	累积筛余，按质量/%										
	方孔筛，筛孔尺寸/mm										
	2.36	4.75	9.5	16.0	19.0	26.5	31.5	37.5	53	63	75	90
连续粒级 5~10	95~100	80~100	0~15	0	—	—	—	—	—	—	—	—
5~16	95~100	85~100	30~60	0~10	0	—	—	—	—	—	—	—
5~20	95~100	90~100	40~80	—	0~10	0	—	—	—	—	—	—
5~25	95~100	90~100	—	30~70	—	0~5	0	—	—	—	—	—
5~31.5	95~100	90~100	70~90	—	15~45	—	0~5	0	—	—	—	—
5~40	—	95~100	70~90	—	30~65	—	—	0~5	0	—	—	—

续表

公称粒径/mm	累积筛余，按质量/% 方孔筛，筛孔尺寸/mm										
	2.36	4.75	9.5	16.0	19.0	26.5	31.5	37.5	53	63	75	90

单粒粒级

公称粒径/mm	2.36	4.75	9.5	16.0	19.0	26.5	31.5	37.5	53	63	75	90
10~20	—	95~100	85~100	—	0~15	0	—	—	—	—	—	—
16~31.5	—	95~100	—	85~100	—	—	0~10	0	—	—	—	—
20~40	—	—	95~100	—	80~100	—	—	0~10	0	—	—	—
31.5~63	—	—	—	95~100	—	—	75~100	45~75	—	0~10	0	—
40~80	—	—	—	—	95~100	—	—	70~100	—	30~60	0~10	0

(2) 含泥量和泥块含量

含泥量是指卵石、碎石中粒径小于 $75\mu m$ 的颗粒质量百分率。粒径大于 4.75mm，经水浸洗、手捏后小于 2.36mm 的颗粒含量称为泥块含量。粗集料中的泥、泥块和岩屑等杂质对混凝土的危害与细集料相同。卵石、碎石的含泥量和泥块含量应符合《建筑用卵石、碎石》（GB/T 14685—2011）的规定，见表 6.1.9。

表 6.1.9　　　　　粗集料部分技术指标要求

项目类别	指标		
	Ⅰ类	Ⅱ类	Ⅲ类
含泥量（按质量计）/%	≤0.5	≤1	≤1.5
泥块含量（按质量计）/%	0	≤0.2	≤0.5
硫化物与硫酸盐（按 SO_3 质量计）/%	≤0.5	≤1	≤1
有机物含量（用比色法试验）	合格	合格	合格
针片状（按质量计）/%	5	15	25
坚固性与质量损失/%	≤5	≤8	≤12
碎石压碎指标/%	≤10	≤20	≤30
卵石压碎指标/%	≤12	≤14	≤16
连续级配松散堆积空隙率/%	≤43	≤45	≤47

(3) 有害物质含量

骨料除不应混有草根、树叶、树枝、塑料、煤块、炉渣等杂物外，对卵石和碎石中的有机物、硫化物及硫酸盐作出限制，另还对砂中的云母、轻物质、氯化物作出限制。它们对混凝土的危害与细集料相同。粗集料有害物质含量应符合《建筑用卵石、碎石》（GB/T 14685—2011）的规定，见表 6.1.9。

另外，粗集料中严禁混入煅烧过的石灰石或白云石，以免过火生石灰引起混凝土膨胀开裂。粗集料中如发现含有颗粒状的硫酸盐或硫化物杂质时，要进行专门试验，当确定能满足混凝土耐久性时方可使用。

(4) 针片状颗粒含量

粗集料颗粒外形有方形、圆形、针状、片状等。碎石、卵石颗粒长度大于颗粒所属相应粒径级平均粒径的 2.4 倍为针状颗粒，颗粒厚度小于该颗粒所属相应粒级平均粒径的 0.4 倍者为片状颗粒。粗集料中的针状、片状颗粒不仅本身受力易折断，且易产生架空现象，增大集料空隙率，使混凝土拌合物和易性变差，同时降低混凝土强度。此外，粗集料中的针片状颗粒也会对配筋较密构件的浇筑产生不利影响。因此，混凝土用粗集料宜选用形状接近于球状或立方体状，这样的集料颗粒之间的空隙小，混凝土更易密实，有利于混凝土强度提高。粗集料的针片状颗粒含量应符合《建筑用卵石、碎石》（GB/T 14685—2011）的规定，见表 6.1.9。

(5) 坚固性

粗集料在混凝土中骨架作用，必须具有足够的坚固性。坚固性是反映集料（包括粗集料）在自然风化和其他外界物理化学因素作用下抵抗破裂的能力。通常采用硫酸盐浸泡法检验颗粒抵抗膨胀应力的能力。此法是先将集料试样浸泡于硫酸钠饱和溶液中，使溶液渗入集料的孔隙中，然后取出试样进行烘烤，使孔隙中的溶液结晶，而产生膨胀应力，如此循环进行 5 次。集料（砂、碎石及卵石）的坚固性应符合表 6.1.9 要求。

(6) 表观密度、堆积密度、空隙率

《建筑用卵石、碎石》（GB/T 14685—2011）的规定，粗集料的表观密度不小于 2600kg/m³，连续级配松散堆积空隙率符合表 6.1.9 中要求。

(7) 强度

为了保证混凝土的强度，粗集料必须致密且具有一定的强度。碎石或卵石的强度，可用母岩石抗压强度和压碎指标两种方法表示。

用岩石抗压强度表示粗集料强度，是将岩石制成边长 50mm 的立方体（或直径与高均为 50mm 的圆柱体）试件。在水饱和状态下，其抗压强度与设计要求的混凝土强度等级之比，作为碎石或碎卵石的强度指标，通常要求不应小于 1.5。但在一般情况下，火成岩试件的强度不宜低于 80MPa，变质岩不宜低于 60MPa，水成岩不宜低于 45MPa。

用压碎指标表示粗集料的强度时，是将一定重量气干状态下 10~20mm 的石子装入一定规格的圆筒内，在压力机上 160~300s 内均匀施加荷载到 200kN，稳定 5s 卸荷后称取试样质量（G_0），用孔径为 2.5mm 的筛筛除被压碎的细粒，称取试样的筛余量（G_1）。压碎指标 Q_e 为

$$Q_e = \frac{G_0 - G_1}{G_0} \times 100\% \tag{6.1.2}$$

压碎指标应符合规范的规定。混凝土用碎石或卵石的压碎指标值愈小，表示石子抵抗碎裂的能力愈强，生产时的控制指标。碎石、卵石等级划分应符合表 6.1.9 的规定。

(8) 碱-集料反应

对于重要工程混凝土使用的集料，或者怀疑集料中含有无定形二氧化硅可能引起碱-集料反应时，应进行专门试验，以确定集料是否可用。经碱-集料反应试验后，试件应无裂缝、胶体外溢等现象，在规定的试验龄期内膨胀率应小于 0.1%。

(9) 集料含水状态

集料（包括粗集料）的饱和面干吸水率，并不属于对砂技术要求的内容，但使用砂时，应该了解其涵义。砂的几种含水状态如图 6.1.2 所示。当集料颗粒表面干燥，而颗粒内部的孔隙含水饱和时，称为饱和面干状态。集料在饱和面干状态时的含水率，称为饱和面干吸水率。在设计混凝土配合比时，一般以干燥集料为基准，而一些大型水利工程常以饱和面干的集料为准。

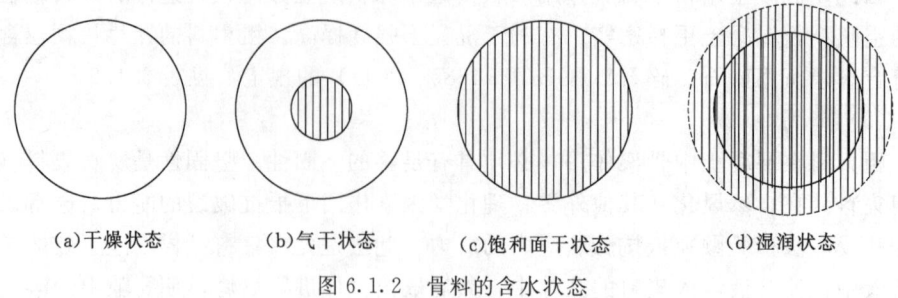

图 6.1.2 骨料的含水状态

6.1.4 拌合及养护用水

混凝土用水是指混凝土拌合用水和混凝土养护用水的总称，混凝土拌合及养护用水不得含有影响水泥正常凝结硬化的有害物质。凡是能饮用的自来水及清洁的天然水都能用来拌制和养护混凝土。污水、pH 值小于 4 的酸性水、含硫酸盐（按 SO_2 计）超过 1% 的水均不能使用。当对水质有疑问时，可将该水与洁净水分别配制混凝土，做强度对比实验，如强度不低于用洁净水拌制的混凝土，则此水可以用。一般情况下不得用海水拌制混凝土，因海水中含有的硫酸盐、镁盐和氯化物会侵蚀水泥石和钢筋。

6.1.4.1 混凝土拌合用水

（1）混凝土拌合用水的水质要求应符合《混凝土用水标准》(JGJ 3—2006) 的规定，见表 6.1.10。对于涉及使用年限为 100 年的结构混凝土，氯离子含量不得超过 500mg/L；对使用钢丝或经热处理的预应力混凝土，氯离子含量不得超过 350mg/L。

表 6.1.10　　　　　　　　混凝土拌合用水的水质要求

项目	预应力混凝土	钢筋混凝土	素混凝土
pH 值	≥5	≥4.5	≥4.5
不溶物/(mg/L)	≤2000	≤2000	≤5000
Cl^-/(mg/L)	≤2000	≤5000	≤10000
SO_4^{2-}/(mg/L)	≤500	≤1000	≤3500
碱含量/(mg/L)	≤1500	≤1500	≤1500

注　碱含量按 $Na_2O+0.0685K_2O$ 计算值来表示。采用非碱性集料时，可不检验碱含量。

（2）地表水、地下水、再生水的放射性应符合现行《生活饮用水卫生标准》(GB 747—2006) 的规定。

（3）被检验水应与饮用水样进行水泥凝结时间对比试验。对比试验的水泥初凝时间差及终凝时间均不应大于 30min；同时，初凝时间和终凝时间应符合《通用硅酸盐水泥》(GB 175—2007) 的规定。

（4）被检验水应与饮用水进行水泥胶砂强度对比试验，被检验水样配制的水泥胶砂 3d 和 28d 强度不应低于饮用水配制的相应胶砂强度的 90%。

（5）混凝土拌合用水不应漂浮明显的油脂和泡沫，不应有明显的颜色和气味。

(6) 混凝土企业设备洗刷水不宜用于预应力混凝土、装饰混凝土、加气混凝土和暴露于腐蚀环境的混凝土；不得用于使用碱活性或潜在碱活性集料的混凝土。

(7) 未经处理的海水严禁用于钢筋混凝土和预应力混凝土。

(8) 在无法获得水源的情况下，海水可以用于素混凝土，但不宜用于装饰混凝土。

6.1.4.2 混凝土养护用水

(1) 混凝土养护用水可不检验不溶物和可溶物，其他检验项目，包括水质要求和地表水、地下水、再生水的放射性应符合《混凝土用水标准》（JGJ 63—2006）的规定。

(2) 混凝土养护用水可不检验水泥凝结时间和水泥胶砂强度。

6.2 混凝土外加剂及掺合料

随着现代建筑技术的不断发展，仅仅通过 4 种组分生产混凝土，显然已难以满足现代混凝土材料提出的新要求，混凝土外加剂和掺合料应运而生，并在混凝土生产尤其是高强高性能混凝土生产中日益广泛应用，现在已经成为现代混凝土不可缺少的组分，并称为水泥、砂、石和水 4 种组分之外的第 5 组分（外加剂）、第 6 组分（矿物掺合料）。

现代混凝土技术的迅速发展使得掺合料、外加剂广泛应用，以满足现代施工技术和建筑要求，达到技术先进、经济合理、节能环保和高强度等目的，促进了混凝土生成和应用技术的发展。

6.2.1 混凝土外加剂

混凝土外加剂是指在混凝土拌合物中掺入量一般不大于水泥质量 5% 、能改善混凝土拌合物或硬化后混凝土性质的材料。混凝土外加剂不包括生产水泥时加入的混合材料、石膏和助磨剂，也不同于在混凝土拌制时掺入的掺合料。混凝土外加剂掺入量虽小，但可显著改善混凝土拌合物的和易性，明显提高混凝土的物理力学性能和耐久性，技术经济效果显著。外加剂的研究和应用促进了混凝土生产和施工工艺以及新型混凝土的发展，导致了混凝土技术的第三次革命。

外加剂的分类方法有多种，根据《混凝土外加剂定义、分类、命名和术语》（GB/T 8075—2005）按其主要功能分为四类：①改善混凝土拌合物流变性能的外加剂，包括各种减水剂、引气剂和泵送剂等；②调节混凝土凝结时间、硬化性能的外加剂，包括缓凝剂、早强剂和速凝剂等；③改善混凝土耐久性的外加剂，包括引气剂、防水剂和阻锈剂等；④改善混凝土其他性能的外加剂，包括加气剂、膨胀剂、防冻剂、着色剂和防水剂等。

6.2.1.1 减水剂

减水剂是指在混凝土坍落度基本相同的条件下，能减少拌合物用水量的外加剂。减水剂是当前外加剂中品种最多、应用最广的一种混凝土外加剂。

(1) 减水剂的分类

混凝土减水剂有普通减水剂、高效减水剂和高性能减水剂三类。

1) 普通减水剂。普通减水剂指在混凝土坍落度基本相同的条件下,能减少拌合物用水量的外加剂。其分为早强型、标准型和缓凝型。在不复合其他外加剂时,其本身有一定的缓凝作用。常用有木质素系减水剂和糖蜜系减水剂。

木质素磺酸盐类减水剂是利用生产化学纤维浆的下脚料,提取酒精后的废液,经喷雾干燥而成,主要品种有 M 型、CH 等。尤以 M 型应用最广。

糖蜜系减水剂是以制糖厂生产过程中提炼食糖后剩下的废液(糖渣、废蜜)为原料,用石灰中和成盐的物质,为棕褐色粉状固体或糊状液体,其中含还原糖和转化糖糖蜜系减水剂较多,其 pH 值为 9~10,属非离子表面活性剂。目前国内产品有 3FG、TF、ST 等。

2) 高效减水剂。高效减水剂指在混凝土坍落度基本相同的条件下,能大幅度减少拌合物用水量的外加剂,分为标准型和缓凝型。有多环芳香族磺酸盐系减水剂(萘系)和水溶性树脂系减水剂。

萘系减水剂是由煤焦油中分馏出的萘及萘的同系物为原料,经磺化、缩合而成。其主要成分为萘磺酸盐甲醛缩合物,属阴离子表面活性剂。萘系减水剂对水泥有强烈的分散作用,故其减水、增强、提高耐久性等效果均优于木质素,属高效减水剂。一般减水率在 15% 以上,早强显著,混凝土 28d 增强 20% 以上。

树脂系减水剂国际上早就负有盛名,我国产品有 SM。主要成分为三聚氰胺甲醛缩合物,简称密胺树脂,属阴离子表面活性剂。SM 减水剂可用于配制 800~1000 号高强混凝土,也可用于配制耐火、耐高温(1000~1200℃)的混凝土。但因其价格昂贵,目前仅用于特殊要求的混凝土工程。

3) 高性能减水剂。高性能减水剂是比高效减水剂具有更高减水率、更好坍落度保持性能、较少干燥收缩、具有一定引气性能的减水剂。高性能减水剂主要分为早强型、标准型和缓凝型。高性能减水剂包括聚羧酸系减水剂、氨基酸羧减水剂以及其他能达到《混凝土外加剂》(GB 8076—2008)标准中高性能减水剂指标要求的减水剂。目前,中国的高性能减水剂以聚羧酸系减水剂为主要代表。聚羧酸盐类减水剂具有"梳状"的结构特点,由带有游离的羧酸阴离子团的主链和聚氧乙烯基侧链组成,用改变单体的种类、比例和反应条件可生产具有各种不同性能和特性的高性能减水剂。

高性能减水剂属环保型减水剂,具有许多优点:掺量低,按照固体含量计算,一般为胶凝材料质量的 0.05%~0.25%,且减水率高;混凝土拌合物工作性能保持性较好;外加剂中氯离子和碱含量较低;用其配制的混凝土收缩率较小,可改善混凝土体积稳定性和耐久性;对水泥的适应性较好。

(2) 减水剂机理

减水剂尽管种类繁多,但都属于表面活性剂,其减水机理相似。

表面活性剂有着特殊的分子结构,它是由亲水基团和憎水基团两个部分组成。表面活性剂加入水中,其亲水基团会电离出离子,使表面活性剂分子带有电荷。电离出离子的亲水基团指向溶剂,憎水基团指向空气(或气泡),固体(如水泥颗粒)或非极性液体(如油滴)并作定向排列,形成定向吸附膜而降低水的表面张力。这种表面活性作用是减水剂起减水增强作用的主要原因。

水泥水化后,由于水泥颗粒在水中的热运动,使水泥颗粒之间在分子力的作用下形成一些絮凝状结构。这种絮凝状结构包裹着一部分拌合水,使混凝土拌合物的拌合水量相对减少,从而导致流动性下降。

水泥浆中加入表面活性剂(减水剂)后有以下三方面的作用:

1) 减水剂在水中电离出离子后,自身带有电荷,在电斥力作用下,使原来水泥的絮凝结构被打开,把束缚在絮凝结构中的游离水释放出来,使拌合物的水量相对增加,这就是减水剂分子的分散作用。

2) 减水剂分子中的憎水基团定向吸附于水泥颗粒表面,亲水基团指向水溶剂,在水泥颗粒表面形成一层稳定的溶剂水膜,阻止了水泥颗粒间的直接接触,并在颗粒间起润滑作用,提高了拌合物的流动性。

3) 水泥颗粒在减水剂作用下充分分散,增大了水泥颗粒的水化面积使水化充分,从而也提高了混凝土强度。

使用减水剂在保持混凝土的流动性和强度都不变的情况下,可以减少拌合水量和水泥用量,节省水泥。还可减少混凝土拌合物的泌水、离析现象,密实混凝土结构,从而提高混凝土的抗渗性、抗冻性。

6.2.1.2 引气剂

引气剂指在搅拌混凝土过程中能引入大量均匀分布、稳定而封闭的微小气泡的外加剂。其作用机理是在含有引气剂的水溶液拌制混凝土时,由于引气剂能显著降低水的表面张力和界面能,使水溶液在搅拌过程中极易产生许多微小的封闭气泡,气泡直径大多在 $200\mu m$ 以下。引气剂分子定向吸附在气泡表面,形成较为牢固的液膜,使气泡稳定而不易破裂。工程中常用的引气剂有:①松香树脂类,如松香热聚物、松香皂等;②烷基苯磺酸盐类,如烷基苯磺酸盐、烷基苯酚聚氧乙烯醚等;③脂肪醇磺酸盐类,如脂肪醇聚乙烯醚、脂肪醇聚氧乙烯磺酸钠等;④其他,如蛋白质盐、石油磺酸盐,以及由各类引气剂与减水剂组成的复合剂,如最多的是引气减水剂。引气减水剂有:①改性木质素磺酸盐类;②烷基芳香基磺酸盐类,如萘磺酸盐甲甲醛缩合物;③由各类引气剂与减水剂组成的复合剂。

引气剂对混凝土的性能产生有利与不利的影响:

1) 改善混凝土拌合物的和易性。在拌合物中,微小而封闭的气泡可起滚珠作用,减少颗粒间的摩擦阻力,使拌合物的流动性大大提高。若保持流动性不变则可减水 10% 左右,由于大量微小气泡的存在,是水均匀分布在气泡表面,从而使拌合物具有较好的保水性。

2) 改善混凝土的抗渗性、抗冻性。引气剂改善了拌合物的保水性,减少拌合物泌水,因此泌水通道的毛细管也相应减少,堵塞或隔断了混凝土中毛细管渗水通道,改变了混凝土的孔结构,使混凝土抗渗性显著提高。气泡有较大的弹性变形,对由水结成冰所产生的膨胀应力有一定的缓冲作用,因而混凝土的抗冻性得到提高,耐久性也随之提高。

3) 降低混凝土强度。引气剂使混凝土中气泡数量增多,使硬化浆体的有效面积减小,这自然会使混凝土的强度有所降低。当水胶比固定时,混凝土中空气量每增加 1%(体积),其抗压强度下降 3%~5%。因此,引气剂的掺量应严格控制,引气量一般以 3%~6% 为宜。

4) 降低了混凝土弹性模量。由于大量气泡的存在,使混凝土的弹性变形增大,弹性模量有所降低，这对提高混凝土的抗裂性是有利的。

5）不能用于预应力混凝土和蒸汽（或蒸压）养护混凝土。

6）钢筋握裹力——引气剂使混凝土中引入了更多的空气泡，减少了它的净截面面积，因而使混凝土对钢筋的黏结强度有所降低。

混凝土单掺引气剂主要起改善和易性与抗冻性的作用，但由于对强度有影响，故应用上有所限制；而引气减水剂不仅有引气作用，还起减水作用，可提高混凝土强度、节约水泥用量，应用范围更大。

引气剂及引气减水剂可用于抗冻混凝土、防渗混凝土、抗硫酸盐混凝土、泌水严重的混凝土、贫混凝土、轻骨料混凝土以及对饰面有要求的混凝土。而引气剂不宜用于蒸养混凝土及预应力混凝土。抗冻融性要求高的混凝土，必须掺用引气剂或引气减水剂，其掺量应根据混凝土的含气量要求，通过试验确定。

6.2.1.3 缓凝剂

缓凝剂是指延长混凝土凝结时间的外加剂。在混凝土工程中，可采用下列缓凝剂、缓凝减水剂：①糖类，如糖钙等，常用掺量为水泥重量的 0.1%～0.3%；②木质素磺酸盐类，如木质素磺酸钙、木质素磺酸钠等，常用掺量为水泥重量的 0.2%～0.3%；③羟基羟酸及其盐类，如柠檬酸、酒石酸钾钠等，常用掺量为水泥重量的 0.03%～0.1%；④无机盐类，如锌盐、硼酸盐、磷酸盐等，常用掺量为水泥重量的 0.1%～0.2%；⑤其他，如胺盐及其衍生物、纤维素醚等。

缓凝剂及缓凝减水剂可用于大体积混凝土、炎热气候条件下施工的混凝土以及需长时间停放或长距离运输的混凝土。缓凝剂及缓凝减水剂不宜用于日最低气温5℃以下施工的混凝土，也不宜单独用于有早强要求的混凝土及蒸养混凝土。柠檬酸、酒石酸钾钠等缓凝剂，不宜单独使用于水泥用量较低、水灰比较大的贫混凝土。在用硬石膏或工业废料石膏作调凝剂的水泥中掺用糖类缓凝剂时，应先作水泥适应性试验，合格后方可使用。

6.2.1.4 膨胀剂

膨胀是指能使用混凝土（砂浆）在水化过程中产生一定的体积膨胀，并在有约束条件下产生适宜自应力的外加剂。

混凝土工程中，可采用下列膨胀剂：①硫铝酸钙类，如明矾石膨胀剂、CSA膨胀剂等；②氧化钙类，如石灰膨胀剂；③氧化钙－硫铝酸钙类，如复合膨胀剂；④氧化镁类，如氧化镁膨胀剂；⑤金属类，如铁屑膨胀剂。

掺硫铝酸钙类膨胀剂配制的膨胀混凝土（砂浆），不得用于长期处于环境温度为80℃以上的工程中，水化产物钙矾石在较高温度下会被破坏。掺铁屑膨胀剂的填充用膨胀砂浆，不得用于有杂散电流的工程和与铝镁材料接触的部位。

6.2.1.5 早强剂

早强剂是指能提高混凝土早期强度，并对后期强度无显著影响的外加剂。早强剂主要作用在于加速水泥水化速度，促进混凝土早期强度发展。早强减水剂是指兼有早强和减水作用的外加剂。

混凝土工程中，可采用下列早强剂：①氯盐类，如氯化钙、氯化钠等；②硫酸盐类，如硫酸钠、硫代硫酸钠等；③有机胺类，如三乙醇胺、三异丙醇胺；④其他，如甲酸盐等。

早强剂及早强减水剂可用于蒸养混凝土及常温和最低气温不低于－5℃条件下施工的有早强或防冻要求的混凝土工程。在下列结构中，不得在钢筋混凝土中采用氯盐、含氯盐的复合早强剂及早强减水剂：①相对湿度大于80%的环境中使用的结构、处于水位升降部位的结构、露天结构或经常受水淋的结构；②与镀锌钢材或铝铁相接触部位的结构，以及有外露预埋铁件而无防护措施的结构；③与含有酸、碱或硫酸等侵蚀性介质相接触的结构；④经常处于环境温度为60℃以上的结构；⑤使用冷拉钢筋或冷拔低碳钢丝配筋的结构；⑥给排水构筑物、薄壁结构、中级和重级工作制吊车的吊车梁、屋架、落锤或锻锤基础等结构；⑦电解车间和距高压直流电源100m以内的结构；⑧靠近高压电源，如管电站、变电所的结构；⑨预应力混凝土结构；⑩含有活骨料的混凝土结构。

对混凝土的耐久性或其他性能有特殊要求的混凝土工程，选择早强剂或早强减水剂品种及掺量，应通过试验确定。

6.2.1.6 防冻剂

防冻剂是指能使混凝土在负温下硬化，并在规定养护条件下达到预期性能的外加剂。混凝土工程可采用下列防冻剂：①氯盐类，如氯化钙、氯化钠，或以氯盐为主的与其他早强剂、引气剂、减水剂复合的外加剂；②氯盐阻锈类，氯盐与阻锈剂（亚硝酸钠）为主复合的外加剂；③无氯盐类，以亚硝酸盐、硝酸盐、碳酸盐、乙酸钠或尿素为主复合的外加剂。

防冻剂可用于负温条件下施工的混凝土。有的施工单位在冬季混凝土施工过程中添加了尿素等氨类物质的防冻剂。这些氨类物质在使用过程中逐渐以氨气的形式释放出来。当室内氨气浓度达到一定量后，会对人体产生不良反应。因此，《混凝土外加剂中释放氨的限量》（GB 18588—2001）对氨的污染进行了控制。

含有六价铬盐、亚硝酸盐等有毒防冻剂，严禁用于饮水工程及与食品接触的部位。对桥梁及抗冻性有特殊要求的混凝土工程，选择抗冻剂品种及掺量时应通过试验确定。

6.2.1.7 泵送剂

泵送剂指能改善混凝土拌合物泵送性能的外加剂，分为引气型和非引气型两类。引气型泵送剂主要分为减水剂和引气剂；非引气型泵送剂主要组分为木质素磺酸盐和高效减水剂。对于大体积混凝土，为防收缩裂缝，还会掺入适量膨胀剂。工程中使用，一般经试验确定其品种和掺量。

6.2.1.8 常用外加剂的应用

混凝土常用外加剂应用的目的要求、使用方法、适宜的混凝土工程和注意事项见表6.2.1。

减水剂的使用主要有以下三种：

先掺法：先将减水剂与水泥混合，然后再与集料和水一起搅拌。其优点是使用方便，缺点是减水剂中的粗粒子会影响均匀性，一般不常用。

同掺法：将减水剂先溶于水形成溶液后，再与混凝土原材料一起搅拌。其优点是计量准确，易于搅拌均匀；缺点是增加了溶解及储存工序。相比之下，利大于弊，更为常用。

后掺法：在混凝土拌合物送到浇筑地点后，才加入减水剂并再次搅拌均匀。其优点是可避免混凝土运输过程中的分层、离析及坍落度损失,提高减水剂使用效果;缺点是需二次搅拌。该方法适用于预拌混凝土。

表 6.2.1　　　　　　　　　常用外加剂的应用

外加剂种类		使用目的要求	使用方法	适宜的混凝土工程	注意事项
减水剂	木质素磺酸盐	改变混凝土流变性能	按需要均可使用先掺法、同掺法或后掺法	一般混凝土工程	不宜用于以硬石膏为缓凝剂的水泥;不宜单独用于冬季施工和蒸养混凝土
	奈系和水溶性树脂系	显著改变混凝土流变性能		早强、高强、流态、蒸养混凝土	
	聚羧酸系	显著改变混凝土流变性能,较少干燥收缩,且具有一定引气性能		早强、高强、流态、蒸养、高性能和自密实混凝土	
早强剂	氯盐类 硫酸盐类 有机胺类	提高混凝土早期强度;冬季施工防止混凝土早期受冻破坏	粉剂先加入水泥中,并适当延长搅拌时间	冬季施工、紧急抢修、有早强或防冻要求混凝土	不得超过规定的最大氯离子含量;有机胺类过量会明显缓凝或降低强度
引气剂	松香热聚物	改善混凝土拌合物和易性,提高抗冻性、抗渗性	溶解于热氢氧化钠溶液再加入	抗冻、防渗混凝土,泵送混凝土	不宜用于蒸养混凝土、预应力混凝土
缓凝剂	木质素磺酸盐和糖蜜类	要求缓凝、降低水化热混凝土	配制成适当浓度加入拌合水中	夏季施工、泵送或滑模施工、远距离运输、大体积混凝土	掺量过大影响混凝土硬化和强度;不宜单独用于蒸养混凝土和低于5℃下施工
速凝剂	无机盐类	要求快凝、快硬及早强混凝土	干湿法均与水泥、砂石同时掺入	井巷、隧道、涵洞喷射混凝土或砂浆;抢修、堵漏工程	常与减水剂复合使用,以防混凝土后期强度降低
泵送类	引气型	混凝土泵送过程防堵塞,保证其泵送性能	一般与减水剂复合,同掺法使用	泵送混凝土	使用引气型泵送剂的泵送混凝土注意控制含气量
	非引气型				—

6.2.2 掺合料

混凝土制备时可根据各种需要掺入有关掺合料,如粉煤灰、超细矿渣粉、硅粉及沸石粉等,合理使用掺合料不仅可以利用工业废弃物、节省水泥,还可以改善混凝土的性能。掺合料已成为有发展前途的混凝土的一种组分。

6.2.2.1 粉煤灰

从煤粉炉烟道气体中收集的粉末称为粉煤灰,其颗粒多呈球形,表面光滑。粉煤灰按其钙含量分为高钙粉煤灰和低钙粉煤灰。

低钙粉煤灰来源广泛,是当前国内外使用量最大、使用范围最广的混凝土掺合料。在混凝土中掺入一定量粉煤灰后,除了粉煤灰本身的火山灰活性作用,生成硅酸钙凝胶,作为胶凝材料一部分起增强作用外,在混凝土的用水量不变的情况下,可以起到显著改善混凝土拌合物和易性的效应,增加流动性和黏聚性,还可降低水化热。若保持混凝土拌合物原有的和易性不变,则可减少用水量,起到减水的效果,从而提高混凝土的密实度和强度,增强耐久性。

《用于水泥和混凝土中的粉煤灰》(GB 1596—2005) 规定,按煤种分为 F 类和 C 类。F 类粉煤灰是由无烟煤或烟煤煅烧收集的粉煤灰;C 类粉煤灰是由褐煤或次烟煤煅烧收集的粉煤灰,其氧化钙含量一般不大于 10%。拌制混凝土和砂浆用粉煤灰分为三个等级,其技术要求应符合表 6.2.2 的规定。

表 6.2.2 粉煤灰的技术要求

质量指标	等级		
	Ⅰ	Ⅱ	Ⅲ
细度(0.045mm)方孔筛的筛余量/%≤	12	25	45
需水量比/%≤	95	105	115
烧失量/%≤	5	8	15
含水量/%≤	1		
三氧化硫/%≤	3		
游离氧化钙/%≤	F 类粉煤灰 1;C 类粉煤灰 4		
安定性雷氏夹沸煮后增加距离/%≤	C 类粉煤灰 5		

该技术要求还规定:粉煤灰的放射性试验需合格;粉煤灰中的碱含量按 $Na_2O+0.658K_2O$ 计算值表示,当粉煤灰用于活性集料混凝土,要限制掺合料的碱含量,由买卖双方协商确定;均匀性以细度(0.045mm 方孔筛筛余)为考核依据,单一样品的细度不应超过前 10 个样品细度平均值的最大偏差,最大偏差范围由买卖双方协商确定。

掺入一定量粉煤灰的混凝土可用于配制泵送混凝土、大体积混凝土、抗渗混凝土、抗硫酸盐和抗软水侵蚀混凝土、蒸养混凝土、轻骨料混凝土、地下工程和水下混凝土等。

6.2.2.2 硅粉

在冶炼铁合金或工业硅时,由烟道排出的硅蒸气经收尘装置收集而得的粉尘称为硅粉。硅粉也称硅灰。它是由非常细的玻璃质颗粒组成,其中 SiO_2 含量高,其含量高达 80% 以上,具有很高的化学活性,火山灰活性指标高达 110%。硅灰颗粒极细,平均粒径为 $0.1\sim0.2\mu m$,其比表面积约为 $2000m^2/kg$,其比表面积和细度为水泥的 80~100 倍,粉煤灰的 50~70 倍。

硅灰中的 SiO_2 在水化早期就可以与氢氧化钙发生反应,可使混凝土早期强度提高,并显著改善混凝土中集料与水泥石间的界面过渡区,提高混凝土强度。当硅灰掺量达到胶凝材料总量的 5%~10% 时,可配制出抗压强度达到 100MPa 以上的超高强混凝土。硅灰是配制超高强混凝土和活性粉末混凝土的关键材料之一。

硅灰取代水泥后,其作用与粉煤灰相似,可改善混凝土拌合物的和易性,降低水化热,提高混凝土抗化学侵蚀性、抗冻、抗渗,抑制碱-集料反应,且效果比粉煤灰好得多。硅灰因比表面积很大而需水量比较大,混凝土中掺入硅灰时一般需要掺入高效减水剂。

6.2.2.3 沸石粉

沸石粉是天然的沸石岩磨细而成的一种火山灰质铝硅酸为主的矿物火山灰质活性掺合料，含有一定量的活性 SiO_2 和 Al_2O_3。沸石粉平均粒径为 $5\sim6\mu m$，具有较大的内表面积和开放性结构，沸石粉本身没有水化能力，在水泥碱性物质激发下其活性才能表现出来。

沸石粉掺入混凝土中，可去掉 10%～20% 的水泥。能与水泥生成的氢氧化钙反应，生成胶凝物质，提高混凝土强度和密实度，用于配制高强度混凝土。沸石粉用作混凝土掺合料可改善混凝土和易性，提高混凝土强度、抗渗性和抗冻性，抑制碱集料反应。

6.2.2.4 粒化高炉矿渣粉

粒化高炉矿渣粉（简称矿渣粉）是指符合 GB/T 203 标准规定的粒化高炉矿渣经干燥、粉磨（或添加少量石膏一起粉磨）达到相当细度且符合相应活性指数的粉体。矿渣粉磨时允许加入助磨剂，加入量不得大于矿渣粉质量的 1%。从化学成分看，高炉矿渣属于硅酸盐质材料。

根据《用于水泥和混凝土中的粒化高炉矿渣粉》（GB/T 18046—2008），矿渣粉根据 28d 活性指数（%）分为 S105、S95 和 S75 三个级别，相应的技术要求见表 6.2.3。

表 6.2.3 矿渣粉的技术要求

项 目		级 别		
		S105	S95	S75
密度/(g/cm³)		≥2.8		
比表面积/(m²/kg)		≥500	≥400	≥300
活性指数/%	7d	≥95	≥75	≥55
	28d	≥105	≥95	≥75
流动度比/%		≥90		
含水量（质量分数）/%		≤1.0		
三氧化硫（质量分数）/%		≤4.0		
氯离子（质量分数）/%		≤0.06		
烧失量（质量分数）/%		≤3		
玻璃体含量（质量分数）/%		≤85		
放射性		合格		

粒化高炉矿渣粉可以等量取代水泥，并降低水化热、提高抗渗性和耐蚀性、抑制碱骨料反应和提高长期强度等，可用于钢筋混凝土和预应力钢筋混凝土工程。大掺量粒化高炉矿渣粉混凝土特别适用于大体积混凝土、地下和水下混凝土、耐硫酸混凝土等，还可用于高强混凝土、高性能混凝土和预拌混凝土等。

6.2.2.5 钢渣粉

钢渣是炼钢工业中用石灰提取杂质而大量生成的固态废弃物，呈灰褐色，有微孔、致密，质地较重。将钢渣粉碎即为钢渣粉，其化学成分以 CaO 和 SiO_2 为主。由于钢渣粉的比表面积大，活性好，可与熟料粉混合配制水泥，同时可作为外加剂替代水泥直接掺入混凝土中，生产性能优越的高性能混凝土，降低水泥和混凝土成本。

钢渣粉应符合现行《用于水泥和混凝土中的钢渣粉》（GB/T 20491—2006）的有关规定。钢渣粉的掺入有利于提高新拌混凝土的性能，能改善混凝土的和易性，使坍落度增大；钢渣粉的活性较水泥低，早期强度比普通混凝土强度稍低，但是后期强度要高于普通混凝土；加入钢渣粉可以有效改善混凝土的收缩性能，提高混凝土的抗渗、抗冻和耐磨性能。在道路建设中大量使用钢渣粉，能节约水泥并能提高路面性能。

6.3 普通混凝土拌合物的性能

6.3.1 混凝土拌合物的和易性

6.3.1.1 和易性的概念

由混凝土组成材料拌合而成、尚未凝结硬化的混合料，称之为混凝土拌合物，又称新拌混凝土。混凝土拌合物的性能既影响到混凝土的制备、运输、浇筑、振捣等施工过程，也将影响到硬化后混凝土的性能。

混凝土拌合物的和易性也称工作性，指混凝土拌合组分均匀，易于施工操作（搅拌、运输、浇筑、捣实），以获得均匀密实填满模板的性能，它是一项综合的技术性质，包括流动性、黏聚性和保水性等三方面的含义。

流动性——指混凝土拌合物在自重力或机械振动力作用下易于产生流动、易于输送和易于充满混凝土模板的性质。

黏聚性——混凝土拌合物在施工过程中保持整体均匀一致的能力。黏聚性好可保证混凝土拌合物在输送、浇灌、成型等过程中，不发生分层、离析，即保证硬化后混凝土内部结构均匀。

保水性——混凝土拌合物在施工过程中保持水分的能力。保水性好可保证混凝土拌合物在输送、成型及凝结过程中，不发生大的或严重的泌水，既可避免由于泌水产生的大量的连通毛细孔隙，又可避免由于泌水，使水在粗骨料和钢筋下部聚积所造成的界面黏结缺陷。保水性对混凝土的强度和耐久性有较大的影响。

混凝土和拌合物的流动性、黏聚性和保水性从不同方面反映了混凝土拌合物的工作性能。三者有着各自含义但是也相互影响、甚至相互矛盾。当流动性大时，黏聚性和保水性通常较差；黏聚性和保水性较好时，流动性则将变差。因此，为保证混凝土易于施工，必须在一定条件下实现流动性、黏聚性和保水性的统一，良好的施工质量也将对硬化后混凝土外观、内部组织结构、强度和耐久性产生重要影响。

6.3.1.2 和易性的测定方法及评定

目前，尚没有能够全面反映混凝土拌合物和易性的测定方法。在工地和试验室，通常是做坍落度试验测定拌合物的流动性，并辅以直观经验评定黏聚性和保水性。根据混凝土拌合物流动性情况，混凝土拌合物的流动性可采用坍落度、维勃稠度或坍落扩展度来表示，相应的混凝土拌合物流动性的测试方法有坍落度法、维勃稠度法和坍落扩展法。

(1) 坍落度法

坍落度法的试验方法是：将混凝土拌合物按规定方法装入标准圆锥坍落度筒内（图6.3.1），装满刮平后，垂直向上将筒提起，移到一旁。混凝土拌合物由于自重将会产生坍落现象。然后量出向下坍落的尺寸，该尺寸（mm）就是坍落度，作为流动性指标，坍落度越大表示流动性越好，如图6.3.2所示。

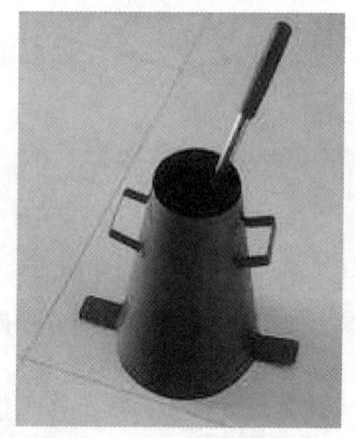

图6.3.1 坍落度筒

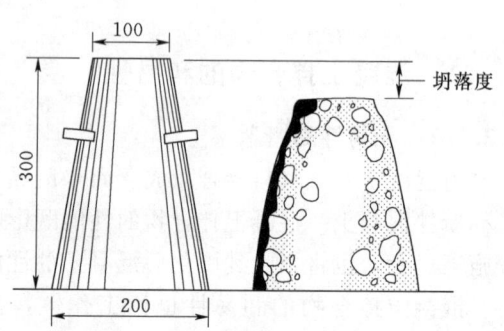

图6.3.2 坍落度测定示意图

当坍落度大于220mm时，坍落度不能准确反映混凝土的流动性，用混凝土扩展后的平均直径即坍落扩展度，作为流动性指标。

在进行坍落度试验的同时，应观察混凝土拌合物的黏聚性、保水性，以便全面地评定混凝土拌合物的和易性。

黏聚性的评定方法是：用捣棒在已坍落的混凝土锥体侧面轻轻敲打，若锥体逐渐下沉，则表示黏聚性良好；如果锥体倒塌，部分崩裂或出现离析现象，则表示黏聚性不好。保水性是以混凝土拌合物中的稀水泥浆析出的程度来评定。坍落度筒提起后，如有较多稀水泥浆从底部析出，锥体部分混凝土拌合物也因失浆而骨料外露，则表明混凝土拌合物的保水性能不好。如坍落度筒提起后无稀水泥浆或仅有少量稀水泥浆自底部析出，则表示此混凝土拌合物保水性良好。

坍落度试验适用于骨料最大粒径不大于40mm、坍落度不小于10mm的混凝土拌合物稠度测定。根据坍落度大小，将混凝土拌合物分为5级，见表6.3.1。如果坍落度小于10mm，则需要通过维勃稠度试验来测定并评定混凝土拌合物的干硬程度。

(2) 维勃稠度法

维勃稠度法采用维勃稠度仪测定。其方法是：开始在坍落度筒中按规定方法装满拌合物，提起坍落度筒，在拌合物试体顶面放一透明圆盘，开启振动台，同时用秒表计时，当振动到透明圆盘的底面被水泥浆布满的瞬间停止计时，并关闭振动台。由秒表读出时间即为该混凝土拌合物的维勃稠度值，精确至1s。维勃稠度越大，表明混凝土拌合物越干硬，也就是流动性越低，如图6.3.3所示。

表6.3.1　　　　　　　　混凝土拌合物流动性按坍落度的分级

级别	坍落度/mm	名称
S_1	10～40	塑性混凝土
S_2	50～90	
S_3	100～150	流动性混凝土
S_4	160～210	大流动性混凝土
S_5	≥220	

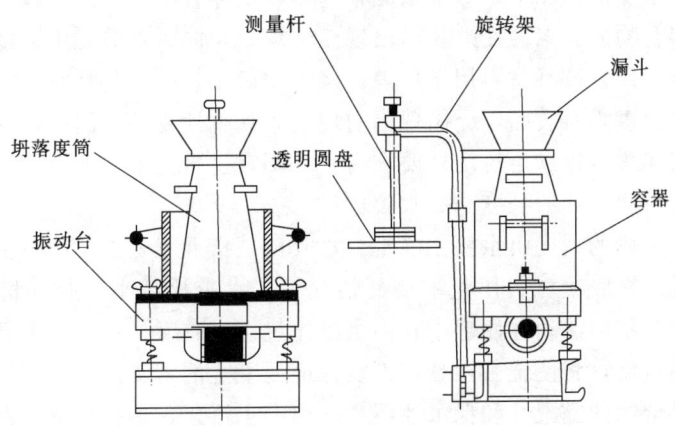

图6.3.3　维勃稠度仪

维勃稠度试验适用于集料最大粒径不大于40mm，维勃稠度为5~30s的混凝土。根据混凝土拌合物流动性按维勃稠度大小，可分为5级，见表6.3.2。

表6.3.2　　　　　　　　混凝土拌合物流动性按维勃稠度的分级

级　别	维勃稠度/s	名　称
V_0	≥31	超干硬性混凝土
V_1	21～30	特干硬性混凝土
V_2	11～20	干硬性混凝土
V_3	6～10	半干硬性混凝土
V_4	3～5	

6.3.1.3　流动性（坍落度）的选择

实际工程中，混凝土拌合物的坍落度要根据构件截面尺寸大小、钢筋疏密和捣实方法来确定。当构件截面尺筋较密，或采用人工捣实时，坍落度可选择大一些。反之，若构件截面尺寸较大，或钢筋较疏，或采用机械振捣，则坍落度可选择小一些。《混凝土结构工程施工质量验收规范》（GB 50204—2001）给出了关于选用坍落度的规定。

表 6.3.3　　　　　　　　　　不同结构种类的坍落度选用

结 构 种 类	坍落度/mm
基础或地面等的垫层、无配筋的大体积结构或配筋较稀疏的结构	10～30
板、梁和大型及中型截面的柱子等	30～50
配筋密列的结构（薄壁、筒仓、细柱等）	50～70
配筋特密的结构	70～90

6.3.1.4　混凝土拌合物和易性的主要影响因素

（1）胶泥材料浆体数量——浆骨比

浆骨比是指混凝土拌合物中胶凝材料浆体与骨料的重量比，水泥浆量是指混凝土中水泥及水的总量。混凝土拌合物中的水泥浆，赋予混凝土拌合物以一定的流动性。在水灰比不变的情况下，如果水泥浆越多，则拌合物的流动性越大。但若水泥浆过多，使拌合物的黏聚性变差，易出现流浆现象，同时对混凝土强度和耐久性也有一定的影响，而且胶凝材料用量也大。浆骨比偏小，则胶凝材料不能填满骨料空隙或不能很好包裹骨料表面，会出现崩坍现象，黏聚性变差。因此，混凝土拌合物中胶凝材料浆体含量以满足流动性要求为宜，不宜过量。

（2）胶凝材料浆体的稠度——水胶比

胶凝材料浆体的稠度由水胶比确定。水胶比是指混凝土拌合物中水与胶凝材料浆体的重量比。在胶凝材料用量不变的情况下，水胶比越小，胶凝材料浆体就越稠，混凝土拌合物的流动性便越小。当水胶比过小，胶凝材料浆体干稠，混凝土拌合物的流动性过低，将使施工困难，不能保证混凝土的密实性。水胶比过大，又会造成混凝土拌合物的黏聚性和保水性不良，而产生流浆、离析现象，并严重影响混凝土的强度。水胶比不宜过大过小，一般根据混凝土强度和耐久性要求合理选用。

无论是胶凝材料浆体的多少，还是胶凝材料的稀稠，实际对混凝土拌合物流动性起决定作用的还是用水量的多少，无论提高水胶比还是增加胶凝材料浆体用量最终都将体现为混凝土用水量增加。应当注意，在试拌混凝土时，不能用单纯改变用水量的办法来调整混凝土拌合物的流动性。因单纯改变用水量会改变混凝土的强度和耐久性，与设计不符。因此应该在保持水胶比不变的条件下，用调整水泥浆量的办法来调整混凝土拌合物的流动性。

（3）砂率

砂率是指砂用量与砂、石总用量的质量百分比，它表示混凝土中砂、石的组合或配合程度。砂影响混凝土拌合物流动性有两个方面：一方面是砂形成的砂浆可减少粗骨料之间的摩擦力，在拌合物中起润滑作用。所以在一定的砂率范围内随砂率增大，润滑作用愈加显著，流动性可以提高；另一方面在砂率增大的同时，骨料的总表面积随之增大，包裹集料的水泥浆层变薄，拌合物流动性降低。另外，砂率不宜过小，否则还会使拌合物黏聚性和保水性变差，产生离析、流浆等现象。砂率对混凝土拌合物的和易性有重要影响。

采用合理砂率，当水和水泥用量一定时，能使混凝土拌合物获得最大的流动性且能保持良好的黏聚性和保水性，如图 6.3.4 所示。采用合理砂率，能使混凝土拌合物获得所要求的流动性及良好的黏聚性与保水性的情况下，水泥用量最少，如图 6.3.5 所示。

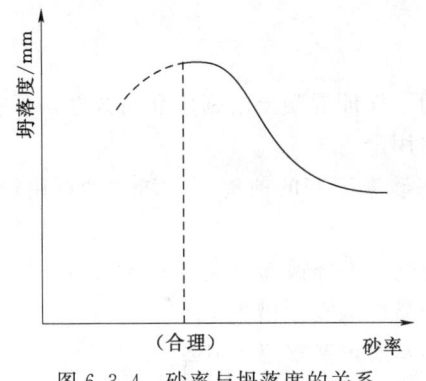
图 6.3.4 砂率与坍落度的关系

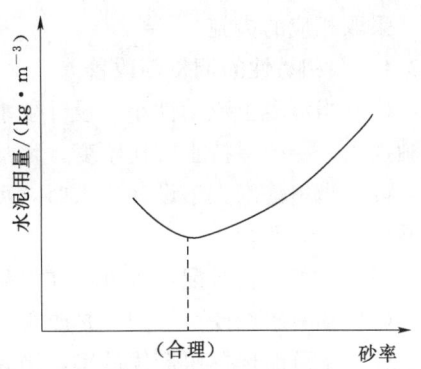
图 6.3.5 砂率与水泥用量的关系

影响合理砂率大小的因素很多，可概括为：

1) 石子最大粒径较大、级配良好、表面光滑时，由于粗骨料的空隙率较小，可采用较小的砂率。

2) 砂的细度模数较小时，由于砂中细颗粒多，混凝土的黏聚性容易得到保证，可采用较小的砂率。

3) 水泥浆较稠时，由于混凝土的黏聚性较易得到保证，故可采用较小的砂率。

4) 施工要求的流动性较大时，粗骨料常出现离析，所以为保证混凝土的黏聚性，需采用较大的砂率；当掺用引气剂或减水剂等外加剂时，可适当减少砂率。

5) 一般情况下，在保证拌合物不离析，能较好地浇灌、捣实的条件下，应尽量选用较小的砂率，这样可以节约水泥。

(4) 水泥和掺合料的品种

不同品种水泥，其颗粒特征不同，需水量不同。如配合比相同时，矿渣水泥和某些火山灰水泥时，拌合物的坍落度一般较普通水泥时小，但矿渣水泥将使拌合物的泌水性显著增加。同样，掺合料的品种及掺量也影响和易性。

(5) 骨料性质

根据对骨料的分析可知，一般卵石拌制的混凝土拌合物比碎石拌制的流动性好。河砂拌制的混凝土比山砂拌制的流动要好。采用粒径较大、级配良好的砂石，骨料总表面积和空隙率小，包裹骨料表面和填充空隙用的胶凝材料浆体用量小，因此拌合物的流动性好。

(6) 外加剂

在拌制混凝土时，加入很少量的外加剂（如减水剂、引气剂）能使混凝土拌合物在不增加水泥用量的条件下，获得很好的和易性，增大流动性，改善黏聚性，降低泌水性。并且由于改变了混凝土的结构，还能提高混凝土的耐久性。

(7) 时间和温度

拌合物拌制后，随着时间的延长逐渐变得干稠，流动性减少，这是因为水分损失和水泥水化。水分损失的原因是水泥水化消耗一部分水；骨料吸收一部分水；水分蒸发。由于拌合物流动性这种变化，在施工中测定和易性的实践，推迟到搅拌完成后约 15min 为宜。

拌合物的和易性也受温度影响，因为环境温度升高，水分蒸发和水泥水化反应加快，坍落度损失较快。因此施工中为保证一定的和易性，必须注意到环境的变化,采取相应的措施。

6.3.1.5 和易性的调整与改善

(1) 当混凝土流动性小于设计要求时,为了保证混凝土的强度和耐久性,不能单独加水,必须保持水胶比不变,增加水泥浆用量。

(2) 当坍落度大于设计要求时,可在保持砂率不变的前提下,增加砂石用量,即减少水泥浆数量。

(3) 改善骨料级配,既可增加混凝土流动性,又能改善黏聚性和保水性。

(4) 掺减水剂或引气剂,是改善混凝土和易性的有效措施。

(5) 尽可能选择用最优砂率,当黏聚性不足时可适当增大砂率。

6.3.2 混凝土浇筑后的性能

混凝土拌合物在浇筑成型过程中和凝结之前,呈塑性和半流动状态,密度不同的固体颗粒在自重作用下产生相对运动,一般都会发生不同程度的分层现象,集料和水泥颗粒沉积于下部,多余的水分被挤而上升至表层或积聚于粗集料的下方。于是混凝土拌合物出现了泌水、塑性沉降和塑性收缩等现象,影响到混凝土硬化后的性能。

6.3.2.1 泌水

混凝土的水胶比越大,水泥凝结硬化的时间越长,自由水越多,水与水泥分离的时间越长,混凝土越容易泌水;混凝土中外加剂掺量过多,或者缓凝组分掺量过多,会造成新拌混凝土的大量泌水和离析,大量自由水泌出混凝土表面(约占混凝土浇筑高度的2%甚至更大),影响水泥的凝结硬化,混凝土保水性能下降,导致严重泌水。

水分的上浮在混凝土内留下泌水通道,即产生大量自底部向顶层发展的毛细管道通道网,这些通道增加了混凝土的渗透性,盐溶液和水分以及有害物质容易进入混凝土中,使混凝土表面损坏;部分上升的水分积存于集料和水平钢筋的下方形成水囊(称之为内泌水),明显影响硬化混凝土的强度和钢筋的黏结力。泌水使混凝土表面的水灰比增大,并出现浮浆,即上浮的水中带有大量的水泥颗粒,在混凝土表面形成返浆层,硬化后强度很低,同时混凝土的耐磨性下降。

6.3.2.2 塑性沉降

由于混凝土拌合后不同颗粒因自重相对运动和泌水,混凝土将产生整体沉降,在浇筑厚度较大的混凝土构件时,在靠近顶部的拌合物沉降量会更大。当沉降受到水平钢筋的阻碍,将在钢筋上方沿钢筋方向产生塑性沉降裂缝,裂缝会从表面伸入至钢筋处。不少楼房在横梁对应的位置有较浅的裂缝,其原因就在于混凝土浇筑后的塑性沉降。

6.3.2.3 塑性沉降

塑性沉降是指混凝土未凝结硬化前,还处于塑性状态时发生的收缩,是由化学收缩、自身收缩、表面水分的快速蒸发(大于泌水速度)等共同作用的结果。塑性收缩产生的原因主要是失水,即由于水分从混凝土表面蒸发损失,导致混凝土体积收缩。塑性收缩导致的裂缝就称为塑性收缩裂缝,主要发生在混凝土暴露表面,裂缝细微且没有一定方向性,与塑性沉降收缩裂缝明显不同。

防止塑性收缩和裂缝的方法就是对混凝土进行养护，最好保持混凝土表面潮湿（覆盖湿布、洒水等），至少也要防止水分从混凝土表面蒸发损失（包裹塑料薄膜、喷洒养护剂等）。

6.3.2.4 混凝土拌合的凝结时间

水泥水化是混凝土产生凝结硬化的主要原因，但混凝土拌合物的凝结时间与其所用水泥的凝结时间是不相同的，也不存在确定关系。混凝土的水胶比、环境温度和外加剂的性能等均对混凝土凝结快慢有很大影响。水胶比增大，水泥水化产物间的间距越大，水化产物黏连及填充颗粒间隙的时间越长，凝结时间也越长。环境温度升高，水泥水化和水分蒸发加快，凝结时间越短；缓凝剂会明显延长凝结时间，速凝剂会显著缩短凝结时间。

混凝土拌合物的凝结时间通常用贯入阻力仪来测定。先用粒径为5mm圆孔筛从混凝土拌合物中筛取砂浆，按一定的方法装入规定的容器中，然后每隔一段时间测定砂浆贯入到一定深度的贯入阻力，接着绘制贯入阻力与时间的关系曲线，最后以贯入阻力为3.5MPa和28MPa画两条平行于时间坐标的直线，直线与曲线交点的时间分别为混凝土拌合物的初凝时间和终凝时间。

6.4 普通混凝土硬化后的性能

6.4.1 混凝土的强度

混凝土的强度包括抗压、抗拉、抗弯、抗剪以及握裹钢筋强度等，其中抗压强度最大，故工程中主要利用混凝土来承受压应力。而且混凝土的其他强度与抗压强度有一定的相关性，可以根据抗压强度来计算其他强度。因此，混凝土的抗压强度是最重要的一项性能指标。

6.4.1.1 混凝土立方体抗压强度及强度等级

《普通混凝土力学性能试验方法标准》（GB/T 50081—2002）规定，将混凝土拌合物制作边长为150mm的立方体试件，在标准条件（温度20℃±2℃，相对湿度95%以上）下，养护到28d龄期，测得的抗压强度值为混凝土立方体试件抗压强度（简称立方体抗压强度），以f_{cu}表示。

按照《混凝土结构设计规范》（GB 50010—2010），混凝土强度等级应按立方体抗压强度标准值确定。立方体抗压强度标准值系指按标准方法制作和养护的边长为150mm的立方体试件，在28d龄期用标准试验方法测得的具有95%保证率的抗压强度，以$f_{cu,k}$表示。普通混凝土划分为14个强度等级：C15、C20、C25、C30、C35、C40、C45、C50、C55、C60、C65、C70、C75和C80。混凝土强度等级是混凝土结构设计、施工质量控制和工程验收的重要依据。不同的建筑工程，不同的部位常采用不同强度等级的混凝土。

素混凝土结构的混凝土强度等级不应低于C15；钢筋混凝土结构的混凝土强度等级不应小于C20；当采用级别400MPa钢筋时，混凝土强度等级不宜低于C25；承受重复荷载的钢筋混凝土构件，混凝土强度不得低于C30；预应力混凝土结构的混凝土强度不宜低于C40，且不应低于C30；当采用钢绞线、钢丝、热处理钢筋作为预应力钢筋时，混凝土强度等级不应低于C40。

6.4.1.2 混凝土的轴心抗压强度

混凝土强度等级虽是采用立方体试件确定的，但在实际结构中，钢筋混凝土受压构件多为棱柱体或圆柱体而不是立方体。在进行钢筋混凝土受压构件（如柱子、桁架的腹杆等）计算时，都是采用混凝土轴心抗压强度以便更好反映混凝土受压情况。《普通混凝土力学性能试验方法标准》（GB/T 50081—2002）规定，混凝土的轴心抗压强度是按标准方法制作的，标准尺寸为150mm×150mm×300mm棱柱体试件，在标准养护条件下养护28d龄期，以标准试验方法测得的抗压强度值，用 f_c 表示，单位为MPa。

由于轴心抗压试件基本不受"环箍效应"影响，同截面面积轴心抗压强度比立方体抗压强度要小很多。当标准立方体抗压强度为10~50MPa时，轴心抗压强度为立方体抗压强度的0.7~0.8倍。

6.4.1.3 轴心抗拉强度

混凝土是一种脆性材料，在受拉很小的变形就要开裂，在断裂前没有残余变形。混凝土抗拉强度仅为抗压强度的1/10~1/20，且随着混凝土等级提高，比值降低。

混凝土在工作时一般不依靠其抗拉强度。但抗拉强度对混凝土抗裂性有重要意义，在结构设计中抗拉强度是确定混凝土抗裂能力的重要指标。有时候也用来衡量混凝土与钢筋的黏结强度等。

轴心抗拉强度 f_t 可按劈裂抗拉强 f_{ts} 换算得到，换算系数可由试验确定。混凝土劈裂抗拉强度采用立方体劈裂抗拉试验来测定，称为劈裂抗拉强度 f_{ts}。该方法的原理是在试件两个相对表面的中线上，作用着均匀分布的压力，这样能够在外力作用的竖向平面内产生均布拉伸应力，混凝土劈裂抗拉强度按式（6.4.1）计算：

$$f_{ts} = \frac{2F}{\pi A} = 0.637 \frac{F}{A} \tag{6.4.1}$$

式中　f_{ts}——劈裂抗拉强度，MPa；

　　　F——破坏荷载，N；

　　　A——试件劈裂面积，mm^2。

混凝土轴心抗拉强度可按劈裂抗拉强度换算得到，换算系数可由试验确定。各强度等级的混凝土轴心抗压强度、轴心抗拉强度应按表6.4.1采用。

表6.4.1　　　　混凝土拌合物流动性按维勃稠度的分级　　　　单位/MPa

强度种类	混凝土强度等级													
	C15	C20	C25	C30	C35	C40	C45	C50	C55	C60	C65	C70	C75	C80
f_{ck}	10	13.4	16.7	20.1	23.4	26.8	29.6	32.4	35.5	38.5	41.5	44.5	47.4	50.2
f_{tk}	1.27	1.54	1.78	2.01	2.2	2.39	2.51	2.64	2.74	2.85	2.93	2.99	3.05	3.11

6.4.1.4 混凝土的抗折强度

在混凝土道路工程和桥梁工程的结构设计、质量控制与验收环节，混凝土的抗折强度是主要指标。《普通混凝土力学性能试验方法标准》（GB/T 50081—2002）

规定，混凝土的抗折强度试验采用标准方法制作的 150mm×150mm×550mm 的长方体试件，在标准养护条件下养护 28d 龄期，以标准试验方法得到的抗折强度。按三分点加荷方式加载，试件一端为铰支，一端为滚动支座，如图 6.4.1 所示。抗折强度按式（6.4.2）计算；由于

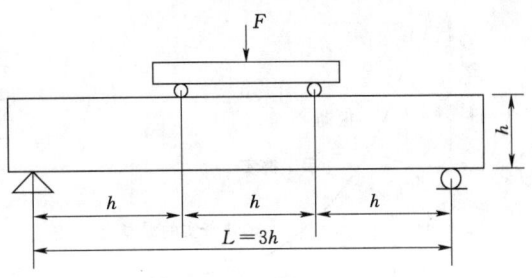

图 6.4.1 抗折试验装置图

混凝土是一种非线性材料，因此，混凝土的弯曲抗拉强度大于轴心抗拉强度。

$$f_{cf} = \frac{FL}{bh^2} \tag{6.4.2}$$

式中　f_{cf}——劈裂抗拉强度，MPa；
　　　F——破坏荷载，N；
　　　L——支座之间的距离，mm。

当试件是 100mm×100mm×400mm 的非标准试件时，应乘以换算系数 0.85；当混凝土强度等级不小于 C60 时，宜采用标准试件，当采用非标准试件，尺寸换算系数应由试验确定。

6.4.1.5　影响混凝土强度的因素

混凝土的破坏一般出现在集料与水泥石之间的界面上，因为界面过渡区是混凝土最薄弱环节。影响混凝土强度的因素很多，与水泥的性能、集料性质、施工质量、养护条件、龄期和试验方法均有关。

（1）水泥强度等级和水胶比

水泥强度等级和水胶比是影响混凝土强度的决定性因素。因为混凝土强度主要取决于水泥石的强度及其集料间的黏结强度，而这两者又取决于水泥强度等级和水胶比大小。在相同配合比、成型工艺、养护条件情况下，水泥强度等级越高，配制的混凝土强度越高。

在水泥品种、水泥强度等级不变时，混凝土振动密实的条件下，水胶比越小，强度越高，反义亦然。虽然水泥水化的理论需水量约为水泥质量的 23%（即水胶比约为 0.23），但为使混凝土拌合物获得必要的流动性，通常需加入较多的水（水胶比为 0.35～0.75），多余的水残留在混凝土内形成水泡或水道。随着混凝土硬化而蒸发成孔隙，使混凝土强度下降。但若水胶比过小，拌合物过于干硬，很难将混凝土浇筑和振捣密实，也会使混凝土强度下降。如图 6.4.2 所示。

大量试验结果表明，在原材料一定的情况下，对于流动性混凝土和低流动性混凝土 28d 龄期抗压强度与胶水比的关系呈线性关系，并受水泥实测强度的影响，符合下列经验公式：

$$f_{cu} = \alpha_a f_{ce}\left(\frac{B}{W} - \alpha_b\right) \tag{6.4.3}$$

式中　f_{cu}——混凝土 28d 抗压强度，MPa；
　　　$\dfrac{B}{W}$——胶水比（胶凝材料与水质量比）；

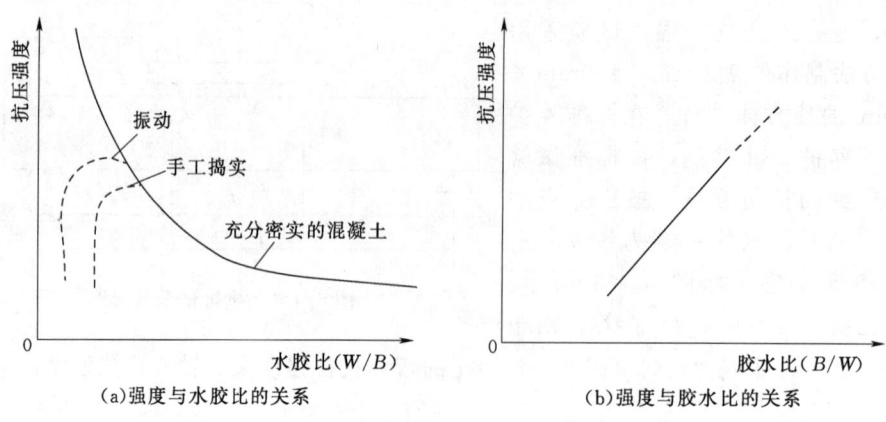

图 6.4.2 混凝土强度与水胶比及胶水比的关系

f_{ce}——水泥 28d 抗压强度实测值，MPa；

α_a、α_b——回归系数，与骨料品种等因素有关。

一般水泥厂为了保证水泥的出厂强度等级，其实际抗压强度往往比其强度等级高。当无水泥 28d 抗压强度实测值时，按下式计算：

$$f_{ce}=\gamma_c f_{ce,k} \tag{6.4.4}$$

式中　$f_{ce,k}$——水泥 28d 抗压强度标准值，MPa；

　　　γ_c——水泥强度富余系数，可按实际统计资料或相关规定确定。

(2) 集料

水泥石与集料的黏结力除了受水泥石强度影响外，还有集料（尤其粗集料）的表面状况有关。碎石表面粗糙，黏结力比较大，卵石表面光滑，黏结力比较小。因而在水泥强度等级和水胶比相同的条件下，碎石混凝土强度往往高于卵石混凝土。

集料级配良好，用量及砂率适当，能组成密集的骨架使水泥浆数量相对减少，集料骨架作用充分，也会使混凝土强度有所提高。

式（6.4.3）也表明，混凝土强度与胶水比、水泥强度等级等因素保持恒定关系，其中回归系数 α_a、α_b 与集料种类密切相关。

表 6.4.2　　回归系数 α_a、α_b 选用表

回归系数	石 子 品 种	
	碎石	卵石
α_a	0.53	0.49
α_b	0.20	0.13

(3) 龄期

混凝土的强度随龄期而增长的情况与水泥相似。在标准养护条件下，混凝土强度与龄期的对数间有较好相关性，可采用下面的关系式：

$$\frac{f_n}{\lg n}=\frac{f_a}{\lg a} \tag{6.4.5}$$

式中　f_n、f_a——龄期分别 n 天和 a 天的混凝土抗压强度；

　　　n、a——养护龄期，d，$n>3$，$a>3$。

(4) 养护条件

混凝土的养护条件主要指所处的环境温度和湿度，它们通过影响水泥水化工程进而影响混凝土强度。

养护环境温度高，水泥水化加速，混凝土早期强度高；反之亦然。若温度在冰点以下，不但水泥水化停止，而且有可能因冰冻导致混凝土结构疏松，强度严重降低，尤其是早期混凝土应特别加强防冻措施。为加快水泥水化速度，可采用湿热养护的方法，即蒸汽养护或蒸压养护。

另外潮湿的环境有利于水泥水化，有利于强度，故混凝土需潮湿环境养护。一般混凝土在浇筑完毕后12h内应开始对混凝土加以覆盖或浇水。对硅酸盐水泥、普通水泥和矿渣水泥配制的混凝土浇水养护不得少于7d；使用粉煤灰水泥和火山灰水泥，或掺有缓凝剂、膨胀剂，或有防水抗渗要求的混凝土浇水养护不得少于14d。

(5) 试验因素

进行混凝土强度试验时，试件尺寸、形状、表面状态、含水率及试验加荷速度等试验因素都会影响到混凝土强度试验的测试结果。

1) 试件形状尺寸。测定混凝土立方体试件抗压强度，也可以按粗骨料最大粒径的尺寸而选用不同试件尺寸。但是试件尺寸、形状都将影响试件的抗压强度测试结果。因为混凝土试件在压力机上受压时，在沿加荷方向发生纵向变形的同时，也按泊松比效应产生横向膨胀。而钢板的横向变形较混凝土小，因而在压板和混凝土试件受压面形成摩擦力，对试件横向变形起约束作用，这种约束作用称为"环箍效应"。"环箍效应"对混凝土强度有提高作用。离压板越远，这种效应越小。在距离试件受压面 $0.866a$（a 为试件边长）范围外这种效应消失，这种破坏后的形状如图6.4.3所示。

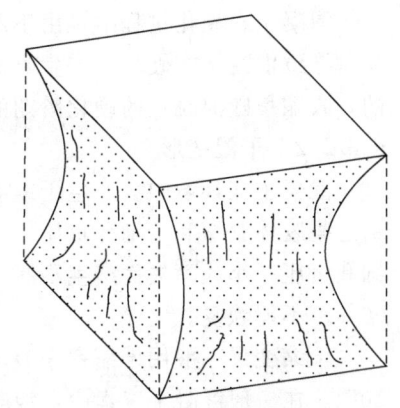

图 6.4.3 混凝土受压破坏

在混凝土强度试验时，试件尺寸越大，测得的强度越低。这包括两个方面的原因，一是"环箍效应"；而是由于大试件内存在的孔隙、裂缝和局部较差等缺陷的几率越大，从而降低了材料强度。

《普通混凝土力学性能试验方法标准》规定边长150mm的立方体试件作为标准试件。当采用非标准尺寸试件时，应将其抗压强度折算成标准试件抗压强度。换算系数如表6.4.3的规定。

表 6.4.3 　　　　　　　　换算系数 α_a、α_b 选用表

骨料最大颗粒直径/mm	换算系数	试件尺寸
31.5	0.95	100mm×100mm×100mm（非标准试件）
40	1.00	150mm×150mm×150mm（标准试件）
63	1.05	200mm×200mm×200mm（非标准试件）

2) 表面状态。当混凝土受压面非常光滑时（如有油脂），由于压板与试件表面的摩擦力减少，使环箍效应减小，试件将出现垂直裂纹而被破坏，测得的混凝土强

度值较低。

3）含水程度。混凝土试件含水率越高，其强度越低。

4）加荷速度。在进行混凝土抗压试验时，若加荷速度过快，材料扩展的速度慢于荷载增加速度，会造成测得强度值偏高。故在进行混凝土立方体抗压强度试验时，应按规定的加荷速度进行。

综上所述，通过对混凝土强度影响因素分析，提高混凝土强度的措施有：采用强度等级高的水泥；采用低水胶比；采用有害杂质少、级配良好、颗粒适当的骨料和合理的砂率；采用合理的机械搅拌、振捣工艺；保持合理的养护温度和一定的湿度，可能的情况下采用湿热养护；掺入合适的混凝土外加剂和掺合料。

6.4.2 混凝土变形性能

混凝土在硬化和使用过程中，由于受物理、化学等因素的作用，会产生各种变形，这些变形是导致混凝土产生裂纹的主要原因之一，从而进一步影响混凝土的强度和耐久性。

6.4.2.1 化学变形

混凝土在硬化过程中，由于水泥水化产物的体积小于反应物（水泥与水）的体积，导致混凝土在硬化时产生收缩，称为化学收缩。混凝土的化学收缩是不可恢复的，收缩量随混凝土的硬化龄期的延长而增加，一般在40d内逐渐趋向稳定。

6.4.2.2 干湿变形

混凝土在环境中会产生干缩湿胀变形。水泥石内吸附水和毛细孔水蒸发时，会引起凝胶体紧缩和毛细孔负压，从而使混凝土产生收缩。当混凝土吸湿时，由于毛细孔负压减小或消失而产生膨胀。干缩变形一部分可以恢复，也有一部分（30%～60%）不能恢复。

干缩变形一般用干缩率来表示，它反映混凝土相对干缩性，其值为 $(3～5)\times 10^{-4}$。在一般混凝土工程中，混凝土干缩值通常取 $(1.5～2)\times 10^{-4}$。

影响混凝土干缩变形的因素主要有：

1）水泥用量、细度、品种。水泥用量越多，水泥石含量越多，干燥收缩越大。水泥的细度越大，混凝土的用水量越多，干燥收缩越大。高标号水泥的细度往往较大，故使用高标号水泥的混凝土干燥收缩较大。使用火山灰质硅酸盐水泥时，混凝土的干燥收缩较大；而使用粉煤灰硅酸盐水泥时，混凝土的干燥收缩较小。

2）水灰比。水灰比越大，混凝土内的毛细孔隙数量越多，混凝土的干燥收缩越大。一般用水量每增加1%，混凝土的干缩率增加2%～3%。

3）骨料的规格与质量。骨料的粒径越大，级配越好，则水与水泥用量越少，混凝土的干燥收缩越小。骨料的含泥量及泥块含量越少，水与水泥用量越少，混凝土的干燥收缩越小。针、片状骨料含量越少，混凝土的干燥收缩越小。

4）养护条件。养护湿度高，养护的时间长，则有利于推迟混凝土干燥收缩的产生与发展，可避免混凝土在早期产生较多的干缩裂纹，但对混凝土的最终干缩率没有显著的影响。采用湿热养护时可降低混凝土的干缩率。

6.4.2.3 温度变形

对大体积混凝土工程，在凝结硬化初期，由于水泥水化放出的水化热不易散发而聚集在内部，造成混凝土内外温差很大，有时可达40~50℃以上，这将使混凝土内部混凝土体积发生膨胀，而外部混凝土却随气温降低而收缩。内部膨胀和外部收缩相互制约，在外表混凝土中将产生很大拉应力，严重时导致混凝土表面开裂。因此对大体积混凝土工程，必须尽量设法减少混凝土发热量，如采用低热混凝土，减少水泥用量，采取人工降温等措施。

混凝土在正常使用条件下也会随温度的变化而产生热胀冷缩变形。混凝土的热膨胀系数与混凝土的组成材料及用量有关，但影响不大。混凝土的热膨胀系数一般为 $(0.6～1.3)×10^{-5}/℃$。为防止温度变形带来的危害，一般超长的钢筋混凝土结构物，应采取每隔一段长度设置伸缩缝以及在结构物中设置温度钢筋等措施。

6.4.2.4 短期荷载作用下的变形

混凝土是一种非均质弹塑性体。在外力作用下，既产生弹性变形，又产生塑性变形，即混凝土的应力与应变的关系不是直线而是曲线，如图6.4.4所示。混凝土的塑性变形是内部微裂纹产生、增多、扩展与汇合等的结果。

在应力-应变曲线上任一点的应力σ与其应变ε的比值，称为混凝土在该应力下的变形模量。从上图可以看出，混凝土的变形模量随应力的增加而减少。在混凝土结构或钢筋混凝土结构设计中，常采用按标准方法测得的静力受压弹性模量E_c。

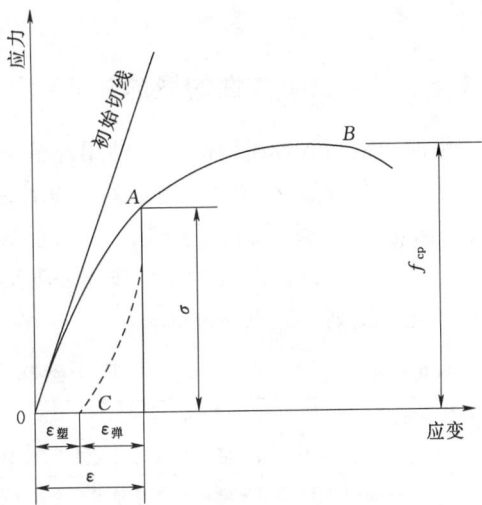

图6.4.4 混凝土在短期压力作用下的应力-应变曲线

静力受压弹性模量试验时，采用 $150mm×150mm×300mm$ 棱柱体作为标准试件，取测定点应力轴心抗压强度的40%，经历多次反复加荷和卸载，最后所得应力-应变曲线与初始切线大致平行，这样测出的变形模量称为静力弹性模量。

混凝土强度越高，弹性模量越高，两者存在一定相关性。当混凝土强度等级由C10增高到C60时，其弹性模量约从 $1.75×10^4 MPa$ 增至 $3.60×10^4 MPa$。混凝土弹性模量取决于骨料和水泥石的弹性模量。水泥石弹性模量低于骨料弹性模量，因而混凝土弹性模量一般低于骨料弹性模量，介于所用骨料和水泥石弹性模量之间。在材料质量不变的条件下，混凝土的骨料含量较多、水胶比较小、养护条件较好及龄期较长时，混凝土弹性模量就较大。蒸汽养护的混凝土弹性模量比标准养护的低。

6.4.2.5 混凝土在长期荷载作用下的变形——徐变

混凝土在长期不变荷载作用下，沿作用力方向随时间而产生的塑性变形称为混凝土的徐变。其特征初期增长较快，然后逐步缓慢，2~3年后趋于稳定。混凝土徐变一般可达 $0.3~1mm/m$。

混凝土生产徐变的原因，一般认为是由于在长期荷载作用下，水泥石中的凝胶体产生黏性流动，向毛细管内迁移，或者凝胶体中的吸附水或结晶水向内部毛细孔迁移渗透所致。从水泥凝结的硬化过程可知，随着水泥的逐渐水化，新的凝胶体逐渐填充毛细孔，使毛细孔的相对体积逐渐减小。在荷载初期或硬化初期，由于未填满的毛细孔较多，凝胶体的迁移较容易，故徐变增长较快。以后由于内部移动和水化的进展，毛细孔逐渐减小，徐变速度愈来愈慢。

混凝土徐变主要是由于凝胶体的黏性流动和滑移造成，混凝土的徐变和许多因素有关。水灰比较小或混凝土在水中养护时，同龄期的水泥石中未填满的孔隙较少，故徐变较小。水灰比相同的混凝土，水泥用量愈多，即水泥石相对含量愈大，其徐变愈大。混凝土所用集料弹性模量较大时，徐变较小。此外，徐变与混凝土的弹性模量也有密切关系。一般弹性模量大者，徐变小。混凝土徐变还与集料级配、粗集料最大粒径、养护条件、受荷应力种类、试件尺寸及试验时的温度等因素有关。

6.4.3 混凝土耐久性的概念

混凝土的耐久性是混凝土在使用环境下抵抗各种物理和化学作用破坏的能力。混凝土的耐久性直接影响结构物的安全性和使用性能。耐久性包括抗渗性、抗冻性、化学侵蚀和碱-集料反应等。在《混凝土结构设计规范》(GB 50010—2010)中，已将混凝土结构耐久性设计作为一项重要内容，并对耐久性做出了明确界定和使用环境类别划分，见表6.4.4。

表6.4.4　　　　　　　　　　　混凝土环境类别

环境类别		条件
一		室内干燥环境；永久的无侵蚀性静水侵蚀环境
二	a	室内潮湿环境；非严寒和非寒冷地区的露天环境；非严寒和非寒冷地区与无侵蚀性的水或土壤直接接触的环境；寒冷和严寒地区的冰冻以下的无侵蚀性的水或土壤直接的环境
	b	干湿交替环境；水位频繁变动环境，严寒和寒冷地区的露天环境；严寒和寒冷地区的冰冻线以上与无侵蚀性的水或土壤直接接触的环境
三	a	严寒和寒冷地区冬季水位冰冻区环境；受冰盐影响环境；海风环境
	b	盐渍土环境；受除冰盐作用环境；海岸环境
四		海水环境
五		受人为或自然的侵蚀性物质影响的环境

6.4.3.1 混凝土的抗渗性

抗渗性是指混凝土抵抗水、油等液体在压力作用下渗透的性能。抗渗性对混凝土的耐久性起重要作用，因为抗渗性控制着水分渗入的速率，这些水可能含有侵蚀性的化合物，同时控制混凝土受热或受冻时水的移动。

混凝土抗渗性主要与其密实度及内部孔隙的大小和构造有关。混凝土内部相互连通的孔隙和毛细管通路，以及由于混凝土施工成型时，振捣不实产生的蜂窝、孔洞都会造成内部混凝土渗水。影响混凝土抗渗性有以下因素：

(1) 水胶比。混凝土水胶比大小，对其抗渗性起决定性作用。水胶比越大，其抗渗性越差。成型密实的混凝土，水泥石本身的抗渗性对混凝土影响最大。

(2) 骨料的最大粒径。在水胶比相同的情况下，混凝土骨料的最大粒径越大，其抗渗性能越差。这是由于骨料和水泥浆的界面处易产生裂隙和较大骨料下方易形成孔洞。

（3）养护方法。蒸汽养护的混凝土，其抗渗性较潮湿养护的混凝土差。在干燥条件下，混凝土早期失水过多，容易形成收缩裂隙，因而降低混凝土的抗渗性。

（4）水泥品种。水泥品种和性质也影响混凝土抗渗性能。

（5）外加剂。在混凝土中掺入某些外加剂，如减水剂等，可减少水胶比，改善混凝土的和易性，因而可改善混凝土的密实性，即提高了混凝土的抗渗性能。

（6）掺合料。在混凝土中加入掺合料，如掺入优质粉煤灰，可提高混凝土密实度、细化孔隙，改善了孔结构和骨料与水泥石界面的过渡区结构，提高了混凝土抗渗性。

（7）龄期。混凝土龄期越长，其抗渗性越好。因而随着水泥水化进行，混凝土的密实度逐渐增大。

混凝土抗渗性用抗渗等级表示。抗渗等级是以 28d 龄期的混凝土标准试件，按规定的方法进行试验，所能承受的最大净水压力来表示。如 P6、P8、P10、P12，相应表示能抵抗 0.6、0.8、1.0 及 1.2MPa 的净水压力而不渗水。

6.4.3.2 混凝土的抗冻性

混凝土的抗冻性是指混凝土在饱水状态下，经受多次冻融循环作用，能保持强度和外观完整性的能力。在寒冷地区，尤其是在接触水又受冻的环境下的混凝土，要求具有较高的抗冻性能。

混凝土抗冻机理较为复杂，通常认为主要原因是混凝土内部孔隙和毛细孔道中的水在负温下结冰时体积膨胀（水结冰时体积膨胀约 9%）造成净水压力，同时内部因冰、水蒸气气压差迫使未冻结水向结冰区迁移造成渗透压力。当两种压力超过混凝土的抗拉强度时，混凝土发生细微裂缝。在反复冻融作用下，混凝土内部的细微裂缝逐渐增多和扩展，最终导致混凝土强度甚至破坏。

混凝土的抗冻性用抗冻等级（F）表示。抗冻等级 F50 以上的混凝土简称为抗冻混凝土。抗冻等级是以 28d 龄期的试件，按标准试验方法（慢冻法）进行反复冻融循环试验时，以同时满足强度损失率不超过 25%，重量损失率不超过 5% 所能承受的最大冻融循环次数来表示。根据混凝土所能承受的最大冻融循环次数（慢冻法），混凝土的抗冻等级划分为 F10、F15、F25、F50、F100、F150、F200、F250、F300 等 9 个等级，相应表示混凝土抗冻性试验能经受 10、15、25、50、10、150、200、250、300 次的冻融循环。当采用快冻法进行试验时，可参照慢冻法进行等级划分。

混凝土抗冻性主要取决于混凝土密实度、内部孔隙大小、特征及冲水程度，也与冰冻速度和冻融循环次数等有关。提高混凝土抗冻性的措施有：降低水胶比、加强振捣、提高混凝土的密实度；掺引气型外加剂，将开口孔变成闭口孔，使水不易进入孔隙内部，同时细小闭孔可减缓冰胀压力；保持集料干净和级配良好；充分养护等。

6.4.3.3 混凝土的碳化

碳化是碳酸盐化的简称，是混凝土内部水泥石中 $Ca(OH)_2$ 与空气之中的 CO_2 在一定湿度条件下发生反应，生成 $CaCO_3$ 和 H_2O 的过程。而空气中的 CO_2 和水分由表及里向混凝土内部扩散。尤其在 50%～65% 的相对湿度下，混凝土受大气中 CO_2 碳化的速度加快。一般来说，当水灰比过高或养护不充分时，碳化较严重。

氢氧化钙转化为碳酸钙相对较易,但若有足够的 CO_2,钙矾石及 C-S-H 等水化产物亦会被碳化。

水泥浆体碱度降低是混凝土碳化的一个明显特征,会引起钢筋混凝土的锈蚀等问题。混凝土表面轻度碳化可使一些孔被碳酸钙密封,对减少碳化层的渗透和提高强度有一定的作用。继续碳化使碳酸钙转变为碳酸氢盐,溶出后孔隙增加;严重碳化的混凝土多孔,易渗透,强度下降,且减弱了其抵抗其他类型的物理化学侵蚀能力,影响混凝土耐久性。

在 CO_2 浓度高(如城市和工业环境)和相对湿度适中(50%~60%)的场合,混凝土的碳化确实是个问题。但是,只有低水泥用量、高水灰比和湿养护不够的多孔、抗渗性差的混凝土才有严重碳化的倾向。混凝土表面层的有限碳化有必要予以关注,因为这将使表面层渗透性降低。混合材掺量过高时,即使在一般 CO_2 含量下也可能增加孔隙率和渗透性,从而降低强度和耐久性。碳化作用降低水泥的碱度是破坏钢筋钝化膜的一个因素,去钝化是钢筋锈蚀的开端,但仅在室外条件下有足够高的空气湿度时才有腐蚀的危险。已有足够的证据表明,只要采用低水灰比和养护得当,可防止破坏性碳化问题。

《普通混凝土长期性能和耐久性能试验方法》(GBJ 82—85)中规定了碳化试验方法,用于测定在一定浓度的 CO_2 气体介质中混凝土试件的碳化浓度,以评定该混凝土的抗碳化能力。碳化试验应采用棱柱体混凝土试件,以 3 块为 1 组,棱柱体的高宽比应不小于 3。无棱柱体时,也可用立方体试件代替,但其数量应相应增加。试件一般应在 28d 龄期进行碳化,采用掺合料的混凝土可根据其特性定碳化前的养护龄期。碳化试验需用碳化箱、气体分析仪及二氧化碳供气装置。碳化到 3d、7d、14d 及 28d 时,各取出试件,破型以测定其碳化深度。以各龄期计算所得的碳化深度绘制碳化时间与碳化浓度的关系曲线,以表示在该条件下的混凝土碳化发展规律。

提高混凝土密实度(如降低水胶比、采用减水剂、保证集料级配良好、加强振捣和养护等)是提高混凝土碳化能力的根本措施。

6.4.3.4 化学侵蚀

混凝土暴露在有化学物的环境和介质中,有可能遭受化学侵蚀而破坏。一般的化学侵蚀有水泥浆体组分的浸出、硫酸盐侵蚀、氯化物侵蚀、碳化等。

6.4.3.5 碱集料反应

某些含活性组分的集料与水泥水化析出的 KOH 和 NaOH 在潮湿环境下缓慢发生反应并导致混凝土开裂破坏的膨胀反应。碱-集料反应有三种类型:碱-氧化硅反应、碱-碳酸盐反应和碱-硅酸盐反应。

由于现场混凝土发生碱骨料反应膨胀要若干年,大量研究都致力于发展评定潜在破坏性骨料的快速度试验方法。不过,这些方法的有效性尚有许多争议。天然火山灰、粉煤灰、硅灰和矿渣等混合材代替水泥,能有效地控制膨胀。

普遍的观点认为碱集料反应发生的必要条件如下:①碱含量高;②集料中存在活性二氧化硅;③潮湿、水分存在。

从工程应用的角度看,避其必要条件之一,即可避免碱集料反应:①尽量采用非活性集料;②当确认为碱活性集料又费用不可时,则严格控制混凝土中碱含量,如采用碱含量小于 0.6% 的水泥,降低水泥用量,选用含碱低的外加剂等;③在水泥中掺入火山灰质混合材料（如粉煤灰、硅灰和矿渣等），这些材料能吸收溶液中的钠离子和钾离子，使反应产物早期能均匀分布在混凝土中，不致集中与集料颗粒周围，从而减轻或消除膨胀破坏；④在混凝土中掺入引气剂或引起减水剂。它们可以产生血多分散的气泡，当发生碱-集料反应时，反应生成的胶体渗入或被挤入这些气泡内，降低了膨胀破坏应力。

6.4.3.6 提高混凝土耐久性的措施

虽然混凝土遭受到各种破坏作用的机理各不相同，影响耐久性的因素也很多，但提高混凝土耐久性的措施却有许多相似之处。最重要的是提高混凝土的密实度、改善混凝土内部孔结构。具体措施主要包括以下几个方面：

（1）选用适当品种的水泥及掺合料，适应工程所处环境。

（2）适当控制混凝土的水胶比及水泥用量，以确保提高混凝土密实度。水灰比的大小是决定混凝土密实性的主要因素，它不但影响混凝土的强度，而且也严重影响其耐久性，故必须严格控制水灰比。保证足够的水泥用量，同样可以起到提高混凝土密实性和耐久性的作用。

《混凝土结构设计规范》（GB 50010—2010）中，对设计使用年限为50年的混凝土结构，从最低混凝土强度等级、最大水胶比、最大氯离子含量和最大碱含量等方面对混凝土材料耐久性提出了基本要求，见表6.4.5。《普通混凝土配合比设计规程》（JGJ 55—2011）中对混凝土最小胶凝材料用量作出了相应规定，以保证混凝土耐久性，见表6.4.6。

表 6.4.5 结构混凝土材料的耐久性基本要求

环境类别		最大水胶比	最低混凝土强度等级	最大氯离子含量/%	最大碱含量/(kg/m³)
一		0.6	C20	0.3	不限制
二	a	0.55	C25	0.20	3
	b	0.50（0.55）	C30（25）	0.15	
三	a	0.45（0.50）	C35（C30）	0.15	
	b	0.4	C40	0.1	

注 1．氯离子含量是指其占胶凝材料总量的百分比。
  2．预应力构件混凝土中的最大氯离子含量为0.05%，最低混凝土强度等级应按表中的规定提高两个等级。
  3．素混凝土构件的水胶比及最低强度等级要求可适当放松。
  4．有可靠工程经验时，二类环境中的最低混凝土强度等级可降低一个等级。
  5．存储与严寒和寒冷地区二b、三a类环境中的混凝土应使用引气剂，并采用括号内的有关参数。
  6．当使用非碱活性集料时，对混凝土中的碱含量可不作限制。
  7．本表取自《混凝土结构设计规范》（GB 50010—2010）的表3.5.3。

表 6.4.6 混凝土的最小胶凝材料用量

最大水胶比	最小胶凝材料用量/(kg/m³)		
	素混凝土	钢筋混凝土	预应力混凝土
0.60	250	280	300
0.55	280	300	300
0.50	320		
≤0.45	320		

注 本表取自《普通混凝土配合比设计规程》（JGJ 55—2011）的表3.0.4。

(3) 掺入优质矿物掺合料，以提高混凝土密实度。

(4) 选用较好的砂、石集料。质量良好、技术条件合格的砂、石集料，是保证混凝土耐久性的重要条件。改善粗细集料的颗粒级配，在允许的最大粒径范围内尽量选用较大粒径的粗集料，可减少集料的空隙率和比表面积，也有助于提高混凝土的耐久性。

(5) 掺用加气剂或减水剂。掺用加气剂或减水剂对提高抗渗、抗冻等有良好的作用，在某些情况下还能节约水泥。

(6) 改善混凝土的施工操作方法。在混凝土施工中，应当搅拌均匀、浇灌和振捣密实及加强养护以保证混凝土的施工质量。

【延伸阅读】

随着我国城镇化进程的发展，建筑垃圾排放量逐年增长，大部分建筑垃圾未经任何处理，被运往郊外或城市周边进行简单填埋或露天堆存，这不仅浪费了土地和资源，还污染了环境；另一方面，随着人口的日益增多，建筑业对砂石集料的需求量不断增长。由废弃混凝土制备的集料称为再生混凝土集料（简称再生集料）。仅仅通过简单破碎和筛分工艺制备的再生集料颗粒棱角多、表面粗糙、组分中还含有硬化水泥砂浆，再加上混凝土块在破碎过程中因损伤累积在内部造成大量微裂纹，导致再生混凝土水量较大、硬化后的强度低、弹性模量低，而且抗渗性、抗冻性、抗碳化能力、收缩、徐变和抗氯离子渗透性等耐久性能均低于普通混凝土。为了提高再生混凝土的性能，须对简单破碎获得的低品质再生集料进行强化处理，即通过改善集料粒形和除去再生集料表面所附着的硬化水泥石，提高集料的性能。再生集料混凝土节约了集料，保护了环境，将建筑材料进行了循环利用。

【本章小结】

混凝土是目前土木工程中用量最大的一种建筑材料。普通混凝土的组成材料中，主要包括水泥、砂、石子和水四个组分。

【习题与思考题】

1.1 选择题

(1) 木材含水的变化对以下哪两种强度影响最大？_____
A. 顺纹抗压强度 B. 顺纹抗拉强度
C. 抗弯强度 D. 顺纹抗剪强度

(2) 真菌在木材中繁殖和生存的必须具备的条件是什么？_____。
A. 水分 B. 适宜的温度
C. 空气中的氧 D. 空气中的二氧化碳

1.2 填空题

(1) 木材在长期荷载作用下不致引起破坏的最大强度称为_____。

(2) 木材随着环境温度的升高，强度会_____。

1.3 问答题

(1) 木材强度的特点如何？影响木材强度的主要因素有哪些？

(2) 什么是木材的纤维饱和点、平衡含水率？各有何实际意义？

第 7 章

砂浆

【本章要点】

本章主要介绍建筑砂浆的组成材料、技术性质、配合比设计和应用。

【能力要求】

通过本学习，学生应掌握建筑砂浆的组成材料、技术性质、配合比设计和应用。

砂浆是由胶凝材料、细集料、掺加料和水泥按适当比例配合、拌制而成的土木工程材料。在建筑工程中，砂浆是一项用量大、用途广的材料，不仅用于砌筑砖石结构，还可以用于砖墙勾缝、大型墙板和各种结构的接缝，也可用于建筑物内外表面（墙面、地面和天棚等）的抹灰以及石材、陶瓷面砖、锦砖等贴面时的黏结和嵌缝。

按功能和用途可分为砌筑砂浆、抹面砂浆、装饰砂浆、修补砂浆、绝热砂浆和防水砂浆。按所用胶凝材料可分为水泥砂浆、石灰砂浆、混合砂浆和聚合物砂浆。水泥砂浆是由水泥、砂和水按一定比例配制而成的，可以配制成强度较高的砂浆，一般用作基础承受较大外力的砌体，潮湿环境或水中砌体、墙面或地面等；石灰砂浆是石灰膏、砂和水按一定比例配制而成，一般用作强度不高、不受潮湿环境的砌体或抹灰层；混合砂浆是由水泥砂浆或石灰砂浆中掺加一定比例的其他材料（如石灰膏、黏土膏等）拌合而成的，主要用于地面以上的墙、柱砌体。混合砂浆不仅节约了水泥或者石灰用量，还改善了砂浆的和易性、保水性，便于施工砌筑。常用的混合砂浆有水泥石灰砂浆、水泥石膏砂浆、水泥黏土砂浆等。

7.1 建筑砂浆的组成材料

7.1.1 胶凝材料

胶凝材料在砂浆中起胶结作用。它是影响砂浆流动性、黏聚性和强度等技术性质的主要组分常用的水泥、石灰、石膏和黏土等。胶凝材料的选用应根据砂浆的用途及使用环境来决定，对于干燥环境中使用的砂浆，可选用气硬性胶凝材料；对潮湿环境或水中使用的砂浆，则必须选用水硬性胶凝材料。

配制砂浆可采用通用硅酸盐水泥或砌筑水泥。水泥品种的选择与混凝土相同。水泥强度等级应根据砂浆品种及强度等级的要求进行选择。水泥强度等级应为砂浆强度等级的 4~5 倍。水泥强度等级过高，将使砂浆中水泥用量不足而导致保水性不良。为了合理利用资源、节约材料，在配制砂浆时，尽量选用低强度等级的水泥。例如，M15 及以下强度等级的砂浆宜选用 32.5 级的通用硅酸盐水泥或砌筑水泥；M15 以上强度等级的砌筑砂浆宜选用 42.5 级通用硅酸盐水泥。在配制不同用途的砂浆时，还可以采用某些专用和特种水泥，例如，砌筑砂浆的砌筑水泥，用于装饰工程的粘贴水泥。

在配制石灰砂浆或混合砂浆时，需使用石灰。它不仅能作为胶凝材料使用，还能砂浆具有良好的保水性。为保证砂浆的质量，应将石灰预先消化，并经"陈伏"，消除过火石灰的膨胀破坏作用后，再在砂浆中使用。在满足工程要求的前提下，也可使用工业废料，如电石灰膏等。

为配制修补砂浆或有特殊要求的砂浆，有时也采用有机胶结剂作为胶凝材料。

7.1.2 细集料（砂）

细集料在砂浆中起骨架和填充作用，对砂浆的流动性、黏结性和强度等技术性能影响较大性能良好的细集料可提高砂浆的工作性能和强度，尤其对砂浆的收缩开裂有良好的抑制作用。

砂浆中使用的细集料，宜选用中砂，并应符合现行业标准《普通混凝土用砂、石质量及检验方法标准》（JGJ 52—2006）的规定，且应全部通过 4.7mm 的筛孔。人工砂、山砂及特细砂，应该经试配以满足砌筑砂浆技术条件要求。

7.1.3 掺加料

在砂浆中，掺加料是为了改善砂浆的和易性而加入的无机材料，如粉煤灰、石灰膏、沸石粉等在砂浆中掺入粉煤灰可改善砂浆的和易性，提高强度，节约水泥和石灰。砂浆中使用粉煤灰满足水泥和混凝土用粉煤灰的要求。

7.1.4 外加剂

为改善砂浆的和易性和其他性能，还可在砂浆中掺入外加剂如增塑剂、减水剂、防冻剂等。在砂浆中掺用外加剂时，不仅要考虑外加剂对砂浆本身性能的影响，还要根据砂浆的用途，考虑外加剂对砂浆使用性能的影响，并通过试验确定外加剂的品种和掺量。比如，在砌筑砂浆中使用外加剂时，不仅要检验外加剂对砂浆性能的影响，还要检验外加剂对砌体性能的影响。

为了改善砂浆的和易性，还可以在砂浆中掺入增塑剂（如微沫剂）。增塑剂的主要成分是引气剂，经强力搅拌能在砂浆中产生微细泡沫，增加水泥的分散性，代替部分石灰膏使用。

7.2 砂浆的技术性质

7.2.1 和易性

新拌砂浆的和易性是指新拌砂浆是否便于施工并保证质量的综合性质，其概念与混凝土拌合物和易性相同。和易性好的新拌砂浆便于施工操作，能比较容易在砖、石等表面上铺砌成均匀、连续的薄层，且与底面紧密地黏结。新拌砂浆的和易性可以根据其流动和保水性来综合评定。

(1) 流动性

砂浆的流动性也叫稠度，是指在自重或外力作用下流动的性能，用砂浆稠度测定仪测定，以沉入度（mm）表示。沉入度越大，流动性越好。砂浆的流动性和许多因素有关，用水量、胶凝材料的种类和用量、砂的种类和颗粒形状、砂浆的搅拌时间和放置时间、环境温度和湿度等均影响其流动性。

砂浆流动性的选择要考虑砌体材料的种类、施工时的气候条件和施工方法等影响因素，可根据表7.2.1和表7.2.2选择砂浆的流动性。

表 7.2.1　　　　　砌筑砂浆的施工稠度

砌 体 种 类	施工稠度/mm
烧结普通砖砌体、粉煤灰砖砌体	70～90
混凝土砖砌体、普通混凝土小型砌块砌体、灰砂砖砌体	50～70
烧结多孔砖、烧结空心砖砌体、轻集料混凝土小型空心砌块砌体、蒸压加气混凝土砌块砌体	30～80
石砌体	30～50

表 7.2.2　　　　　抹灰砂浆的施工稠度

抹 灰 层	施工稠度/mm
底层	90～110
中层	70～90
面层	70～80

(2) 保水性

砂浆的保水性是指新拌砂浆保持其内部水分不泌出流失的能力。保水性不良的砂浆在存放、运输和施工过程中容易产生离析泌水现象。新拌砂浆在存放、运输和使用过程中，都应有良好的保水性，这样才能保证在砌体中形成均匀密实的砂裂缝，以保证砌体的质量。砂浆的保水性用砂浆分层度测量仪来测量，以分层度（mm）表示，分层度大的砂浆保水性差，不利于施工。

影响砂浆保水性的主要因素有：胶凝材料的种类和用量、掺加料的种类和质量、砂的质量及外加剂的品种和掺量。砌筑砂浆的保水率及材料用量见表7.2.3。

表 7.2.3　　　　　砌筑砂浆的保水率及材料用量

砂浆种类	保水率/%	材料用量/(kg·m^{-3})
水泥砂浆	≥80	水泥用量≥200
水泥混合砂浆	≥84	水泥和石灰、电石膏≥350
预拌砌筑砂浆	≥88	胶凝材料用量≥200

7.2.2　砂浆强度等级

砂浆强度等级是以边长为70.7mm的立方体试块，按标准条件［在（20±

3)℃温度和相对湿度为60%~80%的条件下或相对湿度为90%以上的条件] 下养护至28d的抗压强度值确定。根据《砌筑砂浆配合比设计规范》(JGJ/T 98—2010) 的规定，水泥砂浆及预拌砌筑砂浆的强度可分为 M5、M7.5、M10、M15、M20、M25、M30 共七个等级；水泥混合砂浆的强度等级可分为 M5、M7.5、M10、M15 四个等级。

影响砂浆抗压强度的因素有很多，很难用公式来表达强度与各组分之间的关系。因此，实际工程中大多根据经验公式、试配和试验来确定砂浆的配合比。

当基底为不吸水材料（如密实的石材）时，砂浆的抗压强度主要取决于水泥强度和水灰比，关系式如下：

$$f_{m,0} = Af_{ce}\left(\frac{C}{W} - B\right) \tag{7.2.1}$$

式中　$f_{m,0}$ ——砂浆 28d 抗压强度，MPa；

f_{ce} ——水泥 28d 实测抗压强度，MPa；

$\frac{C}{W}$ ——灰水比；

A、B ——系数，可根据试验资料统计确定。

当基地为吸水材料（如砖或砌体多孔材料）时，砂浆强度主要取决于水泥强度和水泥用量，与砌筑前砂浆中的水灰比无关，其关系式如下：

$$f_{m,0} = \frac{\alpha f_{ce} Q_c}{1000} + \beta \tag{7.2.2}$$

式中　$f_{m,0}$ ——砂浆 28d 抗压强度，MPa；

f_{ce} ——水泥 28d 实测抗压强度，MPa；

Q_c ——每立方米砂浆的水泥用量，kg；

α、β ——系数，可根据试验资料统计确定，当为水泥混合砂浆时，$\alpha = 3.03$，$\beta = -15.09$。

7.2.3 黏结强度

砂浆的黏结力主要是指砂浆与基体的黏结强度的大小。砂浆的黏结力是影响砌体抗剪强度、耐久性和稳定性，乃至建筑物抗震能力和抗裂性的基本因素之一。通常，砂浆的黏结强度与抗压强度关系密切，一般砂浆的抗压强度越高黏结力越大。此外，砂浆的黏结强度还有基底材料的温度、表面状态、清洁程润湿情况及施工养护条件有关。在粗糙的、湿润的、清洁的基底上使用且养护良好的砂浆与基底的黏结力较好。因此，砌筑墙体之前应将块材表面清理干净，并浇水润湿，必要时凿毛。砌筑后要加强养护，以提高砂浆与块材之间的黏结强度。有的高级抹灰面施工常掺如乳胶或107胶，以增大砂浆的黏结强度。

7.2.4 收缩性能

收缩性能是指砂浆因物理化学作用而产生的体积缩小现象。其表现形式为由于水分散失和湿度下降而引起的干缩、由于内部热量的散失和温度下降而引起的冷缩、由于水泥水化而引起的减缩和由于砂颗粒沉降而引起的沉缩。

7.3 砌筑砂浆的配合比设计

7.3.1 砌筑砂浆的技术条件

砌筑砂浆配合比是依据《砌筑砂浆配合比设计规程》(JGJ 98—2000)进行设计的,应符合下列技术条件:

(1) 水泥拌合物的表观密度不宜小于1900kg/m³;水泥混合砂浆和预拌砂浆拌合物的表观密度不宜小于1800kg/m³。

(2) 砌筑砂浆的稠度、保水率和适配抗压强度应同时符合表7.2.1、表7.2.3及相关规定要求。

(3) 有抗冻要求的砌体工程,砌筑砂浆应进行冻融试验。砌筑砂浆的抗冻性应符合表7.3.1的规定,且当设计对抗冻性有明确要求时,尚应符合设计规定。

表7.3.1　　　　砌筑砂浆的抗冻性

使用条件	抗冻指标	质量损失率/%	强度损失率/%
夏热冬暖地区	F15	≤5	≤25
夏热冬冷地区	F25		
寒冷地区	F35		
严寒地区	F50		

(4) 砌筑砂浆应采用机械搅拌。搅拌时间应自加水算起,并应符合下列规定:对水泥砂浆和水泥混合砂浆搅拌时间不得少于120s;对预拌砌筑砂浆和掺有粉煤灰、外加保水增稠材料等砂浆搅拌时间不得少于180s。

(5) 砌筑砂浆可加入保水增稠剂、外加剂等,掺量应经适配后确定。

7.3.2 砌筑砂浆配合比的试配

砌筑砂浆配合比的确定应按《砌筑砂浆配合比设计规程》(JGJ 98—2000)进行。

1. 现场配制水泥混合砂浆的试配

(1) 计算砂浆试配强度

砂浆的试配强度可按式 (7.3.1) 计算:

$$f_{m,0} = k f_2 \tag{7.3.1}$$

式中　$f_{m,0}$——砂浆的试配强度,精确至0.1MPa;

　　　f_2——砂浆设计强度(即砂浆抗压强度平均值),MPa;

　　　k——砂浆现场强度标准差,精确至0.01MPa,按表7.3.2确定。

表7.3.2　　　　砂浆强度标准差 σ 与 k 值

施工水平	强度标准差 σ/MPa							k
	M5	M7.5	M10	M15	M20	M25	M30	
优良	1	1.5	2	3	4	5	6	1.15
一般	1.25	1.88	2.5	3.75	5	6.25	7.5	1.2
较差	1.5	2.25	3	4.5	6	7.5	9	1.25

(2) 计算每立方米砂浆中的水泥用量 Q_c

$$Q_c = \frac{1000(f_{m,0} - \beta)}{\alpha f_{ce}} \quad (7.3.2)$$

式中　Q_c——每立方米水泥砂浆的水泥用量，精确至 1kg；
　　　$f_{m,0}$——砂浆试配强度，精确至 0.1MPa；
　　　f_{ce}——水泥实测强度，精确至 0.1MPa；
　　　α、β——砂浆的特征系数。

在无法取得水泥的实测强度时，可按式（7.3.3）计算：

$$f_{ce} = \gamma_c f_{ce,k} \quad (7.3.3)$$

式中　$f_{ce,k}$——水泥强度等级对应的强度值，MPa；
　　　γ_c——水泥强度等级的富余系数，该值按统计资料确定，无统计资料时，可取 1.0。

当计算出的水泥用量不足 200kg/m³ 时，应取 $Q_c = 200$kg/m³。

(3) 计算每立方米砂浆石灰膏用量 Q_D

根据大量实践，每立方米砂浆胶结材料与掺和材料的总量达到350kg，基本上可满足砂浆的塑性要求。因而，掺和料用量的确定可按式（7.3.4）计算：

$$Q_D = Q_A - Q_C \quad (7.3.4)$$

式中　Q_C——每立方米水泥砂浆的水泥用量，精确至 1kg，石灰膏使用时的稠度宜为（120±5）cm；
　　　Q_D——每立方米砂浆石膏用量，精确至 1kg；
　　　Q_A——每立方米砂浆中胶结料和掺和料的总量，精确至 0.1MPa，一般应为 300~350kg/m³。

(4) 确定每立方米砂浆砂用量 Q_S

每立方米砂浆中砂的用量，应按干燥状态（含水率小于 0.5%）的堆积密度值作为计算值。砂浆中的水、胶结料和掺合料是用来填充沙子中的空隙的，因此，1m³ 砂浆含有 1m³ 堆积体积的沙子。

(5) 按砂浆稠度选用每立方米砂浆用水量 Q_W

每立方米砂浆中用水量根据稠度可选用 210~310kg，而用水量的多少对其强度等性能的影响不大，可根据经验以满足施工所需的稠度即可。混合砂浆用水量的选择应注意以下问题：混合砂浆的用水量，不包括石灰膏或黏土膏中的水；当采用细砂或粗砂时，用水量分别取上限和下限；稠度小于 70mm 时，用水量可小于下限；施工现场气候炎热或干燥季节，可酌量增加用水量。

2. 现场配制水泥砂浆的试配

水泥砂浆如按水泥混合砂浆同样计算水泥用量，则水泥用量会普遍偏少。因而水泥砂浆的材料可按表 7.3.3 选用。

3. 现场配制水泥粉煤灰砂浆的试配

水泥粉煤灰砂浆材料用量可按表 7.3.4 选用。

表 7.3.3　　　　每立方米水泥砂浆材料用量　　　　　单位：kg/m³

强度等级	水泥用量	砂子用量	用水量
M5	200～230	砂的堆积密度值	270～330
M7.5	230～260		
M10	260～290		
M15	290～330		
M20	340～400		
M25	360～410		
M30	430～480		

注　1. M15及M15以下强度等级水泥砂浆，水泥强度等级为32.5级；M15以上强度等级水泥砂浆，水泥强度等级为42.5级。
　　2. 当采用细砂或粗砂，用水量分别取上限和下限。
　　3. 稠度小于70mm，用水量可小于下限。
　　4. 施工现场气候炎热或干燥季节，可酌量增加用水量。
　　5. 试配强度的确定与水泥混合砂浆相同。

表 7.3.4　　　　每立方米水泥砂浆材料用量　　　　　单位：kg/m³

强度等级	水泥和粉煤灰总量	粉煤灰	砂	用水量
M5	210～240	粉煤灰掺量可占胶凝材料总量的15%～25%	砂的堆积密度值	270～330
M7.5	240～270			
M10	270～300			
M15	300～330			

7.3.3　砌筑砂浆配合比的调整与确定

（1）砌筑砂浆试配时应采用机械振捣。水泥砂浆和混合砂浆搅拌时间不得少于120s，预拌砌筑砂浆和掺有粉煤灰、外加剂、保水增稠材料等砂浆搅拌时间不得少于180s。

（2）按计算或查表所得配合比进行试拌时，应测定拌合物的稠度和保水率，当不能满足要求时，应调整材料用量，直至符合要求为止。然后确定试配时的砂浆基准配合比。

（3）为了使砂浆强度能在计算范围内，试配时应至少采用三个不同配合比。其中一个为基准配合比，其他配合比的水泥用量应按基准配合比分别增加及减少10%。在保证稠度、保水率合格的条件下，可将用水量、石灰膏、保水增稠材料或粉煤灰等活性掺合料用量作为相应调整。

（4）按国家现行标准《建筑砂浆基本性能试验方法》（JGJ/T 70—2009）的规定，以上述三个配合比配制的砂浆制作试件，并测定表观密度和砂浆强度，选择强度满足要求且水泥用量较少的配合比为所需的砂浆配合比。

（5）砌筑砂浆试配配合比校正

1）根据确定的砂浆试配配合比材料用量，按式（7.3.5）计算理论表观密度值：

$$\rho_t = Q_C + Q_D + Q_S + Q_W \qquad (7.3.5)$$

式中　ρ_t——砂浆的理论表观密度值，应精确至10kg。

2) 应按式 (7.3.6) 计算砂浆配合比校正系数 δ：

$$\delta = \frac{\rho_c}{\rho_t} \quad (7.3.6)$$

式中　δ ——砂浆配合比校正系数；
　　　ρ_c ——砂浆表观密度实测值，应精确至 10kg。

3) 当砂浆的实测表观密度和理论值之差的绝对值不超过理论值的 2% 时，可将试配配合比确定为砂浆设计配合比；当超过 2% 时，应将试配配合比中每项材料用量均乘以校正系数 δ 后，确定砂浆配合比。

(6) 预拌砌筑砂浆砌筑前应进行试配、调整与确定，并应符合《预拌砂浆》(GB/T 25181—2010) 的规定。

7.3.4 砌筑砂浆配合比设计例题

【例 7.1】 要求设计用于砌砖墙用水泥石灰混合砂浆，强度等级为 M7.5，稠度 70~100mm。原料主要参数：水泥为 32.5 级粉煤灰硅酸盐水泥；砂子为中砂，堆积密度为 1450kg/m³，现场砂含水率为 2%；石灰稠度 120mm；施工水平为一般。

【解】　(1) 计算试配强度 $f_{m,0}$
M7.5 砂浆：$f_2 = 7.5\text{MPa}$；$k = 1.2$，则：

$$f_{m,0} = k f_2 = 1.2 \times 7.5 = 9\text{MPa}$$

(2) 计算水泥用量 Q_c
为水泥混合砂浆时，$\alpha = 3.03$，$\beta = -15.09$。

$$f_{ce} = \gamma_c f_{ce,k} = 1 \times 32.5 = 32.5\text{MPa}$$

$$Q_c = \frac{1000(f_{m,0} - \beta)}{\alpha f_{ce}} = \frac{1000[9 - (-15.09)]}{3.03 \times 32.5} = 245\text{kg/m}^3$$

(3) 计算石灰膏用量 Q_D

$$Q_D = Q_A - Q_C = 350 - 245 = 105\text{kg/m}^3$$

石灰膏稠度为 120mm，无需调整。

(4) 计算砂用量 Q_S
根据砂的含水率和堆积密度，砂浆用砂量为：

$$Q_S = 1450 \times (1 + 2\%) = 1479\text{kg/m}^3$$

(5) 计算用水量 Q_W
由于砂浆使用的是中砂，稠度要求较大，在 270~330kg/m³ 范围内取用水量 $Q_W = 300\text{kg/m}^3$。

(6) 试配时各材料用量比
水泥：石灰膏：砂：水 = 245：105：1479：300 = 1：0.43：6.04：1.22

7.4 其他用途砂浆

7.4.1 普通抹面砂浆

(1) 抹面砂浆的定义及其特点
抹面砂浆是指涂抹在基底材料的表面，兼有保护基层和增加美观作用的砂浆。

与砌筑砂浆相比，抹面砂浆具有以下特点：抹面层不承受荷载；抹面层与基底层要有足够的黏结强度，使其在施工中或长期自重和环境作用下不脱落、不开裂；抹面层多为薄层，并分层涂抹，面层要求平整、光洁、细致、美观；多用于干燥环境，大面积暴露在空气中。

（2）抹面砂浆的分类、性能及应用

常用的普通抹面砂浆有水泥砂浆、石灰砂浆、水泥石灰混合砂浆、麻刀石灰砂浆（简称麻刀灰）、纸筋石灰砂浆（简称纸筋灰）等。

抹面砂浆应用与基面牢固地黏合，因此要求砂浆应有良好的和易性及较高的黏结力。抹面砂浆常分两层或三层进行施工。底层砂浆的作用是使砂浆与基层能牢固地黏结，应有良好的保水性。中层主要是为了找平，有时可省去不做。面层主要为了获得平整、光洁地表面效果。

各层抹会面的作用和要求不同，每层所选用的砂浆也不一样。同时，基底材料的特性和工程部位不同，对砂浆技术性能要求不同，这也是选择砂浆种类的主要依据。水泥砂浆宜用于潮湿或强度要求较高的部位；混合砂浆多用于室内底层或中层或面层抹灰；石灰砂浆、麻刀灰、纸筋灰多用于室内中层或面层抹灰。对混凝土基面多用水泥石灰混合砂浆。对于木板条基底及面层，多用纤维材料增加其抗拉强度，以防止开裂。

7.4.2 绝热砂浆

采用水泥、石灰、石膏等胶凝材料与膨胀珍珠岩、膨胀蛭石或陶粒砂等轻质多孔骨料，按一定比例配制的砂浆称为绝热砂浆。绝热砂浆具有质轻和良好的绝热性能，其导热系数约为 $0.07\sim0.1W/(m\cdot K)$，可用于屋面绝热层、绝热墙壁以及供热管道绝热层等处。

7.4.3 吸声砂浆

一般绝热砂浆是由轻质多孔骨料制成的，同时具有吸声性能。还可以用水泥、石膏、砂、锯末（其体积比为1:1:3:5）等配成吸声砂浆，或在石灰、石膏砂浆中掺入玻璃纤维、矿物棉等松软纤维材料。吸声砂浆用于室内墙壁和平顶的吸声。

7.4.4 防水砂浆

制作防水层的砂浆称为防水砂浆。砂浆防水层又称刚性防水层。这种防水层仅用于不受震动和具有一定刚度的混凝土工程或砌体工程。对于变形较大或可能发生不均匀沉陷的建筑物，不宜采用刚性防水层。

防水砂浆可以用普通水泥砂浆来制作，也可以在水泥砂浆中掺入防水剂来提高砂浆的抗渗能力，或采用聚合物水泥砂浆防水。常用的防水剂有氯化物金属盐类防水剂和金属皂类防水剂等。

7.4.5 装饰砂浆

涂抹在建筑物内外墙表面，且具美观装饰效果的抹灰砂浆称为装饰砂浆。装饰砂浆的底层和中层抹灰与普通抹灰砂浆基本相同。主要是装饰砂浆的面层，要选用具有一定颜色的胶凝材料和集料以及采用某种特殊的操作工艺，使表面呈现出各种不同的色彩、线条与花纹等装饰效果。

装饰砂浆采用的胶凝材料有普通水泥、矿渣水泥、火山灰水泥和白水泥、彩色水泥，或是在常用水泥中掺加些耐碱矿物配成彩色水泥以及石灰、石膏等。集料常采用大理石、花岗石等带颜色的细石渣或玻璃、陶瓷碎片。

装饰砂浆还可采取喷涂、弹涂、辊压等新工艺方法，可做成多种多样的装饰面层，操作方便，施工效率可大大提高。

7.4.6 预拌砂浆

预拌砂浆是指专业生产厂生产的湿拌砂浆或干混砂浆。预拌砂浆具有品种丰富、质量稳定、性能优良、文明施工和节能环保等优点，是大力推广的砂浆。《预拌砂浆》(GB/T 25181—2010) 对湿拌砂浆和干混砂浆的类别、代号和性能作出了详细规定。

湿拌砂浆是指水泥、细集料、矿物掺合料、外加剂、添加剂和水，按一定比例在搅拌站经计量、拌制后，运至使用地点，并在规定时间内使用的拌合物。

干混砂浆是指水泥、干燥骨料或粉料、添加剂以及根据性能确定的其他组分，按一定比例，在专业生产厂经计量、混合而成的混合物，在使用地点按规定比例加水或配套组分拌合使用的砂浆。干混砂浆在存运过程中不应受潮和混入杂物。袋装干混砌筑砂浆、抹灰砂浆、地面砂浆、普通防水砂浆、自流平砂浆的保质期为自生产日期起 3 个月，其他袋装干混砂浆的保质期为自生产日期起 6 个月。

【延伸阅读】

上海市某中学教学楼为五层内廊式砖混结构，工程交工验收时质量良好。但使用半年后，发现砖砌体裂缝，墙面抹灰起壳。继续观察一年后，建筑物裂缝严重，以致成为危房不能使用。该工程砂浆采用硫铁矿渣代替建筑砂。其含硫量较高，有的高达 4.6%，请分析其原因。

由于硫铁矿渣中的三氧化硫和硫酸根与水泥或石灰膏反应，生成硫铁酸钙或硫酸钙，产生体积膨胀。而其硫含量较多，在砂浆硬化后不断生成此类体积膨胀的水化产物，致使砌体产生裂缝，抹灰层起壳。需说明的是，该段时间上海的硫铁矿渣含硫较高，不仅此项工程出问题，其他许多是硫铁矿渣的工程亦出现类似的质量问题，关键是硫含量高。

【本章小结】

建筑砂浆由砂、水泥、掺合料和水及外加剂组成，是建筑工程中不可缺少的重要材料之一，主要起胶结、衬垫和传递荷载作用。

新拌砂浆要求有良好的和易性，包括流动性和保水性。砌筑砂浆应进行配合比设计来保证砂浆的强度，从而保证工程质量。

【习题与思考题】

1.1 选择题

(1) 普通抹面砂浆是土木工程中使用量最大的砂浆,下列不是抹面砂浆的主要作用的有_____。

  A. 耐久性   B. 保护墙体   C. 提高抗腐蚀性   D. 承受荷载

(2) 土木工程中,砂浆须具有下列性质_____。

  A. 和易性   B. 耐久性   C. 防水性   D. 抗渗性

1.2 填空题

(1) 土木工程砂浆的流动一般用_____表示。

(2) 土木工程砂浆搅拌时间自开始加水算起,对于水泥砂浆和水泥混合砂浆搅拌时间一般不少_____。

1.3 问答题

(1) 为何用于石砌体的砌筑砂浆施工稠度要低于烧结普通砖和烧结多孔砖等砌体的稠度?

(2) 为什么在一般的砌筑工程中水泥混合砂浆用量最大?

第 8 章

木材

【本章要点】

本章主要介绍木材的构造、物理和力学性质、木材的腐蚀、虫害及防护措施，以及木材产品的种类和应用。本章的重点和难点是木材的防护及其在工程中的应用。

【能力要求】

通过本学习，学生应掌握木材的防护及工程中的主要应用；熟悉木材的主要物理性质及影响因素；了解木材的分类与结构。

木材是人类最早使用的土木工程材料之一。我国在木材建筑技术和木材装饰艺术上都有很高的水平和独特的风格。如世界闻名的天坛祈年殿完全由木材构造，而同样由木材建造的山西五台山佛光寺正殿保存至今已达千年之久。

8.1 木材的分类和构造

8.1.1 木材的分类

木材产自木本植物中的乔木，分为针叶树和阔叶树两大类。大部分针叶树理直、木质较软、易加工、变形小，建筑上广泛用作承重构件和装修材料，如杉树、松树等。大部分阔叶树质密、木质较硬、加工较难、易翘裂、纹理美观，适用于室内装修，如水曲柳、核桃木等。

8.1.2 木材的结构

1. 木材的宏观构造

从木材三个不同切面观察木材的宏观构造可以看出，树干由树皮、木质部、髓心组成。从木材的横切面上看，有许多树种的木材，靠近树皮的部分材色较浅，水分较多，称为边材。在髓心周围部分，材色较深，水分较少，称为心材。

每个生长周期所形成的木材，在横切面上所看到的，围绕着髓心构成的同心圆称为生长轮。温带和寒带树木的生长期，一年仅形成一个生长轮就是年轮。在同一年轮内，生长季节早期所形成的木材，胞壁较薄、形体较大、颜色较浅、材质较松软称为早材（春材）。到秋季形成的木材，胞壁较厚、组织致密、颜色较深、材质较硬称为晚材（秋材）。

2. 木材的微观构造

各种木材的微观构造是各式各样的，针叶材的构造比较简单，阔叶材的构造比较复杂。

针叶树显微构造简单而规则，它主要由管胞和木射线组成。针叶树的木射线一般较细且在肉眼下不可见。一般针叶材的年轮界明显，早材、晚材区别明显。早材壁薄腔大，颜色较浅，晚材则壁厚腔小，颜色较深。

阔叶材的显微构造较复杂，其细胞主要有导管、木纤维、木射线和轴向薄壁组织等。阔叶材因管孔大小和分布不同分为环孔材、散孔材和半环孔材（半散孔材）。环孔材的早材管孔明显比晚材管孔大；散孔材的早材、晚材的管孔的大小没有明显区别。分布也比较均匀；半环孔材是指早材管孔到晚材管孔渐变，但界限不明显。有无导管是区分阔叶材和针叶材的重要标志。

8.2 木材的物理和力学性质

8.2.1 木材的物理性质

（1）密度

木材的实质密度是指构成木材细胞壁物质的密度。约为 $1.5 \sim 1.56 \mathrm{g/cm^3}$，各材种之间相差不大，实际计算和使用中常取 $1.53 \mathrm{g/cm^3}$。

（2）含水率

木材的含水率是木材中水分质量占干燥木材质量的百分比。木材中的水分按其与木材结合形式和存在的位置，可分为自由水、吸附水和化学结合水。

当木材中无自由水，而细胞壁内吸附水达到饱和时，这时的木材含水率称为纤维饱和点。木材的纤维饱和点随树种而异，一般介于 $23\% \sim 32\%$ 之间，通常取 30%。纤维饱和点是木材性质变化的转折点。在纤维饱和点之上，含水量变化是自由水含量的变化，它对木材强度和体积影响甚微；在纤维饱和点之下，含水量变化即吸附水含量的变化将对木材强度和体积等产生较大的影响。

木材中所含的水分是随着环境的温度和湿度的变化而改变的，当木材长时间处于一定温度和湿度的环境中时，木材中的含水量最后会达到与周围环境湿度相平衡，这时木材的含水率称为平衡含水率。

木材的平衡含水率是木材进行干燥时的重要指标。木材的平衡含水率随其所在地区的不同而异，我国北方为 12% 左右，南方约为 18%，长江流域一般为 15%。

（3）湿胀干缩性

木材具有显著的湿胀干缩性。木材含水率在纤维饱和点以下时吸湿具有明显的膨胀变形现象，解吸时具有明显的收缩变形现象。

木材具有各向异性，各个方向的干缩率不同。木材弦向干缩率最大。木材在干燥的过程中会产生变形、翘曲和开裂等现象木材的干缩湿胀变形还随树种不同而异。木材的密度大的、晚材含量多的木材，其干缩率就较大。

8.2.2 木材的力学性质

工程上常利用木材的以下几种强度：抗压、抗拉、抗弯和抗剪。由于木材是一种非均质材料，具有各向异性，使木材的强度有很强的方向性。木材各强度大小的比值关系见表 8.2.1。

表 8.2.1　　　　　木材各强度之间的关系（以顺纹抗压强度为 1）

抗压强度		抗拉强度		抗弯强度	抗剪强度	
顺纹	横纹	顺纹	横纹		顺纹	横纹
1	1/10～1/3	2～3	1/20～1/3	3/2～2	1/7～1/3	1/2～1

木材在长期荷载作用下不致引起破坏的最大强度，称为持久强度。木材的持久强度比其极限强度小得多，一般为极限强度的 50%～60%。木材强度的影响因素主要有：含水率、环境温度、负荷时间、表观密度、疵病等。

木材的含水率在纤维饱和点以内变化时，含水量增加使细胞壁中的木纤维之间的联结力减弱、细胞壁软化，故强度降低；当水分减少使细胞壁比较紧密，故强度增高。对顺纹抗压强度和抗弯强度的影响较大，对顺纹抗拉强度和顺纹抗剪强度影响较小。我国规定，测定木材强度以含水率为 12%（称木材的标准含水率）时的强度测值作为标准。

木材随环境温度升高会降低。当温度由 25℃升到 50℃时，针叶树抗拉强度降低 10%～15%，抗压强度降低 20%～24%。当木材长期处于 60～100℃温度时，会引起水分和所含挥发物的蒸发，而呈暗褐色，强度下降，变形增大。温度超过 140℃时，木材中的纤维素发生热裂解，色渐变黑，强度明显下降。因此，长期处于高温的建筑物，不宜采用木结构。

木材的长期承载能力远低于暂时承载能力。这是因为在长期承载情况下，木材会发生纤维等速蠕滑，累积后产生较大变形而降低了承载能力的结果。一切木结构都处于某一种负荷的长期作用下，因此在设计木结构时，应考虑负荷时间对木材强度的影响。

木材在生长、采伐及保存过程中，会产生内部和外部的缺陷，这些缺陷统称为疵病。木材的疵病主要有木节、斜纹、腐朽及虫害等，会造成木材构造的不连续性或其组织的破坏，影响木材的力学性质，有时甚至能使木材完全失去使用价值。

8.3 木材的防护及应用

8.3.1 木材的干燥

木材作为土木工程材料，最大的缺点是容易腐蚀和燃烧，这些会大大缩短木材的使用寿命，并限制它的应用范围。为了提高木材的耐久性，延长木材的使用寿命，达到充分利用木材和节约木材的目的，在木材使用前都要进行一些必要的防护处理，如干燥、防腐、防虫和防火处理。

8.3.2 木材的防腐

木材的腐蚀是真菌和少量细菌在木材中寄生引起的,腐蚀的木材会影响木材的颜色、收缩、密度、吸水性能、燃烧性能和力学性能。真菌和细菌在木材繁殖生存必须具备一定的条件。木材防腐形成两种方法:一是创造不适合真菌的生存环境;二是把木材变成有毒的物质。

破坏真菌生存的条件,将木材保持在很高的含水率,木材由于缺乏空气而破坏了真菌生存所需的条件,从而达到防腐的目的。如湿存保管法和水存保管法。或者将木材进行干燥,使其含水率降至20%以下(即干法保管法)。在储存和使用木材时要注意通风和排湿。对木材构件表面应刷以油漆,使木材隔绝空气和水汽。

将化学防腐剂注入木材内,使真菌无法生存。这是木材的化学保管法。注入防腐剂的方法很多,通常有表面涂刷法、表面喷涂法、浸渍法、冷热槽浸透法、压力渗透法等,其中以冷热槽浸透法和压力渗透法效果最好。常用防腐剂的种类有:

(1) 水溶性防腐剂——能溶于水,应用方便,主要用于房屋内部,如氟化钠、氯化锌、硫酸铜、硼铬合剂、硼酚合剂等。

(2) 油溶性防腐剂——能溶于油不溶于水,可用于室外药效持久,如林丹五氨酸合剂。

(3) 防腐油——不溶于水,药效持久,但有臭味,且呈暗色,不能油漆,主要用于室外和地下(枕木、坑木、拉木等),如煤焦油等。

8.3.3 木材的防火

木材是木质纤维,易燃烧,它是具有火灾危险性的有机可燃物。木材防火主要对木材及其制品进行表面覆盖、涂抹、深层浸渍阻燃剂等方法使之变成难燃物,以达到遇小火能自熄,遇大火能延缓或阻滞燃烧蔓延的目的,赢得扑灭时间,从而实现防火的目的。

8.3.4 木材的应用

木材除了受真菌侵蚀而腐蚀外,在存储和使用中,经常会受到昆虫的危害。因各种昆虫危害而造成木材缺陷称为虫眼,会破坏木材结构,使木材丧失原有的性质和使用价值。木材的虫害的防治方法,可以采用生态防治、生物防治、物理和化学防治。

木材按供应形式可分为原条、原木、板材和方材。原条是指已经除去皮、根、树梢的木料,但尚未按一定尺寸加工成规定木料。原木是原条按一定尺寸加工而成的规定直径和长度的木料,可直接在建筑中作木桩、格栅、楼梯和木柱等。板材和方材是原木经锯解加工而成的木材,宽度为厚度的三倍和三倍以上的为板材,宽度不足厚度的三倍者为枋材。

木质人造板是利用木材、木质纤维、木质碎料或其他植物纤维为原料,加胶黏剂和其他添加剂制成的板材。常用的木质人造板有胶合板、胶合木、木屑板、木丝板、刨花板等。不少人造板存在游离甲醛释放的问题,《室内装饰装修用人造板及其制品中甲醛释放限量》(GB 18580—2001)对此作出了规定,以防止室内环境受到污染。

(1) 胶合板：胶合板是将一组单板按相邻层木纹方向互相垂直组坯胶合而成的板材。

(2) 胶合木：用较厚的零碎木板胶合成大型木构件，称为胶合木。胶合木可以使小材大用，短材长用，并可使优劣不等的木材放在要求不同的部位，也可克服木材缺陷的影响。可用于承重结构。

(3) 刨花板：刨花板是利用施加或未施加胶料的木质刨花或木质纤维材料（如木片、锯屑和亚麻等）压制的板材。

(4) 木屑板、木丝板、水泥木屑板：利用木材加工的木屑、木丝、刨花拌以黏结剂压制而成。用于保温绝热和吸音。

【延伸阅读】

雍容华贵、典雅精美的红木家具越来越受到消费者的青睐。《红木》国家标准（GB/T 18107—2000）规定了红木的"5属8类"共33个树种作为红木，绝大多数产于东南亚、非洲和南美洲。红木家具购买时需要注意以下几个方面的事项，①加工质量与材质同等重要；②含水率至关重要，国家标准含水率为15％；③商家以低价红木代替高价红木。

【本章小结】

木材是传统使用最早的土木工程材料之一，具有轻质美观、装饰好的特点，但是由于生长周期长、对环境不利，且本身易燃、易遭虫害和各向异性等固有缺陷，在工程应尽量以其他材料代替，以节省木材资源。

【习题与思考题】

1.1 选择题

(1) 木材含水的变化对以下哪两种强度影响最大？_____。

A. 顺纹抗压强度　　　　　　B. 顺纹抗拉强度

C. 抗弯强度　　　　　　　　D. 顺纹抗剪强度

(2) 真菌在木材中繁殖和生存的必须具备的条件有_____。

A. 水分　　　　　　　　　　B. 适宜的温度

C. 空气中的氧　　　　　　　D. 空气中的二氧化碳

1.2 填空题

(1) 木材在长期荷载作用下不致引起破坏的最大强度称为_____。

(2) 木材随着环境温度的升高，强度会_____。

1.3 问答题

(1) 木材强度的特点如何？影响木材强度的主要因素有哪些？

(2) 什么是木材的纤维饱和点、平衡含水率？各有何实际意义？

第 9 章

沥青和沥青混合料

【本章要点】

　　本章主要介绍石油沥青和煤沥青的组成、结构、技术性质的应用，以及沥青制品和沥青混合料。本章的重点和难点是石油沥青和沥青混合料的技术性质和应用。

【能力要求】

　　通过本学习，学生应掌握沥青的基本组成、工程性质和测定方法，沥青混合料在工程中的使用要点；了解沥青的改性主要沥青制品及其用途；沥青混合料的技术性质。

　　沥青是土木工程常见的有机胶凝材料，由高分子碳氢化合物及其衍生物组成的、黑色或深褐色、不溶于水而几乎全溶于二硫化碳的非晶态有机材料。沥青能溶解于多种有机溶剂，具有不透水、不吸水、不导电、耐腐蚀及良好的黏结性和抗冲击性等一系列优点，并具有热软、冷硬的特性。因此，沥青及其混合料广泛应用于防水、防腐、水工建筑和道路工程。

　　沥青按产源的不同可分地沥青和焦油沥青两大类。地沥青来源于石油系统，或天然存在，或从石油人工提炼而得到。地壳中的石油在自然条件下长时间经受地球物理因素作用形成的产物，称为天然沥青；石油经各种炼油工艺得到的沥青产品，称为石油沥青。

　　焦油沥青为各种有机物（煤、页岩、木材等）干馏加工得到的焦油再加工而得到的产品。焦油沥青按其焦油获得的有机物名称命名，如煤干馏所得的煤焦油，经再加工得到的沥青称为煤沥青。

　　建筑工程和道路工程主要应用石油沥青，少量使用煤沥青。

9.1　石油沥青

9.1.1　石油沥青的组成

　　石油沥青是由石油经蒸馏、吹氧、调和等工艺加工得到的残留物，主要为可溶于二硫化碳的碳氢化合物的半固体黏稠状物质。沥青是高分子碳氢化合物及其非金属（氧、氮、硫）衍生物组成的混合物，是石油产品中相对分子量最大、组成及结构最复杂的部分。除主要元素碳、氢以外，其余是氧、硫、氮和一些微量金属元素。对石油沥青的化学组分,许多研究者曾提出不同的分析方法。我国现行标准《公路工程沥青及沥青混合料试验规程》(JTJ 052—2000)规定有三组分和四组分两种分析方法。

(1) 三组分分析法

三组分分析法是将石油沥青分离为油分、树脂和沥青质三个组分。该方法的原理是利用不同组分对抽提溶剂的选择性溶解和对吸附剂的选择性吸附,所以也称为溶解—吸附法。其组分形状见表9.1.1。

表 9.1.1　　　　　石油沥青四组分分析法的主要组分形状

组分	外观特征	分子量	碳氢比	特 征
油分	淡黄色透明液体	200～700	0.5～0.7	溶于大部分有机溶剂
胶质	褐色黏稠状物质	800～3000	0.7～0.8	温度敏感性高
沥青质	深褐色固体微粒	1000～5000	0.8～1	加热不融化

油分赋予沥青以流动性,油分含量的多少直接影响沥青的柔软性、抗裂性及施工难度。油分可以在一定条件下转化成树脂和沥青质。

胶质是褐色黏稠状物质,以往也曾称为树脂。它主要使沥青具有塑性和黏性,分为中性胶质和酸性胶质,中性胶质使沥青具有一定的塑性、可流动性和黏结性,其含量增加,沥青的黏聚力和延伸性增加。沥青胶质中还含有少量的酸性胶质,它是沥青中活性最大的部分,能改善沥青对矿质材料的浸润性,特别是提高了与碳酸盐类岩石的黏附性,增加了沥青的可乳化性。其含量为15%～30%。

沥青质决定着沥青的黏结力、黏度和温度稳定性,以及沥青的硬度、软化点等。沥青质含量增加时,沥青的黏度和黏结力增加,硬度和温度稳定性提高。其含量在5%～30%。

除三个主要组分外,还有蜡、沥青碳和似碳物。蜡在45℃左右就会转化为液态,破坏沥青的胶体结构,降低沥青的延度和黏结力,其含量一般2%～4%。沥青碳和似碳物是沥青受到高温影响脱氢而生成,会降低沥青的黏结力,其含量一般2%～3%以下。

三组分分析的优点是组分界限很明确,组分含量能在一定程度上说明它的工程性能,但是它的主要缺点是分析流程复杂,分析时间较长。

(2) 四组分分析法

四组分分析法是将沥青分离为沥青质、饱和分、芳香分和胶质。其组分形状见表9.1.2。

表 9.1.2　　　　　石油沥青四组分分析法的主要组分形状

性状	外观特征	平均比重	平均分子量	主要化学结构
饱和分	无色液体	0.89	625	烷烃、环烷烃
芳香分	黄色至红色液体	0.99	730	芳香烃,含S、衍生物
胶质	棕色黏稠液体	1.09	970	多环结构,含S、O、N衍生物
沥青质	深棕色至黑色固体	1.15	3400	缩合环结构,含S、O、N衍生物

研究表明，沥青的性质与各组分的含量比例有密切关系。沥青质含量高，则沥青的黏度增大，温度敏感性降低；饱和分增大则使沥青黏度降低；胶质含量增加可使沥青延度增大。

还需说明的是，蜡组分对沥青性能有重要而复杂的影响。蜡组分较复杂，从饱和分中分离得到的是饱和蜡，主要为正、异构烷烃及环烷烃结构，呈细小结构的针状晶粒；而从饱和分中分离得到的芳香蜡主要是带侧链的芳构组成，晶粒更细小，呈雪花状。蜡对沥青性能的影响不仅取决于其含量，还取决于其形态。研究表明，不同形态的蜡对沥青性能的影响不尽相同。

9.1.2 石油沥青的结构

沥青的性质不仅取决于沥青的化学组分，也取决于沥青的胶体结构。现代胶体理论认为：大多数沥青属于胶体体系。它是以固态超细微粒的沥青质为分散相，成为核心，吸附了极性较强的半固态胶质形成的胶团，再由无数胶团分散于油分中形成胶体结构。根据石油沥青中各组分的化学组成和相对含量的不同，可以形成溶胶型、凝胶型、溶胶-凝胶型三种不同的胶体结构。

（1）溶胶型

当地沥青质含量相对较少时，油分和树脂含量相对较高，胶团外膜较厚，胶团之间相对运动较自由。这时沥青形成溶胶结构。具有溶胶结构的石油沥青黏性小而流动性大且塑性较好，开裂后自行愈合能力较强，低温时变形能力较强，但温度稳定性较差，温度过高会发生流淌。

（2）凝胶型

当地沥青质含量较多而油分和树脂较少时，胶团外膜较薄，胶团靠近聚集，移动比较困难，这时沥青形成凝胶结构。具有凝胶结构的石油沥青弹性和黏结性较高，温度稳定性较好，但塑性较差。

（3）溶胶-凝胶型

当地沥青质含量适当（例如：15%～25%），并有较多的树脂作为保护膜层时，这样形成的胶团数量较多，胶体中胶团溶度增加，胶团之间的距离相对靠近，胶团之间保持一定的吸引力，这时沥青形成溶胶-凝胶结构。溶胶-凝胶型石油沥青的性质介于溶胶型和凝胶型两者之间。溶胶-凝胶型沥青特点是高温时具有较低的高温性，低温时又具有较强的变形能力。修筑现代高等级沥青路面用的沥青，都属于这类胶体结构的沥青。通常，环烷基稠油的直馏沥青或半氧化沥青，以及按要求重新调和的调和沥青等，均属于这类沥青。

沥青的胶体结构可用针入度指数（PI）判断。当 PI<−2 时，沥青属于溶胶结构；当 PI>2 时，沥青属于凝胶结构；介于其间的属于溶胶－凝胶结构。

9.1.3 石油沥青的技术性质

沥青是憎水性材料，不溶于水，常用于道路工程和建筑防水。为保证工程质量，正确选用材料，必须掌握沥青的主要技术性质，并了解其测试方法。其中，针入度、延度和软化点是评价黏稠石油沥青牌号的三大指标。

1. 黏滞性

沥青作为胶体材料必须具有一定的黏结力。沥青的黏滞性（简称黏性）是指石油沥青内部阻碍其相对流动的一种特性，它反映石油沥青在外力作用下抵抗变形的能力。黏滞性是沥青技术性质中与沥青路面力学行为联系最密切的一种性质。它是划分沥青牌号的主要技术指标。

各种石油沥青的黏滞性变化范围很大，黏滞性的大小与其组分和温度有关，石油沥青中沥青质含量较多，同时适量树脂，而油分含量较少时，黏滞性较大。黏滞性受温度影响较大，在一定温度范围内，温度升高，黏度降低；反之，黏度增大。

沥青黏滞性的测定方法有很多，可以分为两大类：一类是"绝对黏度"法，通常采用仪器有毛细管黏度计等，其测定方法很复杂；另一类是工程上常用的相对黏度（条件黏度）法。测定相对黏度常用针入度仪和标准黏度计：针入度仪是测定黏稠沥青的相对黏度；标准黏度计是测定较稀沥青的相对黏度。

(1) 针入度试验

我国石油沥青采用的是针入度分级的标准体系，按针入度划分石油沥青牌号。

针入度是在规定的温度和时间内，附加一定质量的标准针垂直贯入沥青的深度，以 0.1mm 计。针入度是采用针入度仪测定，针入度测定仪如图 9.1.1 所示。《沥青针入度测定法》(GB/T 4509—2010) 规定，针入度试验是在规定温度 (25±0.1)℃ 的条件下，以规定的质量 (100±0.05) g 的标准针，经历规定的时间 (5s) 贯入试样中的深度，以 0.1mm 为单位表示。显然，针入度越大，表示沥青越软，稠度越小。实际上，针入度是测定沥青稠度一种指标，通常稠度高的沥青，其黏度越大。

(2) 针入度试验

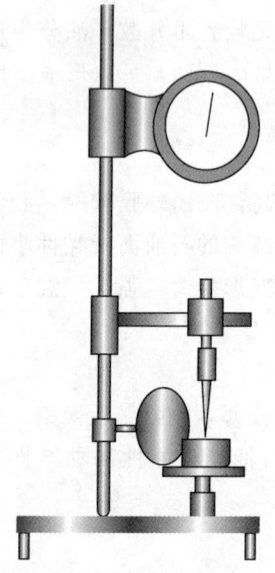

图 9.1.1 针入度试验示意图

标准黏度计试验是测定液体沥青、煤沥青和乳化沥青等黏度通常采用的方法。该试验方法是液体状态的沥青材料，在标准黏度计中，与规定的温度条件下，通过规定孔径（3mm、5mm 或 10mm）的流出孔，测定流出 50mL 体积沥青所需要的时间，以 s 计，常用符号 $C_{T,d}$ 表示，T 为测试温度，d 为流孔直径。在相同温度和流孔直径的条件下，流出时间越长，表示沥青黏度越大。

2. 延展性

沥青的延展性通常用延度作为条件延性指标来表征，是以规定形态的沥青试样在规定的温度下以一定的速度受拉伸至断开时的长度，以 cm 计。

《沥青延度测定法》(GB/T 4508—2010) 规定，沥青延度是把沥青试样做成∞字形标准试模（中间最小截面积为 1cm²），然后移到延度仪中进行试验。在一定的拉伸速度和一定温度下拉伸至断裂时的长度，以 cm 为单位。非经特殊说明，试验温度为 (25±0.1)℃，拉伸速度为 (25±0.1) cm/min。延度测定的示意图如图 9.1.2 所示。石油沥青延度值越大，表示其塑性较好。

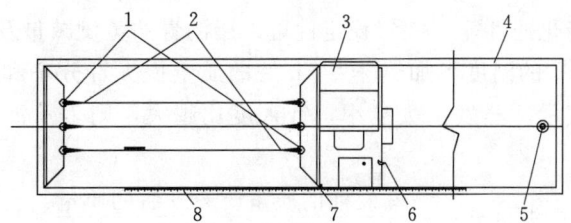

图 9.1.2 延度试验示意图

1—试模；2—试样；3—电机；4—水槽；5—泄水孔；6—开关柄；7—指针；8—标尺

沥青的延度与其化学成分、流变特性、胶体结构等存在密切关系。研究表明，当沥青树脂含量较多，且其他组分含量也适当时，其延展性较好；当沥青化学组分不协调，胶体结构不均匀，含蜡量增加时，都会使沥青的延度相对降低。一般来说，在常温下，延性越好的沥青在产生裂缝时，其自愈能力越强。而在低温时延度越大，则沥青的抗裂性能越好。

3. 温度敏感性

温度敏感性是指石油沥青的黏滞性和塑性随温度升降而变化的性能，在不同温度条件下变现为完全不同的性状，这是沥青材料最具特色的而又最重要的性质。沥青的感温性主要表现为稠度的变化，在沥青路面的设计、施工和使用中对工程质量起着重要的作用。变化程度小，则沥青温度敏感性小，反之则温度敏感性大。常用的指标有软化点、针入度指数、针入度黏度指数（PVN）、黏度-温度敏感性指数（VTS）等，是沥青的重要指标之一。工程中常用软化点指标。

（1）软化点

沥青材料是一种非晶质高分子材料，是一种混合物，是没有严格熔点的黏性物质。《沥青软化点测定法 环球法》（GB/T 4507—2014）规定，把沥青试样注入内径为 18.9mm 的铜环内，环上置一直径 9.53mm、重 3.5g 的钢球，浸入水或甘油中，按规定升温速度（每分钟 5℃）从 0℃ 开始升温，使沥青软化下垂。当沥青下到规定距离 25mm 时的温度，即为沥青软化点（℃）。

沥青软化点是反映沥青敏感性的重要指标，软化点越高，沥青的温度敏感性越小。工程要求沥青随温度变化而产生的黏滞性及塑性变化幅度应较小，即温度敏感性较小，以免沥青高温下流淌，低温下脆裂。

（2）针入度指数（PI）

针入度指数（PI）用以描述沥青的温度敏感性，宜在 15℃、25℃、30℃ 等 3 个或 3 个以上温度条件下测定针入度后按规定的方法计算得到，无量纲。需要说明的是，针入度值的大小和针入度指数的大小是两码事。针入度值用以表述稠度的指标；针入度指数是反映沥青的温度敏感性指标。针入度指数越大，表示沥青温度敏感性愈小。

大量试验表明，沥青针入度值的对数（$\lg P$）与温度（T）具有线性关系。针入度指数是根据一定温度变化范围内沥青性能的变化来计算的，因此，可利用针入度指数来反映沥青性能随温度的变化规律。针入度指数不仅能用来评价沥青的温度敏感性，同时也可以用来判断沥青的胶体结构。

4. 大气稳定性

大气稳定性即耐老化性能，是指石油沥青在热、阳光、氧气和潮湿等因素长期综合作用下抵抗老化的性能。大气稳定性可以用沥青的蒸发减量及针入度变化来表示，即试样在160℃的温度下加热蒸发5h后的质量损失百分率和蒸发前后的针入度比两项指标来表示。蒸发损失越小，针入度比越大，则表示沥青的大气稳定性越好。

$$蒸发损失百分率 = \frac{蒸发前的质量 - 蒸发后的质量}{蒸发前的质量} \times 100\%$$

$$蒸发后针入度比 = \frac{蒸发后的针入度}{蒸发前的针入度} \times 100\%$$

5. 施工安全性

沥青材料在使用时必须加热，当加热至一定温度时，沥青材料中挥发的油分蒸汽与周围空气组成混合气体，此混合气体遇火焰则易发生闪火。若继续加热，油分蒸汽的饱和度增加，由于此种蒸汽与空气组成的混合气体遇火焰极易燃烧而引起火灾。为此，必须测定沥青加热闪火和燃烧的温度，即所谓闪点和燃点。

闪点是沥青试样在规定盛样器内按规定的升温速度受热时所蒸发的气体与火焰接触，初次发生一瞬即灭的火焰时的温度，以℃为计量单位。

燃点是指在空气中加热时，开始并继续燃烧的最低温度，也称着火点。一般燃点比闪点约高10℃。

闪点和燃点的高低表明沥青引起火灾或爆炸的可能性的大小，它关系到运输、储存和加热使用等方面的安全性。闪点和燃点是保证沥青加热质量和施工安全的一项重要指标。《公路工程沥青及沥青混合料试验规程》（JTG E20—2011）中规定黏稠石油沥青、聚合物改性沥青及闪点79℃以上的液体石油沥青的闪点和燃点作为评价施工安全性。

6. 沥青的溶解度

沥青溶解度指石油沥青在规定溶剂中可溶物的含量，以质量百分率表示。《公路工程沥青及沥青混合料试验规程》（JTG E20—2011）规定，非经注明，溶剂为三氯乙烯。它反映了沥青中有效物质含量、纯净程度，用以限制有害的不溶物（如沥青碳或似碳物）含量。

9.1.4 石油沥青的应用

1. 沥青的选用

选用沥青的原则是根据工程类别（房屋、道路或防腐）及当地气候条件、所处工程部位（屋面、地下）等具体情况，合理选用不同品种牌号的沥青。

在满足使用要求的前提下，尽量选用较大牌号的石油沥青，以保证较长的使用年限。

建筑石油沥青多用来制作防水卷材、防水涂料、沥青胶和沥青嵌缝膏，用于建筑屋面和地下防水、沟槽防水防腐，以及管道防腐等工程。

道路石油沥青多用来拌制沥青砂浆和沥青混凝土，用于道路路面、车间地坪及地下防水工程。一般选用黏性较大和软化点较高的石油沥青。

一般屋面用的沥青，软化点应比当地屋面可能达到的最高温度高出20～30℃，亦即比当地最高气温高出50℃左右。

一般地区可选用30号的石油沥青，夏季炎热地区宜选用10号石油沥青。但严寒地区一般不宜使用10号石油沥青，以防冬季出现脆裂现象。地下防水防潮层，可选用60号或100号石油沥青。

普通石油沥青由于含有较多的蜡，故温度敏感性较大，在建筑工程上不宜直接使用，可以采用吹气氧化法改善其性能。

常用石油沥青的简易辨别方法见表9.1.3。

表 9.1.3　　　　　　　　石油沥青牌号简易辨别方法

牌　号	简 易 辨 别 方 法
100～140	质软
60	用铁锤敲，不碎，只变形
30	用铁锤敲，不碎，只变形
10	用铁锤敲，成为大的碎块，表面黑色有光

2. 沥青的掺配使用

当单独用一种牌号的沥青不能满足工程耐热要求时，可以用同产源的两种或三种沥青进行掺配。当两种沥青掺配量可按式（9.1.1）、式（9.1.2）进行估算：

$$Q_1 = \frac{T_2 - T}{T_2 - T_1} \times 100\% \tag{9.1.1}$$

$$Q_2 = 100 - Q_1 \tag{9.1.2}$$

式中　Q_1——较软沥青用量，%；

Q_2——较硬沥青用量，%；

T——要求配置沥青的软化点，℃；

T_1——较软沥青的软化点，℃；

T_2——较硬配置沥青的软化点，℃。

3. 改性沥青

通常，普通石油沥青的性能不一定能全面满足使用要求，为此，常采取措施对沥青进行改性。性能得到不同程度改善后的沥青，称为改性沥青。改性沥青是指掺加橡胶、树脂、高分子聚合物、磨细的橡胶粉或其他填料等外掺剂（改性剂），或者采取对沥青轻度氧化等措施，使沥青性能得以改善而制成的沥青结合料。

（1）氧化改性

氧化改性也称吹制，是在250～300℃的高温下向残留沥青或渣油吹入空气，通过氧化作用和聚合作用，使沥青分子变大，提高沥青的黏度和软化点，从而改善沥青的性能。

工程上使用的道路石油沥青、建筑石油沥青和普通石油沥青均为氧化沥青。

（2）矿物填充料改性

为提高沥青的黏结力和耐热性，降低沥青的温度敏感性，经常在石油沥青中加入一定数量的矿物填充料进行改性。常用的改性矿物填充料大多是粉状和纤维状的，主要有滑石粉、石灰石粉和石棉等。

矿物填充料之所以能对沥青进行改性，是因为沥青对矿物填充料的湿润和吸附作用。沥青成单分子排列在矿物颗粒（或纤维）表面，形成结合力牢固的沥青薄膜。这部分沥青称为"结构沥青",具有较高的黏性和耐热性。为形成恰当的结构薄膜,掺入的矿物填充料数量要恰当,一般填充料的数量不宜少于15%。

(3) 橡胶改性沥青

橡胶改性沥青是一类重要的石油改性沥青,能与沥青有较好的混溶性,并能使沥青具有橡胶很多优点,如高温变形小、低温柔性好等。沥青掺入一定量橡胶后,可改善其耐热性、耐候性等。常用于沥青改性的橡胶有氯丁橡胶、丁基橡胶、再生橡胶等。氯丁橡胶改性沥青,其气密性、低温柔性、耐化学腐蚀性、耐光性都得到大大改善。丁基橡胶改性沥青具有优异的耐分解性,并有较好的低温抗裂性和耐热性,多用于道路路面工程和制作密封材料和涂料。

(4) 树脂改性沥青

树脂改性沥青可以改进沥青的耐寒性、耐热性、黏结性和不透气性。由于石油沥青含芳香性化合物较少,因而树脂和石油沥青的相容性较差,而且用于改性沥青的树脂品种较少,常用品种有:古马隆树脂、聚乙烯、无规聚丙烯APP等。无规聚丙烯APP改性沥青克服单纯沥青冷脆热流缺点,具有较好的耐高温下,特别适合炎热地区。APP改性沥青主要用于生产防水卷材和防水涂料。

4. 乳化沥青

乳化沥青是石油沥青与水在乳化剂、稳定剂等的作用下,经乳化加工制的均匀沥青产品,也称沥青乳液。

乳化沥青具有众多优点,冷态施工节约能源,施工便利节约能源,延长施工的季节时间,节约沥青,提高道路质量,同时可以改善施工条件,减少污染。乳化沥青主要缺点:一是储存期较短,一般不超过半年,且储存温度一般在0℃以上;二是乳化沥青修筑道路的成型期较长,初期还需控制车辆的车速。

9.2 煤沥青

各种天然有机物(如煤、木材、泥炭或页岩等)隔绝空气的条件下,经焦化、干馏得到的黏性液体,统称焦油,俗称柏油。焦油再进一步加工得到黏稠液体以至半固体的产品称为焦油沥青。通常加工焦油沥青的原材料为煤,故称煤焦油沥青,简称煤沥青。

9.2.1 煤沥青的组成

煤沥青主要是由碳、氢、氧、硫和氮等5种元素组成。因为它的高度缩聚和短侧链的特点,所以它的碳氢比要比石油沥青大很多。由于煤沥青是由复杂化合物组成的混合物,分离为单体组成十分困难,故目前煤沥青化学组分的研究与前述石油沥青方法相同,也是采用选择性溶解等方法,将煤沥青分为几个化学性质相近,且与路面性能有一定联系的组。常将煤沥青分离为游离碳、油分、软树脂和硬树脂四个组分。

(1) 游离碳

游离碳又称自由碳,是高分子的有机化合物的固态碳质微粒,不溶于有机溶剂,加热不熔,但高温分解。煤沥青的游离碳含量增加,可提高其黏度和温度稳定性。但随着游离碳含量增加,其低温脆性也增加。

(2) 油分

它是液态碳氢化合物。与其他组分比较为最简单结构的物质。

(3) 树脂

树脂为环心含氧碳氢化合物。分为两类:硬树脂,类似石油沥青中的沥青质;软树脂,赤褐色黏-塑性物,溶于氯仿,类似石油沥青中的树脂。

除上述的基本组成外,煤沥青的油分中还含有萘、蒽和酚等。萘和酚能溶解于有油分中,在含量较高或低温时能呈固态晶状态析出,影响煤沥青的低温变形能力。酚为苯环中含羟物质,能溶解于水,且容易被氧化。

煤沥青中的酚、萘和水均为有害物质,因此它们的含量必须加以限制。

9.2.2 煤沥青的结构

煤沥青和石油沥青相类似,也是复杂的胶体分散体系,游离碳和硬树脂组成的胶体微粒为分散相,油分为分散介质。而软树脂为保护物质,吸附于固态分散胶粒周围,逐渐向外扩散,并溶解与油分中,使分散系形成稳定的胶体体系。

9.2.3 煤沥青的技术性质

煤沥青与石油沥青相比有不少共同点,但由于组分不同,在技术性质上有下列差异:

(1) 温度稳定性较低。煤沥青是一种较粗的分散系,同时树脂的可溶性较高,所以表现为热稳定性较低。当在一定温度下,随着煤沥青的黏度降低,减少了热稳定性不好的可溶性树脂,而增加了热稳定性好的油分含量。当煤沥青黏度升高时,粗分散相的游离碳含量增加,但不足以补偿由于同时发生的可溶性树脂数量的变化带来的热稳定性损失,所以煤沥青受热易软化,冬季易硬脆。

(2) 塑性差。因含有较多的游离碳,所以在使用时易因受力变形而开裂。

(3) 气候稳定性差。煤沥青化学组成中含有较高含量的不饱和芳香烃,这些化学物有相当大的化学潜能,它在周围介质(空气中的氧、日光的温度和紫外线以及大气降水)的作用下,老化进程较石油沥青快。

(4) 与矿物集料的黏附性较好。煤沥青主要技术性质都比石油沥青差,又含有蒽、酚,有毒性和臭味,所以建筑工程上较少使用,但它的防腐能力强,故用于地下防水层或作防腐材料等。

9.3 沥青混合料

沥青混合料是用适当比例的沥青材料与一定级配的矿质材料(粗集料、细集料,如碎石、石屑、砂等)及填料经过充分拌合而形成的混合物。将这种混合物加以摊铺、碾压成型,即成为各种类型的沥青面层。

9.3.1 沥青混合料的组成结构

沥青混合料主要由矿质集料、沥青和空气三相组成,同时含有水分,是典型多相多成分体系。根据粗细集料的比例不同，其结构组成有三种，即悬浮密实结构、骨架空隙结构和骨架密实结构。如图9.3.1所示。

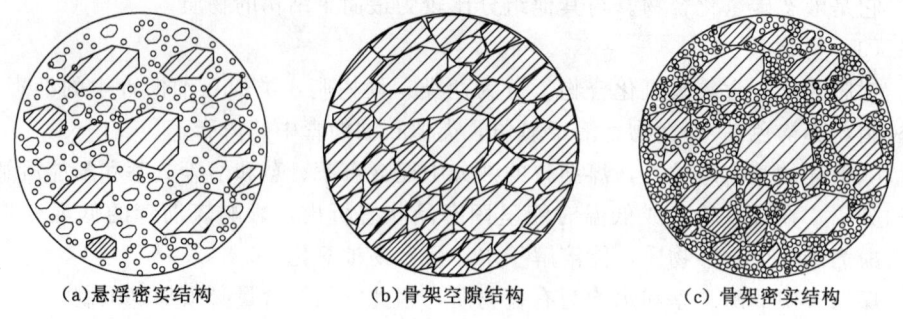

(a)悬浮密实结构　　(b)骨架空隙结构　　(c)骨架密实结构

图9.3.1　沥青混合料的典型组成结构

（1）悬浮密实结构

连续级配的沥青混合料，由于细集料的数量较多，粗集料被细集料挤开，以悬浮状态位于细集料之间，不能直接形成骨架。这种结构的沥青混合料密实度较高，内摩擦角小，黏聚力较高，高温稳定性较差。

（2）骨架空隙结构

连续级配的沥青混合料，由于细集料的数量较少，粗集料之间不仅能紧密相连，而且有较多的空隙。这种结构沥青混合料的内摩擦角较大，黏聚力较低，温度稳定性好。当沥青路面采用这种形式的沥青混合料，沥青面层以下需要做下封层。

（3）骨架密实结构

间断级配的沥青混合料，是上面两种形式的有机组合。它既有一定数量的粗集料形成骨架，又有足够的细集料填充到粗集料之间的空隙中去。因此，这种结构的沥青混合料的密实度、内摩擦角和黏聚力都较高，温度稳定性好。

9.3.2　提高沥青混合料强度的措施

提高沥青混合料强度的措施包括两个方面：一是提高矿质集料之间的嵌挤力和摩阻力；二是提高沥青与矿料之间的黏结力。为了提高沥青混合料的嵌挤力和摩阻力，要选用表面粗糙、形状方正、有棱角的矿料，并适当增加矿料的粗度。此外，合理地选择混合料的结构类型和组成设计，对提高沥青混合料的强度也具有重要作用。当然，混合料的结构类型和组成设计还必须根据稳定性方面的要求，结合沥青材料的性质和当地自然条件加以权衡确定。

9.3.3　沥青混合料的技术性质

1. 高温稳定性

沥青混合料的高温稳定性是指混合料在高温（通常为60℃）的条件下，经车辆荷载长期重复作用后，不产生车辙和波浪等病害的性能。《公路沥青路面施工技术规范》（JTG F40—2004）规定，采用马歇尔稳定试验来评价沥青混合料的高温稳定性；对于高速公路、一级公路、城市快速路、主干路用沥青混合料，还应通过车辙试验检验其抗车辙能力。

(1) 马歇尔稳定试验

马歇尔稳定试验是沥青混合料中最重要的一个试验方法，用以进行沥青混合料的配合比设计或沥青路面施工质量检验，目前主要测定马歇尔稳定度（MS）、流值（FS）两项指标。稳定度是指标准尺寸试件在规定温度和加荷速度下，在马歇尔仪中最大的破坏荷载（kN）；流值是达到最大破坏荷载时试件的垂直变形（以0.1m 计）。

(2) 车辙试验

我国的试验方法是用标准成型方法，制成尺寸 300mm×300mm×500mm 的沥青混合料试件，在 60℃的条件下，以一定荷载的轮子在同一轨迹上做一定时间的反复行走，形成一定的车辙深度，然后计算试件产生 1mm 变形所需试验车轮行车次数，即为动稳定度。

影响沥青混合料高温稳定性因素主要有沥青的用量、黏度和矿料的级配、尺寸和形状等。提高路面的高温稳定性，可采用提高沥青混合料的黏结力和内摩阻力的方法。增加粗集料的含量可以提高沥青混合料的内摩阻力；适当提高沥青材料的黏度，控制沥青与矿料的比值，严格控制沥青用量。均能改善沥青混合料的黏结力。这样就可以增强沥青混合料的高温稳定性。

2. 低温抗裂性

随着温度的降低，沥青混合料变形能力下降。由于低温收缩以及行车荷载的作用，路面的薄弱部位产生裂缝，从而影响道路的正常使用。因此，要求沥青混合料具有一定的低温抗裂性。

沥青混合料的低温裂缝是由混合料的低温脆化、低温缩裂和温度疲劳引起的。混合料的低温脆化是指在低温条件下，变形能力降低。低温缩裂通常是由于材料本身的抗拉强度不足而造成的。对于温度疲劳，可以模拟温度循环进行疲劳破坏。因此在沥青混合料组成设计中，应选用稠度较低、温度敏感性低、抗老化能力强的沥青。评价沥青混合料低温变形能力的常用方法之一就是低温弯曲试验。

3. 耐久性

沥青混合料的耐久性，是指在长期的荷载作用和自然因素影响下，保持正常使用状态而不出现剥落和松散等损坏的能力。

影响沥青混合料耐久性的因素有沥青的化学性质、矿料的矿物成分、沥青混合料的组成结构等。其中空隙越小，可以越有效防止水分渗入和日光紫外线对沥青的老化作用等，但一般沥青混合料均应残留一定的空隙，以备夏季沥青材料膨胀。

沥青路面的使用寿命与沥青含量有很大关系。当沥青用量低于要求用量时，将降低沥青的变形能力，使沥青混合料的残留空隙率增大。我国现行规范采用空隙率、沥青饱和度和残留稳定度等指标来表征沥青混合料的耐久性。

4. 抗滑性

用于高级公路沥青路面的沥青混合料，其表面应具有一定的抗滑性，才能保证汽车高速行驶的安全性。

沥青路面的抗滑性与矿物集料的表面性质、混合料的级配以及沥青用量等因素有关。为提高路面的抗滑性，配料时应特别注意矿料的耐磨光性，应选择质硬、有棱角的矿料。《公路沥青路面施工技术规范》（JTG F40—2004）指明，沥青用量对抗滑性影响非常敏感，沥青用量超过最佳用量的0.5%，即可使摩阻系数明显降低。另外，含蜡量对沥青混合料抗滑性也有明显影响，应选用含蜡量低的沥青，以免沥青表层出现滑溜现象。

5. 施工和易性

沥青混合料施工和易性，是指沥青混合料在施工过程中是否容易拌合、摊铺和压实的性能。它主要取决于矿料的级配、沥青的品种和用量，以及施工环境条件等。

单纯就混合材料性质而言，影响施工和易性的首要因素是混合料的级配情况。如粗细集料的颗粒大小相距过大，缺乏中间尺寸，混合料容易分层层积；沥青用量过少，或矿粉用量过多，混合料容易产生疏松、不易压实等。间断级配混合料的施工和易性比较差。

【延伸阅读】

我国和世界上很多其他国家一样面临着巨大的资源压力，相应道路石油沥青供应也面临着巨大的危机。一方面废弃沥青混合料再生利用，不仅能避免新的资源消耗，也可以促进现有资源循环利用。另一方面，废弃材料的堆放、掩埋带来巨大的环境污染问题。

国内外已开展沥青路面再生利用。20世纪80年代末，美国80%的废弃沥青混合料得到再生利用。日本从1976年到现在路面废弃料再生利用率已经超过70%。沥青路面再生技术发展至今形成多种路面再生工艺，也有多种分类方法。一般分为厂拌热再生、就地热再生、厂拌冷再生、就地冷再生、全深式再生等五种方式。厂拌冷再生技术是现在最成熟的工艺，能提高及时的道路养护和修复，对现有设备只需要进行较小的改动。该工艺是将旧沥青路面铣刨后运到沥青混合料拌和厂，通过破碎、筛分（必要时），并根据旧料中沥青含量、沥青老化度、集料级配等指标，掺入一定数量的新集料、再生结合料（乳化沥青、泡沫沥青等）、再生剂（必要时）进行常温拌和，使混合料达到规定的各项指标，按常温沥青混凝土的施工工艺重新铺筑，形成路面基层或者下面层的一种技术。

从资源保护、创建节约型社会的角度出发，沥青路面的再生必将成为今后筑路技术发展的一个趋势。

【本章小结】

沥青是一种土木工程中常见的有机胶凝材料，常用于防水和道路桥梁路面结构中，主要采用石油沥青，少量使用煤沥青。主要介绍沥青的分类、基本组成、胶体结构和主要技术性质及测试方法。针入度、延度和软化点是评价黏稠石油沥青牌号的三大指标。沥青的掺配改性和乳化沥青。沥青混合料是将粗集料、细集料和填料经人工合理选择级配组成的矿料混合料与适量沥青材料组成经拌合而成的均匀混合料。沥青混合料的分类和组成，提高沥青混合料强度的措施及沥青混合料的技术性质。

【习题与思考题】

1.1 选择题

(1) 沥青混合料的技术指标有_____。

A. 稳定度　　　B. 流值　　　C. 空隙率　　　D. 饱和度

E. 软化点

(2) 建筑石油沥青的牌号是根据_____来划分的。

A. 针入度　　　B. 延度　　　C. 软化点　　　D. 闪点

1.2 填空题

(1) 石油沥青四组分分析法是将其分离为_____、_____、_____、_____四个主要组分。

(2) 沥青混合料是指_____与沥青拌合而成的混合料的总称。

1.3 问答题

(1) 土木工程中选择石油沥青牌号的原则是什么?

(2) 比较石油沥青和煤沥青的性能和应用的差别。

第 10 章 建筑功能材料

【本章要点】

本章主要介绍土木工程中常见的功能材料,包括防水材料、保温材料、吸声和隔声材料、防火材料、装饰材料的常用品种、性质及用途等。本章的重点和难点是防水材料的种类和应用范围。

【能力要求】

通过本学习,学生应掌握防水材料的分类、性质特点及工程应用,不同防水等级对材料选择的要求,常用保温隔热材料的类型及应用;了解吸声材料的分类、特点及选用原则;了解装饰材料分类;掌握石材、陶瓷、玻璃、涂料、塑料等装饰材料的性能、特点及应用。

建筑功能材料是指能够赋予建筑物力学性能以外的特殊功能,如防水、绝热、吸声、防火、装饰、声控、光控等使用功能的一大类材料。随着人们对建筑物的舒适、节能、智能化等多方面的需求增加,建筑功能材料的品种和功能不断得到更新和完善。目前,国内外现代建筑中常用的建筑功能材料主要有防水堵水材料、绝热材料、吸声隔声材料、装饰材料、光学材料、防火材料、建筑加固修复材料等。

10.1 建筑防水材料

防水材料是指能够防止地下水、地表水、空气中的湿气、蒸汽和一些侵蚀性液体对建筑物或构筑物进行渗透、渗漏和侵蚀的材料。防水材料对建筑物的正常使用和延长建筑物寿命十分重要,因此它必须具有较高的抗渗性和耐水性,并应有适宜的强度和耐久性。

按物理特性可将防水材料分为柔性防水材料和刚性防水材料两大类。柔性防水材料构成柔性防水层,具有一定韧性和较大延伸率,包括防水卷材、防水涂料及密封膏等。刚性防水材料构成刚性防水层,其特点是强度高、无延伸能力,如防水砂浆、防水混凝土等。

10.1.1 防水卷材及片材

防水卷材是可卷曲的柔性防水材料,主要用于建筑墙体、屋面,以及隧道、公路、垃圾填埋场等处,起到抵御外界雨水、地下水渗漏的一种可卷曲成卷状的柔性材料，是我国目前使用量最大的防水材料。防水卷材必须具有良好的耐水性、机械强度、延伸性、抗断性、大气稳定性和低温柔韧性。根据主要组成材料不同，防水卷材主要有沥青防水卷材、改性沥青防水卷材和合成高分子防水卷材三个系列；根据胎体的不同分为无胎体卷材、纸胎卷材、玻璃纤维胎卷材、玻璃布胎卷材和聚乙烯胎卷材。

1. 沥青防水卷材

沥青防水卷材属于传统的防水卷材，是采用原纸、纤维织物、纤维毡等胎体浸涂沥青，表面撒布粉状、粒状或片状材料制成可卷曲的片状防水材料，是我国目前产量最大的防水材料，成本较低，属较低档的防水卷材，但因存在污染环境和容易起鼓、老化和渗漏等工程质量问题，最终将被其他高性能的防水材料所取代。

石油沥青纸胎油毡是采用低软化点石油沥青浸渍原纸，然后用高软化点石油沥青涂盖油纸两面，再涂或撒隔离材料所制成的一种纸胎防水卷材。纸胎油毡价格低，目前在我国防水工程中仍占主导地位。但总体而言，纸胎油毡低温柔性差，胎体易腐烂，耐用年限短，属限制淘汰产品，而SBS改性沥青油毡及APP改性沥青油毡则属改造提高产品。

目前大部分发达国家已淘汰了纸胎，以玻璃布胎体和玻纤毡胎体为主。石油沥青玻璃布油毡是用玻璃纤维经纺织而成的玻璃纤维布为胎体，浸涂石油沥青并在两面涂撒隔离材料所制成的一种防水卷材。沥青玻璃布油毡的低温柔度为0℃，明显优于纸胎油毡，性能指标中还增加了耐霉菌性的要求，使玻璃布油毡可用于长期受潮湿浸蚀的地下防水工程。玻璃布油毡适用于地下防水、防腐层，以及屋面防水层及管道（热管道除外）等的防腐保护层。

玻纤胎油毡系采用玻璃纤维毡为胎基，浸涂石油沥青，在其表面涂撒以矿物材料或涂盖聚乙烯膜等隔离材料所制成的一种防水卷材。以玻纤毡为胎体的油毡与玻璃布油毡的特性差不多，应用范围也基本相同。只是玻纤毡的纵横向拉力比玻璃布要均匀得多，用于地下防水的一些部位，要比以玻璃布为胎体的油毡具有更大的适应性。沥青玻璃纤维胎油毡可采用冷沥青粘法施工，也可用热沥青黏结法进行施工。

2. 改性沥青防水卷材

高聚物改性沥青防水卷材则是在传统沥青防水卷材的基础上，将填充、改性材料等添加剂掺入沥青材料或其他主体材料中，经混炼、压延或挤出成型而成的卷材。沥青防水卷材由于温度稳定性差、延伸率小，很难适应基层开裂及伸缩变形的要求，而高聚物改性沥青防水卷材则克服了传统沥青防水卷材的不足，具有高温不流淌、低温不脆裂、拉伸强度较高、延伸率较大等优异性能。常用的该类防水卷材有SBS改性沥青防水卷材和APP改性沥青防水卷材等。

（1）SBS改性沥青防水卷材

SBS改性沥青防水卷材是用SBS改性沥青浸滞胎基，两面涂以SBS沥青涂盖层，上表面撒以细砂、矿物粒（片）料或覆盖聚乙烯膜，下表面撒以细砂或覆盖聚乙烯膜所制成的一类卷材。

该类卷材使用聚酯毡和玻纤毡两种胎基。聚酯毡（长丝聚酯无纺布）机械性能很好，耐水性、耐腐蚀性也很好，是各种胎基中最高级的。玻纤毡耐水性、耐腐蚀性好，价格低，但强度低，无延展性。

SBS改性沥青防水卷材的最大特点是低温柔性好，冷热地区均适用，特别适用于寒冷地区，可用于特别重要及一般防水等级的屋面、地下防水工程、特殊结构防水工程。施工可采用热熔法，亦可采用冷粘法。

（2）APP改性沥青防水卷材

APP改性沥青防水卷材属塑性体沥青防水卷材中的一种。它是用APP改性沥青浸渍胎基（玻纤毡、聚酯毡），并涂盖两面，上表面撒以细砂、矿物粒（片）料或覆盖聚乙烯膜，下表面撒以砂或覆盖聚乙烯膜的一类防水卷材。

APP改性沥青防水卷材的性能接近SBS改性沥青卷材。其最突出的特点是耐高温性能好，130℃高温下不流淌，特别适合高温地区或太阳辐射强烈地区使用。另外，APP改性沥青防水卷材热熔性非常好，特别适合热熔法施工，也可用冷粘法施工。

3. 高分子防水卷材

合成高分子防水卷材是随着合成高分子材料的发展而出现的以合成橡胶、合成树脂或两者共混体系为基料，加入适量化学助剂，经塑炼、混炼、压延或挤出成型、硫化、定型等工序加工制成的可卷取的无胎防水卷材。这种防水卷材拉伸强度和抗撕裂强度高，断裂伸长率极大，耐热性和低温柔性好，耐腐蚀，耐老化，适宜冷粘施工，性能优异，是目前大力发展的新型高档防水卷材。Ⅰ级防水构造必须有一道合成高分子防水卷材。合成高分子防水卷材很多，最具有代表性的有合成橡胶类的三元乙丙橡胶防水卷材、合成树脂的聚氯乙烯防水卷材和氯化聚乙烯-橡胶共混防水卷材。

（1）三元乙丙（EPDM）橡胶防水卷材

三元乙丙橡胶防水卷材就是以三元乙丙橡胶为主要原料，掺入适量的丁基橡胶、硫化剂、促进剂、软化剂、填充料等，经过密炼、拉片、过滤、压延或挤出成型、硫化等工序加工制成防水卷材。

三元乙丙橡胶防水卷材具有以下显著特点：耐老化性能最好，使用寿命长（30~50年以上）；拉伸强度高（7MPa以上），断裂伸长率极大（450%以上），对黏结基层变形开裂的适应跟踪能力极强；耐高低温性能好。其中脆性温度在-40℃以下。

三元乙丙橡胶防水卷材是目前性能最优的防水卷材，广泛适用于防水要求高、耐用年限长的工业与民用建筑的防水工程，特别适用于屋面工程作单层外露防水。

（2）聚氯乙烯（PVC）防水卷材

聚氯乙烯防水卷材是以聚氯乙烯树脂为主要原料，掺加填充料和适量的改性剂、增塑剂及其他助剂，经混炼、压延或挤出成型而成的防水卷材。

PVC防水卷材根据其基料的组成及特性分为S型和P型。S型是以煤焦油与聚氯乙烯树脂混溶料为基料的柔性卷材；P型是以增塑聚氯乙烯为基料的塑性卷材。在卷材的实际生产中，S型卷材的PVC树脂掺有较多的废旧塑料，因此S型卷材性能远低于P型卷材。

以P型产品为代表的PVC卷材的突出特点是拉伸强度高，断裂伸长率也较大，与三元乙丙橡胶防水卷材相比，PVC防水卷材性能稍逊，但其优势是原材料丰富，价格比合成橡胶便宜。

(3) 氯化聚乙烯-橡胶共混防水卷材

氯化聚乙烯-橡胶共混防水卷材是以氯化聚乙烯（聚乙烯的氯化产物）树脂和合成橡胶共混物为主体，加入各种适量的助剂和填料，经混炼、压延或挤出等工序制成的防水卷材。

氯化聚乙烯-橡胶共混防水卷材兼有塑料和橡胶的特点。它不仅具氯化聚乙烯所特有的高强度和优异的耐臭氧、耐老化性能，而且具有橡胶类材料所特有的高弹性、高延伸性和良好的低温柔性。

从物理性能来看，氯化聚乙烯-橡胶共混防水卷材的性能指标已接近三元乙丙橡胶防水卷材，其适用范围和施工方法与三元乙丙橡胶防水卷材基本相同。由于原材料丰富，价格上较三元乙丙橡胶防水卷材有优势。

10.1.2 防水涂料

防水涂料是由合成高分子聚合物、高分子聚合物与沥青、高分子聚合物与水泥为主要成膜材料，加入各种助剂、改性材料、填充材料等加工制成的溶剂型、水乳型或粉末型的涂料。防水涂料以高分子材料为主体，经涂布能在结构物表面常温条件下固化成连续的、整体的、具有一定厚度的涂料防水层。防水涂料广泛适用于工业与民用建筑的屋顶、地下室、卫生间、浴室等需要进行防水处理的基层表面防潮、防渗等。按主要成膜物质可分为乳化沥青类防水涂料、改性沥青类防水涂料、合成高分子类防水涂料和水泥基防水涂料等。

防水涂料固化前成黏稠状液态，不仅能在水平面施工，而且能在立面、阴角、阳角等复杂表面施工。因而，特别适合各种复杂、不规则部位的防水，能形成无接缝的完整防水膜。防水涂料大多采用冷施工，既能减少环境污染，又便于施工操作，改善工作环境。固化后形成的防水层自重轻、对于轻型薄壳等异型屋面大都采用防水涂料进行施工。防水涂膜一般依靠人工采用刷子、刮板等逐层涂刷或涂刮，其厚度很难做到防水卷材那样均匀一致。所以施工时，严格按照操作方法进行重复多遍涂刷，以保证单位面积内的最低使用量，确保涂膜防水层的施工质量。

1. 乳化沥青类防水涂料及改性沥青类防水涂料

水性沥青基防水涂料是以乳化沥青为基料配制而成的水溶型或溶剂型防水涂料。

乳化沥青涂刷于材料表面，水分蒸发后，沥青微粒靠拢将乳化膜挤裂，相互团聚而黏结成连续的沥青膜层，成膜后的乳化沥青与基层黏结形成防水层。乳化沥青涂料常用品种是石灰乳化沥青涂料，它以石灰膏为乳化剂，在机械强力搅拌下将沥青乳化制成厚质防水涂料。乳化沥青的存储不能过长（一般3个月左右），否则容易引起凝聚分层而变质。存储温度不得低于0℃，不宜在−5℃以下施工，以免水结冰而破坏防水层，也不宜在夏季烈日下施工，因表面水分蒸发过快而成膜，膜内水分蒸发不出而产生气泡。乳化沥青主要适用Ⅲ级和Ⅳ级防水等级的工业与民用建筑屋面、混凝土地下室和卫生间防水、防潮；黏结玻璃纤维毡片（或布）作屋面防水层；拌制冷用沥青砂浆和混凝土铺筑路面等。

改性沥青类防水涂料是沥青为基料，用合成分子聚合物进行改性，制成的水乳型或溶剂型防水涂料，如溶剂型橡胶沥青防水涂料。改性沥青类防水涂料在柔韧性、抗裂性、拉伸强度、耐高低温性能、使用寿命等方面比沥青类涂料有明显改善。这类涂料可以应用于Ⅱ级、Ⅲ级、Ⅳ级等级的屋面、地面、混凝土地下室和卫生间等的防水工程。

2. 合成高分子类防水涂料

合成高分子类防水涂料是以合成橡胶或合成树脂为主要成膜物制成的单组分或多组分的防水涂料。这类涂料具有高弹性、高耐久性及优良的耐高低温性能。常用产品有聚氨酯防水涂料、聚合物乳液建筑防水涂料、聚氯乙烯防水涂料、有机硅防水涂料等。适用于Ⅰ级、Ⅱ级和Ⅲ级等级防水屋面、地下室、水池和卫生间的防水工程。

聚氨酯防水涂料是常用的防水涂料。按组分分为单组分和双组分；按基本性能分为Ⅰ级、Ⅱ级和Ⅲ级，Ⅰ级性能相对较高；产品按是否暴露分为外露和非外露；产品按有害物质限量分为A类和B类，A类的有害物质限量更加严格。

单组分聚氨酯防水涂料是一种反应型湿固化成膜的防水涂料，使用时涂覆于防水基层，通过和空气中的湿气反应而固化交联成坚韧、柔软和无接缝的橡胶防水膜。双组分高强聚氨酯防水涂料的甲组分和乙组分按比例均匀混合，涂刷于防水基层表面上，经常温交联固化形成一种富有高弹性、高弹性、耐久性的橡胶弹性膜，从而起到防水作用。由于聚氨酯防水涂料是反应型防水涂料，因而固化时体积收缩很小，可形成较厚的防水涂膜，具有弹性高、延伸率大、耐高低温性好、耐酸、耐碱、耐老化等优异性能。

还需要说明的是，由煤焦油生产的聚氨酯防水涂料对人体有害，故这类涂料严禁用于冷库内壁和饮水池等放水池。

10.1.3 密封材料

土木工程密封材料是能承受位移已达到气密、水密目的而嵌入建筑物缝隙、门窗四周、玻璃镶嵌部位以及由于开裂产生的裂缝中的定形和不定形的材料。它可以起到防水作用，同时也起到防尘、隔汽和隔声作用。为了使建筑物或构筑物工程中各种构件的接缝能够形成连续体，并具有不透水性与气密性，密封材料应具有良好的黏结性、耐老化和对高低温度的适应性，良好的变形性能、压缩循环性能和耐气候性及耐水性，能长期经受被黏结构件的收缩与振动而不破坏。密封材料分为定型和不定型两类：定型密封材料是指具有特定形状的密封衬垫（如密封条、密封带、密封垫等）；不定型密封材料是指一种黏稠状的材料（俗称密封膏或嵌缝膏）。主要品种有：建筑防水沥青嵌缝油膏、丙烯酸酯密封膏、聚氨酯建筑密封膏、聚硫建筑密封膏、建筑用硅酮结构密封胶等。

1. 建筑防水沥青嵌缝油膏

建筑防水沥青嵌缝油膏是以石油沥青为基料，加入改性材料、稀释剂及填充料混合制成的冷用油膏状密封材料。主要用于各种混凝土屋面板、墙板等建筑构件节点的防水密封。

建筑防水沥青嵌缝油膏按耐热性和低温柔性分为702、801两个型号。702号的耐热温度不高于70℃，保温柔性温度不低于－20℃；801号的耐热温度不高于

80℃，保温柔性温度不低于－10℃。

2. 聚氨酯建筑密封膏

聚氨酯密封膏是一种双组分反应固化型的建筑密封材料。甲组分含有异氰酸基的预聚体，乙组分含有多羟基的固化剂与其他辅料。使用时，将甲乙两组分按比例混合，经固化反应成为弹性体。聚氨酯密封膏是一种中高档的密封材料。它的弹性、黏结性、耐疲劳性和耐候性优良，并且耐水、耐油，广泛应用于屋面、墙板、地下室、门窗、管道、卫生间、蓄水池、泳池、机场跑道、公路、桥梁的接缝密封防水。

聚氨酯密封膏施工时不需要打底，但要求接缝干净（无油污等）和干燥。

3. 聚硫建筑密封膏

聚硫密封膏为双组分型密封材料。它以液态聚硫胶为主剂，金属过氧化物为硫化剂，在常温下反应形成弹性体。聚硫密封膏属高档密封材料。聚硫橡胶是一种饱和聚合物，所以其耐候性优异。它的低温柔性良好，对金属和非金属材料都具有很好的黏结力。它还耐水、耐湿热、耐油，广泛应用于建筑物上部结构、地下结构、水下结构以及门窗玻璃、管道的接缝密封。聚硫密封膏还可用作中空玻璃制造用的周边密封材料。

聚硫密封膏施工时，黏结面应清洁干燥，对混凝土等多孔材质表面要进行打底。

4. 建筑用硅酮密封胶

建筑用硅酮密封胶是以聚硅氧烷为主要成分的单组分或双组分室温固化剂密封材料。目前多为单组分型。单组分型硅酮密封膏以聚硅氧烷为主剂，加入硫化剂、硫化促进剂、填料等制成。硅酮密封膏属高档密封膏，近年来随高层建筑的兴起发展很快。它具有优异的耐热耐寒性以及很好的耐候性、耐疲劳性、耐水性，与各种金属、非金属的黏结性能良好。

硅酮密封膏施工时，施工表面必须清洁干燥、无霜和稳固，金属与玻璃表面应该用干净的布沾上酒精丁酮之类的溶剂揩抹干净。黏结面为混凝土时需要打底。

10.1.4 刚性防水堵漏涂料

刚性防水材料是指以水泥、砂、石为原料或其内掺入少量外加剂、高分子聚合物等材料通过调整配合比、抑制或减少空隙率、改变空隙特征、增加各原料界面的密实性等方法配制成具有一定抗渗能力的水泥砂浆、混凝土类防水材料。按组成材料的不同可分为以下三种。

1. 聚合物水泥防水砂浆

聚合物水泥防水砂浆是以水泥、细集料为主要组分，以聚合物乳液或可再分散乳胶粉为改性剂，添加适量助剂混合制成的防水砂浆。按组分可分为单组分（S类）和双组分（D类）两种。单组分是由水泥、细骨料、可再分散乳胶粉和添加剂组成；双组分由粉料（水泥、细集料等）和乳液（聚合物乳液、添加剂等）组成。按物理力学性能分为Ⅰ型和Ⅱ型两种。聚合物防水砂浆具有较好的抗渗性能，较高的抗压强度和抗折强度，较高的黏结强度和防裂性能，还具有与水泥砂浆相同的耐久性和耐腐蚀性能。

2. 水泥基渗透结晶型防水材料

水泥基渗透结晶型防水材料是一种用于水泥混凝土的刚性防水材料。与水作用后，材料中含有的活性化学物质以水为载体在混凝土中渗透，与水泥水化物生成不溶于水的针状结晶体，填塞毛细孔和微细裂缝，从而提高混凝土致密性和防水性。

3. 无机防水堵漏材料

无机防水堵漏材料是以水泥为主要组分，掺入添加剂经一定工艺加工制成的用于防水、抗渗、堵漏的粉状无机材料。根据凝结时间和用途可分为缓凝型和速凝型，缓凝型主要用于潮湿基层上的防水抗渗，而速凝型主要用于渗漏或涌水基层上的防水堵漏。

10.2 绝热材料

绝热材料指用于结构与环境热交换的一种功能材料。在建筑中，习惯上把用于控制室内热量外流的材料称为保温材料；把防止室外热量进入室内的材料称为隔热材料。保温、隔热材料统称为绝热材料。

10.2.1 绝热材料的性能要求

导热性指材料传递热量的能力。材料的导热能力用导热系数表示。导热系数的物理意义为：在稳定传热条件下，当材料层单位厚度内的温差为1℃时，在1s内通过$1m^2$表面积的热量。材料导热系数越大，导热性能越好。工程上将导热系数$\lambda<0.23W/(m·K)$的材料称为绝热材料。影响材料导热系数的因素有：

材料组成：材料的导热系数由大到小为，金属材料＞无机非金属材料＞有机材料。

微观结构：相同组成的材料，结晶结构的导热系数最大，微晶结构次之，玻璃体结构最小。

孔隙率：孔隙率越大，材料导热系数越小。

孔隙特征：在孔隙相同时，孔径越大，孔隙间连通越多，导热系数越大。

含水率：由于水的导热系数$\lambda=0.58W/(m·K)$，远大于空气，故材料含水率增加后其导热系数将明显增加，若受冻［冰的导热导数$\lambda=2.33W/(m·K)$］，则导热能力更大。

温度：材料的导热系数随温度升高而增大。因温度升高，材料固体分子热运动增强，且材料空隙中空气导热及孔壁间辐射作用亦增强。

绝热材料除应具有较小的导热系数外，还应具有适宜的或一定的强度、抗冻性、耐水性、防火性、耐热性和耐低温性、耐腐蚀性，有时还需具有较小的吸湿性或吸水性等。

室内外之间的热交换除了通过材料的传导传热方式外，辐射传热也是一种重要的传热方式，铝箔等金属薄膜由于具有很强的反射能力，具有隔绝辐射传热的作用，因而也是理想的绝热材料。

10.2.2 绝热材料的种类及使用要点

绝热材料按照它们的化学组成可以分为无机绝热材料和有机绝热材料。常用无机绝热材料有多孔轻质类无机绝热材料、纤维状无机绝热材料和泡沫状无机绝热材料；常用有机绝热材料有泡沫塑料和硬质泡沫橡胶。

10.2.2.1 常用无机绝热材料

1. 多孔轻质类无机绝热材料

蛭石是一种有代表性的多孔轻质类无机绝热材料，它主要含复杂的镁、铁含水铝硅酸盐矿物，由云母类矿物经风化而成，具有层状结构。将天然蛭石经破碎、预热后快速通过煅烧带可使蛭石膨胀20~30倍。膨胀蛭石的导热系数约为0.046~0.07W/(m·K)，可在1000℃的高温下使用。主要用于建筑夹层，但需注意防潮。

膨胀蛭石也可用水泥、水玻璃等胶结材胶结成板，用作板壁绝热，但导热系数值比松散状要大，一般为0.08~0.1W/(m·K)。

2. 纤维状无机绝热材料

（1）矿物棉

岩棉和矿渣棉统称矿物棉，由熔融的岩石经喷吹制成的纤维材料称为岩棉，由熔融矿渣经喷吹制成的纤维材料称为矿渣棉。将矿物棉与有机胶结剂结合可以制成矿棉板、毡、管壳等制品，其堆积密度约为45~150kg/m³，导热系数约为0.049~0.044W/(m·K)。由于低堆积密度的矿棉内空气可发生对流而导热，因而，堆积密度低的矿物棉导热系数反而略高。最高使用温度约为600℃。矿棉也可制成粒状棉用作填充材料，其缺点是吸水性大、弹性小。

（2）玻璃纤维

玻璃纤维一般分为长纤维和短纤维。短纤维相互纵横交错在一起，构成了多孔结构的玻璃棉，常用于作绝热材料。玻璃棉堆积密度约45~150kg/m³，导热系数约为0.041~0.035W/(m·K)。玻璃纤维制品的纤维直径对其导热系数有较大影响，导热系数随纤维直径增大而增加。以玻璃纤维为主要原料的保温隔热制品主要有：沥青玻璃棉毡和酚醛玻璃棉板，以及各种玻璃毡、玻璃毯等，通常用于房屋建筑的墙体保温层。

（3）泡沫状无机绝热材料

1）泡沫玻璃。泡沫玻璃是用玻璃细粉和发泡剂（石灰石、碳化钙和焦炭）经粉磨、混合、装模、煅烧（800℃左右）而得到的多孔材料。泡沫玻璃导热系数小、抗压强度高、抗冻性好、耐久性好，并且对水分、水蒸气和其他气体具有不渗透性，还容易进行机械加工，可锯、钻、车及打钉等。表观密度为150~200kg/m³的泡沫玻璃，其导热系数约为0.042~0.048W/(m·K)，抗压强度达0.55~0.16MPa。泡沫玻璃作为绝热材料在建筑上主要用于保温墙体、地板、天花板及屋顶保温。可用于寒冷地区建筑低层的建筑物。

2）多孔混凝土。多孔混凝土是指具有大量均匀分布、直径小于2mm的封闭气孔的轻质混凝土，主要有泡沫混凝土和加气混凝土。随着表观密度减小，多孔混凝土的绝热效果而增加，但强度下降。

10.2.2.2 常用有机绝热材料

（1）泡沫塑料

泡沫塑料是以各种树脂为基料，加入各种辅助料经加热发泡制得的轻质保温材料。泡沫塑料目前广泛用作建筑上的保温隔音材料，其表观密度很小，隔热性能好，加工使用方便。常用的泡沫塑料有聚苯乙烯泡沫塑料、脲醛泡沫塑料、聚氨酯泡沫塑料、聚氯乙烯泡沫塑料、泡沫酚醛塑料等。

(2) 硬质泡沫橡胶

硬质泡沫橡胶用化学发泡法制成。特点是导热系数小而强度大。硬质泡沫橡胶的表观密度在 $0.064\sim0.12g/cm^3$ 之间。表观密度越小，保温性能越好，但强度越低。硬质泡沫橡胶的抗碱和盐的侵蚀能力较强，但强的无机酸及有机酸对它有侵蚀作用。它不溶于醇等弱溶剂，但易被某些强有机溶剂软化溶解。硬质泡沫橡胶为热塑性材料，耐热性不好，在 65℃ 左右开始软化。硬质泡沫橡胶有良好的低温性能，低温下强度较高且具有较好的体积稳定性，可用于冷冻库。

绝热材料常以散材、卷材、板材和预制块等形式用于建筑物屋面、外墙和地面等的保温及隔热。可直接砌筑（如加气混凝土），或放在屋顶及维护结构中作为芯材，也可以铺垫成地面保温层。纤维或粒状材料既能填充于墙内，也能喷涂于墙面等处，兼有绝热、吸声和装饰等效果。

10.2.3 建筑外墙保温材料的防火

住宅建筑外墙保温需要保温材料的防火问题。2010 年 11 月上海胶州路公寓楼发生火灾，事故现场防违规大量使用尼龙网、聚氨酯泡沫等易燃材料，导致大伙迅速蔓延，造成了极大的生命财产损失。《外墙防火保温材料规定》要求高度大于等于 60m 的民用建筑外保温材料的燃烧等级为 A 级；高度大于 24m 小于 60m 的民用建筑外保温材料的燃烧等级为 B1，每层应设置防火隔离带；高度小于 24m 的民用建筑外保温材料的燃烧等级为 B1 级，每两层应设置防火隔离带。

建筑外墙保温材料选用必须考虑防火问题。聚氨酯泡沫板、聚苯乙烯板等有机材料的防火性能并不理想，其燃烧性能最高只能达到 B1 级，尤其是燃烧时会产生有毒气体。此类材料的使用在发达国家早已被限制在很小的应用领域。

无机-有机符合保温材料结合了两种保温材料的特性，能在一定程度上解决无机保温材料厚度较大而有机保温材料防火性能差的不足。还可通过黏结剂和阻燃剂等助剂的改性，开发新的多功能复合材料节能保温防火阻燃剂。通过这些新型材料的研究开发和应用，将极大降低建筑物外墙保温材料的火灾危险性。因此，研发和使用防火性能好的新型墙体保温材料非常必要。

10.3 隔声吸声材料

10.3.1 吸声材料

吸声材料是一种能在较大程度上吸收由空气传递的声波能量，减低噪声的材料。吸声材料借自身的多孔性、薄膜作用或共振作用而对入射声能具有吸收作用。吸声材料要与周围的传声介质的声特征阻抗相匹配，使声能无反射地进入吸声材料，并使入射声能绝大部分被吸收。在音乐厅、影剧院、大会堂等内部的墙面、地面、天棚等部位适当采用吸声材料，能控制和调整室内的混响时间，消除回声，以改善室内的听闻条件；用于降低喧闹场所的噪声，以改善生活环境和劳动条件；还广泛应用与降低通风空调管道的噪声。吸声材料按其物理性能和吸声方式分为多孔性吸声材料和共振吸声结构两大类。后者包括单个共振器、穿孔板共振吸声结构、薄板吸声结构和柔顺材料等。

1. 吸声材料的定义

吸声材料的吸声性能以吸声系数 α 表示。当声波遇到材料表面时，被吸收声能与入射声能之比，称为吸声系数，吸声系数越高，吸声效果越好。材料的吸声特性除了与声波方向有关外，还有声波频率有关，同一种材料，对高、中、低不同频率的吸声系数不同。为了反映材料的吸声特性，通常取 125、250、500、1000、2000、4000（Hz）等六个频率的吸声系数来表示材料的吸声频率特性。凡六个频率的平均吸声系数大于 0.2 的材料，称为吸声材料。

吸声材料的气孔是开放的，且互相连通，其气孔越多，吸收性能越好。大多数吸收强度较低，设置时要注意避免撞坏。多孔吸收材料易于吸湿，安装时应考虑胀缩的影响，还应考虑防火、防腐和防蛀等问题。

2. 吸声材料的种类和使用要点

建筑上常用吸声材料及吸声结构有如下几种：

（1）多孔吸声材料

声波进入材料内部互相贯通的孔隙，空气分子受到摩擦和黏滞阻力，使空气产生震动，从而使声能转化为机械能，最后因摩擦而转变为热能被吸收。这类多孔材料的吸声系数，一般从低频到高频逐渐增大，故对中频和高频的声音吸收效果较好。材料中开放的、互相连通的、细致的气孔越多，其吸声性能越好。

（2）柔性吸声材料

具有密闭气孔和一定弹性的材料，如泡沫塑料，声波引起的空气振动不易传递至其内部，只能相应地产生振动，在振动过程中由于克服材料内部的摩擦而消耗了声能，引起声波衰减。这种材料的吸声特性是在一定的频率范围内出现一个或多个吸收频率。

（3）帘幕吸声体

帘幕吸声体是用具有通气性能的纺织品，安装在离墙面或窗洞一定距离处，背后设置空气层。这种吸声体对中、高频都有一定的吸声效果。

（4）悬挂空间吸声体

悬挂于空间的吸声体，增加了有效的吸声面积，加上声波的衍射作用，大大提高了实际的吸声效果。空间吸声体可设计成多种形式悬挂在顶棚下面。

（5）薄板振动吸声结构

将胶合板、薄木板、纤维板、石膏板等的周边钉在墙或顶棚的龙骨上，并在背后留有空气层，即成薄板振动吸声结构。该吸声结构主要吸收低频率的声波。

（6）穿孔板组合共振吸声结构

穿孔的各种材质薄板周边固定在龙骨上，并在背后设置空气层即成穿孔板组合共振吸声结构。这种吸声结构具有适合中频的吸声特性，使用普遍。

10.3.2 隔声材料

建筑上把主要起隔绝声音作用的材料称为隔声材料。隔声材料主要用于外墙、门窗、隔墙以及隔断等。隔声可分为隔绝空气声（通过空气传播的声音）和隔绝固体声（通过撞击或振动传播的声音）。两者的隔声原理截然不同。

对于空气声，根据声学中的"质量定律"，其传声的大小主要取决于墙或板的单位面积质量，质量越大，越不易震动，则隔声效果越好。可以认为：固体声的隔绝主要是吸收，这和吸声材料是一致的；而空气声的隔绝主要是反射，因此必须选择密实、沉重的如黏土砖、钢板等作为隔声材料。

对于隔绝固体声音最有效的措施是采用不连续结构处理。即在墙壁和承重梁之间，房屋的框架和墙壁及楼板之间加弹性衬垫，这些衬垫的材料大多可以采用上述的吸声材料，如毛毡、软木等，将固体声转换成空气声后而被吸声材料吸收。

10.4 建筑装饰及复合功能材料

建筑上，把铺设、粘贴或涂刷在建筑物内外表面，主要起装饰作用的材料称为装饰材料。建筑装饰材料通常按照在建筑中的装饰部位分类，也可以按照组成来分类。常用建筑装饰材料有木材、塑料、石膏、铝合金、铝塑等制作的装饰材料，此外还有涂料、玻璃制品、陶瓷、饰面石材等。

10.4.1 建筑玻璃

玻璃是以石英、纯碱、石灰石和长石等在高温下熔融、成型、急冷而成的无定形非晶态物质。用于建筑的玻璃包括平板玻璃、建筑艺术玻璃、玻璃建筑构件和玻璃质绝热隔音材料等。

（1）磨光玻璃

磨光玻璃是用平板玻璃经过机械研磨和抛光加工制成的，分单面磨光和双面磨光两种，又称镜面玻璃或白片玻璃，其表面平整光滑且有光泽，物象透过玻璃不变形，透光率大于84%，从任何方向透视或反射景物都不发生畸变。厚度一般为5~6mm，尺寸大小可按需订制。作为室内装饰材料，磨光玻璃适用于光面装饰，常用作大型高级门窗、橱窗及制作镜子。缺点是加工费时且不经济，近年来随浮法玻璃的出现，其用量已大为减少。

（2）磨砂玻璃

磨砂玻璃是用普通平板玻璃、磨光玻璃、浮法玻璃经机械喷砂，手工研磨（磨砂）或氢氟酸溶蚀（化学腐蚀）等方法将表面处理成均匀毛面制成，又称毛玻璃、暗玻璃。因其表面粗糙，使光线产生漫射，故只有透光性而不能透视，使室内光线柔和而不刺目。常用于需要隐蔽的浴室、卫生间、办公室的门窗及隔断，还可用作黑板。

（3）釉面玻璃

釉面玻璃是以普通平板玻璃、压延玻璃、磨光玻璃或玻璃砖为基体，在其表面涂敷一层彩色易熔性色釉，在熔炉中加热至釉料熔融，使釉层与玻璃牢固结合在一起，再经退火或钢化等热处理制成具有美丽色彩或图案的装饰材料。

釉面玻璃具有良好的化学稳定性、热反射性，它不透明，永不褪色和脱落，可用于餐厅、宾馆的室内饰面层，一般建筑物门厅和楼梯间的饰面层，尤其适用于建筑物和构筑物立面的外饰面层，具有良好的装饰效果。

（4）钢化玻璃

钢化玻璃是平板玻璃经物理强化方法或化学方法处理后所得的玻璃制品，它具有比普通玻璃好得多的机械强度和耐热抗震性能，又称强化玻璃。

钢化玻璃的生产分物理法和化学法。物理法又称淬火法，它是将玻璃加热到接近玻璃软化温度（600～650℃）后迅速冷却的方法；化学法又称离子交换法，它是将待处理的玻璃浸入钾盐溶液中，使玻璃表面的钠离子扩散到溶液中，而溶液中的钾离子则填充进玻璃表面钾离子的位置。上述两种方法都可以使玻璃表面产生一个预压的应力。这个表面预压应力使玻璃的机械强度和抗冲击性能大大提高。

钢化玻璃具有强度高、冲击性好、热稳定性高、安全性高等特性，在建筑上主要用作高层建筑的门窗、隔墙与幕墙。

（5）热反射玻璃

热反射玻璃又称镀膜玻璃，是既具有较高的热反射能力，又保持平板玻璃良好透光性能的玻璃，是在玻璃表面用加热、蒸气、化学等方法喷涂金、银、铜、铝、铁等金属氧化物，或粘贴有机薄膜，或以某种金属离子置换玻璃表面中原有离子而制成。

热反射玻璃不同于吸热玻璃，区分可以根据玻璃对太阳辐射能的吸收系数和反射系数来进行，当吸热系数大于反射系数时为吸热玻璃，反之为热反射玻璃。

（6）中空玻璃

中空玻璃由两片或多片平板玻璃构成，用边框隔开，四周边缘部分用密封胶密封，玻璃层间充有干燥气体。构成中空玻璃的原片玻璃除普通退火玻璃外，还可用钢化玻璃、吸热玻璃、热反射玻璃等。

中空玻璃的特征是保温绝热，节能性好，隔声性能优良，并能有效地防止结露，非常适合在住宅建筑中使用。中空玻璃主要用于需要采暖、空调、防止噪声、结露及需要无直接阳光和特殊光的建筑物上，如住宅、饭店、宾馆办公楼、学校、医院、商店以及火车、轮船等。

（7）玻璃马赛克

玻璃马赛克又称玻璃锦砖，一般采用熔融法或烧结法生产。熔融法是以石英砂、石灰石、长石、纯碱、着色剂、乳化剂等为主要原料，经高温熔融后用对辊压延或链板压延成型，退火而成。烧结法是以废玻璃为主，加上工业废料或矿物废料、胶黏剂和水等，经压块、干燥、烧结、退火而成。玻璃马赛克是一种小规格的彩色饰面玻璃，一般尺寸为20mm×20mm、20mm×30mm、40mm×40mm，4～6mm厚。有透明、半透明、不透明的乳白、乳黄、红、黄、蓝、白、黑和各种过渡色的各种马赛克制品。玻璃马赛克通常一面光滑，另一面有锯齿状或阶梯状的沟纹，以利于铺贴时与水泥砂浆贴牢。

玻璃马赛克的材质为玻璃质，呈乳浊或半乳浊状，因而色泽柔和、众多、颜色绚丽，可呈现辉煌豪华气派；此外，玻璃马赛克还具有化学稳定性、热稳定性好、抗污性强，不吸水、不积尘、天雨自洗、经久常新、易于施工、价格便宜等优点，故而广泛应用于宾馆、医院、办公楼、礼堂、住宅等建筑物外墙和内墙，也可用于壁画装饰，通过艺术镶嵌，制得礼堂感很强的图案、字画及广告等。

(8) 吸热玻璃

吸热玻璃是既能吸收大量红外辐射能，又能保持良好的光透过率的平板玻璃。其制作方法有两种：一种是在普通平板玻璃中加入一定量的有吸热性能的着色剂，如氧化铁、氧化钴等；另一种是在玻璃表面喷涂有强烈吸热性能的氧化物薄膜，如氧化锡、氧化锑等。

吸热玻璃广泛应用于现代建筑物的门窗和外墙，以及用作车、船等的挡风玻璃等，起到采光、隔热、防眩作用。吸热玻璃的色彩具有极好的装饰效果，已成为一种新型的外墙和室内装饰材料。

10.4.2 建筑陶瓷

凡以黏土、长石、石英为基本原料，经配料、制坯、干燥、焙烧而制得的成品，统称为陶瓷制品。用于建筑工程的陶瓷制品，则称为建筑陶瓷，主要包括釉面砖、外墙面砖、地面砖、陶瓷锦砖、卫生陶瓷等。

1. 陶瓷制品的组成与分类

黏土、石英、长石是陶瓷最基本的三个组分，陶瓷主要化学组成包括：SiO_2、Al_2O_3、K_2O、Na_2O 等。

普通陶瓷制品质地按其致密程度（吸水率大小）可分为三类：陶质制品、炻质制品和瓷质制品。

2. 建筑陶瓷的分类及技术要求

建筑陶瓷是以无机非金属材料（主要是硅酸盐）为主要原料，经准确配料、混合加工后，按一定的工艺方法成型并烧制而成，其生产工艺与烧结砖相似。建筑陶瓷品种繁多，主要包括有以下几种：

（1）墙地砖：一般是指外墙砖和地砖。外墙砖是用于建筑物外墙的饰面砖，通常为炻质制品。

（2）陶瓷锦砖：也称陶瓷马赛克，是片状小瓷砖，主要用于厨房、餐厅、浴室等的地面铺贴。

（3）釉面砖：属精陶质制品，主要用作厨房、卫生间等的饰面材料。

（4）卫陶瓷：卫生陶瓷制品有洗面器、大小便器、洗涤器、水槽等。

（5）琉璃制品：应用于园林建筑屋面、屋脊的防水性装饰等处。

建筑陶瓷的主要技术性质包括有外观质量、机械性能、与水有关的性能、热性能和化学性能。

10.4.3 建筑涂料

建筑涂料是指能涂于建筑物表面，并能形成联结性涂膜，从而对建筑物起到保护、装饰或使其具有某些特殊功能的材料。

1. 建筑涂料基本组成及功能

建筑涂料基本组成包括基料、颜料、填料、溶剂（或水）及各种配套助剂。基料是涂料中最重要部分，对涂料和涂膜性能起决定性作用。

建筑涂料的涂层不仅对建筑物起到装饰的作用，还具有保护建筑物和提高其耐久性的功能，除此之外，另有一些涂料具有各自的特殊功能，进一步适应各种特殊使用的需要，如防火、防水、吸声隔声、隔热保温、防辐射等。

2. 建筑涂料的分类及常用的几种建筑涂料

建筑涂料品种繁多，由多种分类方法。其中可按在建筑物上的使用部位的不同来分类。

（1）墙面涂料：分为外墙涂料和内墙涂料。墙面涂料的作用是为保护墙体和装饰墙体的立面，提高墙体的耐久性或弥补墙体在功能方面的不足。但有些内墙涂料对室内环境造成污染，《室内装饰装修材料内墙涂料中有害物质限量》（GB 18582—2001）对室内装饰装修用墙面涂料中对人体有害物质进行了规定。对外墙涂料的要求比内墙涂料的更高些，因为它的使用条件严酷，保养更换也较困难。

（2）地面涂料：它对地面起装饰和保护作用，有的还有特殊功能如防腐蚀、防静电等。地面涂料要求有较好的耐磨损性。

（3）防水涂料：用防水涂料来取代传统的沥青卷材，可简化施工程序，加快施工速度，防水涂料应具有良好的柔性、延伸性，使用中不应出现龟裂、粉化。

（4）防火涂料：可分为钢结构防火涂料、木结构防火涂料和混凝土防火涂料。

（5）特种涂料：特种涂料除具有保护和装饰作用外，还具有特殊功能，如卫生涂料、防静电涂料和发光涂料。

常见的建筑涂料有合成树脂乳液砂壁状建筑涂料、复层涂料、合成树脂乳液内外墙涂料、溶剂型外墙涂料、无机建筑涂料和聚乙烯醇水玻璃内墙涂料等。

10.4.4 其他筑建筑装饰

建筑装饰材料品种、花色繁多，除了本节前面两个知识点所介绍的建筑陶瓷和建筑涂料外，还有其他种类的装饰材料。这里仅仅介绍装饰石材、微晶玻璃装饰板材和壁纸三大类。

1. 装饰石材

天然石材结构致密、抗压强度高、耐水、耐磨、装饰性好、耐久性好，主要用于装饰等级要求高的工程中。建筑装饰用的天然石材主要有装饰板材和园林石材。

常用的装饰板材有花岗石和大理石两类。

花岗石为典型的火成岩（深成岩），主要矿物成分为石英、长石、少量的云母及暗色矿物。花岗石强度高，吸水率小，耐酸性、耐磨性及耐久性好，常用于室内外的墙面及地面。但花岗石耐火性差，因为石英在高温时（573℃、870℃）会发生晶型转变产生膨胀而破坏岩石结构。此外，某些花岗石中含有微量的放射性元素，仅应用于室外。

大理石属变质岩，由石灰岩、白云岩等沉积岩经变质而成，主要矿物成分为方解石和白云石。大理石主要化学成分为碱性物质（$CaCO_3$），易被酸侵蚀，故除个别品种（汉白玉、艾叶青等）外，一般不宜用作室内装修，否则会受到酸雨以及空气中酸性氧化物遇水形成的酸类侵蚀，从而失去表面光泽，甚至出现斑点等现象。

2. 微晶玻璃装饰板材

微晶玻璃的美感、质感、耐候性、耐磨性、易清洁及不含放射性元素等优点已被认同，属于新型建筑装饰材料，已得到广泛应用。

3. 壁纸

壁纸是目前国内外使用较为广泛的一种墙面装饰材料。随着壁纸生产技术的发展，壁纸已经超出了"纸"范畴。除纸外，它还涉及塑料、玻璃纤维、动物纤维和植物纤维。

值得注意的是，壁纸也存在有害物质污染的问题。《室内装饰装修材料壁纸中有害物质限量》（GB 18585—2001）对此作出了规定。

10.5 建筑功能材料的新发展方向

建筑功能材料发展迅速，且在三方面有较大的发展：一是注重环境协调性，注重健康、环保；二是复合多功能；三是智能化。

10.5.1 绿色建筑功能材料

绿色建材又称生态建材、环保建材等，其本质内涵是相通的，即采用清洁生产技术，少用天然资源和能源，大量使用工农业或城市废弃物生产无毒害、无污染、达生命周期后可回收再利用，有利于环境保护和人体健康的建筑材料。

在当前的科学技术和社会生产力条件下，已经可以利用各类工业废渣生产水泥、砌块、装饰砖和装饰混凝土等；利用废弃的泡沫塑料生产保温墙体材料；利用无机抗菌剂生产各种抗菌涂料和建筑陶瓷等各种新型绿色功能建筑材料。

10.5.2 复合多功能建材

复合多功能建材是指材料在满足某一主要的建筑功能的基础上，附加了其他使用功能的建筑材料。例如抗菌自洁涂料，它既能满足一般建筑涂料对建筑主体结构材料的保护和装饰墙面的作用，同时又具有抵抗细菌的生长和自动清洁墙面的附加功能，使得人类的居住环境质量进一步提高，满足人们对健康居住环境的要求。

10.5.3 智能化建材

所谓智能化建材是指材料本身具有自我诊断和预告失效、自我调节和自我修复的功能并可继续使用的建筑材料。当这类材料的内部发生异常变化时，能将材料的内部状况反映出来，以便在材料失效前采取措施，甚至材料能够在材料失效初期自动进行自我调节，恢复材料的使用功能。如自动调光玻璃，根据外部光线的强弱，自动调节透光率，保持室内光线的强度平衡，既避免了强光对人的伤害，又可调节室温和节约能源。

【延伸阅读】

室内大理石装饰的辐射是否会对人体产生危害？家里放置花草盆栽能否减少辐射呢？大理石色泽自然、品种多样，做成家具之后古朴典雅、雍容华贵，受到市民的喜爱。天然大理石的辐射程度：浅白色大理石＜黄色大理石＜米白色大理石＜花岗岩＜黑色大理石＜灰黑色大理石。人工合成大理石辐射程度：花纹大理石＜杂点白色大理石＜纯白色大理石＜黑色大理石。然而，在正常生活中，按照吉林省的核辐射数据指数，无论是天然大理石和人造大理石只含有微量的辐射，只要不长时间进行接触，就不会影响到人体的健康。但是通过实验表明，天然的大理石辐射要比人工合成的高一些。

随后，记者在几种大理石附近和上面覆盖花盆、丝巾、书本等日常生活用品，看看辐射是否会变化？经过管理站的工作人员检测后发现，仪器显示的数值结果并没有发生变化。对此，管理站的工作人员介绍，如花草、日常用品这些物品，都不会影响到大理石本身的辐射，无论将它们怎样覆盖大理石在上面，其本身的辐射数值根本不会变，因为它们并不能阻挡辐射。

【本章小结】

防水材料是保证房屋建筑免受雨水、地下水与其他水分侵蚀、渗透的重要材料，是土木工程中不可缺少的材料，目前使用最广泛的是沥青基防水材料。保温材料是指为了放置建筑物和暖气设备的热量散失，或隔绝外界热量的传入而选用的材料。多孔材料是普遍应用的吸声材料，多孔材料具有大量内外相连的微孔，通气性良好。室外装修材料可以保护墙体、装饰立面，室内装饰材料可以保护墙体、楼板及地坪，保证使用条件，装饰室内。

【习题与思考题】

1.1 选择题

(1) 对于空气声，隔音材料的特点是_____？

A. 多孔　　　　B. 轻质　　　　C. 强度大　　　　D. 质量大

(2) 建筑结构中，主要起吸声作用且平均吸声系数大于_____的材料称为吸声材料。

A. 0.1　　　　B. 0.2　　　　C. 0.3　　　　D. 0.4

1.2 填空题

(1) 现土木工程防水材料分为四大系列，分布是_____、_____、_____、_____。

(2) 工程上将导热系数小于_____W/(m·K)的材料称为绝热材料。

1.3 问答题

(1) 刚性防水材料与柔性防水材料的适用范围有何差异？

(2) 吸声材料在施工中需注意什么问题？

第 11 章

土木工程材料试验

【本章要点】

本章主要介绍土木工程材料的基本物理性质试验、水泥试验、砂石试验、混凝土试验、砂浆试验、建筑钢材试验、沥青试验的试验流程和试验方法及试验结果处理。本章重点和难点是各试验的试验技术。

【能力要求】

通过本学习，学生应熟悉常用材料试验仪器的性能和操作方法，土木工程材料的技术要求；了解材料性能检验和评定的基本方法；掌握基本的试验技术。

11.1 试验一：土木工程材料的基本物理性能试验

11.1.1 材料密度试验

1. 试验目的

测定水泥（或其他粉状材料）的密度，了解材料的基本性质。

2. 试验依据和适用范围

本试验依据《水泥密度测定方法》(GB/T 208—1994) 进行。此方法适用于测定水泥的密度，也适用于测定采用本方法的其他粉状物料的密度。

3. 主要仪器设备

李氏瓶；恒温水槽；烘箱；天平（称量 500g，精度 0.01g）；温度计；干燥器等。

4. 试样制备

将试样研磨，用 0.90mm 方孔筛筛除筛余物，并放到 (110±5)℃的烘箱中，烘至恒重。将烘干的粉料放入干燥器中冷却至室温待用。

5. 试验步骤

(1) 将与试样不起反应的液体（若测定水泥密度，则用无水煤油）注入李氏瓶中至 0~1mL 刻度线后（以弯月面下部为准），盖上瓶塞放入恒温水槽内，使刻度部分浸入水中，恒温 30min，记下刻度数。

(2) 从恒温水槽中取出李氏瓶，用滤纸将李氏瓶细长颈内没有煤油的部分仔细擦干净。

(3) 用天平称取试样 60g，称准至 0.01g。

(4) 用小匙将水泥试样一点点装入李氏瓶中，反复摇动（亦可用超声波震动），至没有气泡排出，再次将李氏瓶静置于恒温水槽中，恒温30min，记下第二次读数。

(5) 第一次读数和第二次读数时，恒温水槽的温度差不大于0.2℃。

6. 试验结果计算

水泥体积应为第二次读数减去初始读数，即水泥所排开的无水煤油的体积。按下式计算出试样密度 ρ（精确至 0.01g/cm³）：

$$\rho = \frac{m_2 - m_1}{V_2 - V_1} \tag{11.1.1}$$

式中　m_1、m_2——容器质量、试样和容器总质量，g；
　　　V_1、V_2——李氏瓶第1次和第2次读数，cm³。

密度试验用两个试样平行进行，以其结果的算术平均值作为最后结果。两个结果之差不得超过 0.02g/cm³。

11.1.2　干体积密度、含水率和吸水率试验

1. 试验依据和适用范围

本试验依据为《加气混凝土体积密度、含水率和吸水率试验方法》（GB/T 11970—1997），适用于加气混凝土及类同材料的检验。

2. 仪器设备

电热鼓风干燥箱：最高温度200℃；托盘天平或磅秤：称量2000g，感量1g；钢板直尺：规格为300mm，分度值为0.5mm；恒温水槽：水温15～25℃。

3. 试样制备

(1) 试样制备采用机锯或刀锯，沿制品膨胀方向中心部分上、中、下顺序锯取一组，"上"块上表面距离制品顶面30mm，"中"块在制品正中处，"下"块下表面离制品底面30mm。锯时不得将试件弄湿。

(2) 制取 100mm×100mm×100mm 立方体试件两组6块。

4. 试验步骤

(1) 干体积密度和含水率试验步骤

取试件一组3块，逐块量取长、宽、高三个方向的轴线尺寸，精确至1mm，计算试件的体积（V）；并称取试件质量 M，精确至1g；将试件放入电热鼓风干燥箱内，在（60±5）℃下保温24h，然后在（80±5）℃下保温24h，再在（105±5）℃下烘至恒质（M_0）。

(2) 吸水率试验步骤

取另一组3块试件放入电热鼓风干燥箱内，在（60±5）℃下保温24h，然后在（80±5）℃下保温24h，再在（105±5）℃下烘至恒质（M_0）；试件冷却至室温后，放入水温为（20±5）℃的恒温水槽内，然后加水至试件高度的1/3，保持24h，再加水至试件高度的2/3，经24h后，加水高出试件30mm以上，保持24h；将试件从水中取出，用湿布抹去表面水分，立即称取每块质量（M_g），精确至1g。

5. 结果计算与评定

(1) 干体积按下式计算：

$$\rho_0 = \frac{M_0}{V} \tag{11.1.2}$$

式中　ρ_0——干体积密度，kg/m^3；
　　　M_0——试件烘干后质量，g；
　　　V——试件体积，mm^3。

(2) 含水率按下式计算：

$$W_m = \frac{M - M_0}{M_0} \times 100\% \tag{11.1.3}$$

式中　W_m——含水率，%；
　　　M_0——试件烘干后质量，g；
　　　M——试件烘干前的质量，g。

(3) 吸水率按下式计算（以质量百分率表示）：

$$W_V = \frac{M_g - M_0}{M_0} \times 100\% \tag{11.1.4}$$

式中　W_V——吸水率，%；
　　　M_0——试件烘干后质量，g；
　　　M_g——试件吸水后质量，g。

11.2　试验二：建筑钢材拉伸试验

11.2.1　试验目的

测定钢材的屈服强度、抗拉强度与伸长率，注意观察拉力与变形之间的关系，检验钢材的力学及工艺性能。

检验钢筋承受规定弯曲程度的变形性能，确定其可加工性能，并显示其缺陷。

本试验依据《金属材料弯曲试验方法》（GB 232—1999）、《金属材料室温拉伸试验方法》（GB 228—2002）进行。

11.2.2　主要仪器设备

试验机：应为1级或优于1级准确度；钢筋切割机；游标卡尺；钢筋打印机或划线笔。

11.2.3　取样方法

自每批钢筋中任意抽取两根，于每根距端部50mm处各取一套试样（两根试件）。在每套试样中取一根作拉力试验，另一根作冷弯试验。试验应在（20±10）℃的温度下进行，如试验温度超出这一范围，应在试验记录和报告中注明。

11.2.4　试验步骤

(1) 根据钢筋公称直径 d_0 确定试件的标距长度。原始标距为 $L_0 = 5d_0$，如钢筋的平行长度（夹具间非夹持部分）比原始标距长许多，可在平行长度范围内用小标记、细划线或细墨线均匀划分 5～10mm 的等间距标记，标记一系列的原始标距，便于在拉伸试验后根据钢筋断裂位置选择合适的原始标记。

(2) 将试验机指示系统调零。

(3) 将试件固定在试验机夹头内，应确保试样受轴向拉力的作用。开动机器进行拉伸试验，直至钢筋被拉断。从测力盘或自动测试系统中读取不计初始瞬时效应时屈服阶段的最小力或屈服平台的恒定力 F_{eL}、试验过程中的最大力 F_m。拉伸速度速率要求：屈服前，应力增加速率见表 11.2.1 的规定；屈服后，平行段的应变速率不应超过 0.008mm/s。

表 11.2.1　　　　　　　　　试件屈服前的应力增加速率表

钢筋弹性模量/(N/mm²)	应力增加速率/[N/(mm²·s)]	
	最小	最大
<150000	2	20
≥150000	6	60

11.2.5　试验结果处理

1. 屈服强度和抗拉强度

$$R_{eL} = F_{eL}/S_0 \tag{11.2.1}$$

$$R_m = F_m/S_0 \tag{11.2.2}$$

式中　F_{eL}——屈服阶段的最小力，N；

　　　F_m——试验过程中的最大力，N；

　　　S_0——钢筋的公称横截面面积，mm²。

2. 伸长率

$$\delta = \frac{L_u - L_0}{L_0} \times 100\% \tag{11.2.3}$$

式中　δ——断后伸长率，%；

　　　L_u——断后标距，mm；

　　　L_0——原始标距，mm。

11.3　试验三：水泥技术性能试验

11.3.1　试验目的及依据

测定水泥的标准稠度用水量、凝结时间、安定性及胶砂强度等主要技术性质。

本试验根据《水泥标准稠度用水量、凝结时间、安定性检验方法》（GB/T 1346—2011）和《水泥胶砂强度检验方法（ISO 法）》（GB/T 17671—1999）进行。

11.3.2　水泥试验的一般规定

(1) 同一试验用的水泥应在同一水泥厂出产的同品种、同强度等级、同编号的水泥中取样。

(2) 当试验水泥从取样至试验要保持24h以上时,应把它贮存在基本装满和气密的容器里。容器应不与水泥发生反应。水泥试样应充分拌匀。

(3) 试验室温度为 (20±2)℃,相对湿度应不低于50%;水泥试样、标准砂、拌合用水及试模等的温度应与实验室一致。

(4) 湿气养护箱温度为 (20±1)℃,相对湿度应不低于50%;试体养护池水温在为 (20±1)℃。

11.3.3 水泥标准稠度用水量测定(标准法)

1. 主要仪器设备

水泥净浆搅拌机;标准法维卡仪;量水器和天平等。

2. 试验步骤

(1) 试验前准备工作:维卡仪的金属棒能自由滑动;试模和玻璃板用湿布擦拭,将试模放在底板上;调整维卡仪的金属棒至试杆接触玻璃板时指针对准零点;搅拌机运转正常。

(2) 水泥净浆的拌制。用水泥净浆搅拌机搅拌,搅拌锅和搅拌叶先用湿布擦过。将拌合水倒入搅拌锅内,然后在5~10s内小心将称好的500g水泥加入水中,防止水和水泥溅出。拌合时,先将锅放在搅拌机锅座上,升至搅拌机位置,启动搅拌机,低速搅拌120s,停拌15s,同时将叶片和锅壁上的水泥浆刮入锅中间,接着高速搅拌120s停机。

(3) 标准稠度用水量的确定。拌合结束后,立即将适量水泥净浆一次性倒入已置于底板上的试模中,浆体超过试模上端,用宽25mm的直边小刀轻轻拍打超过试模部分的浆体5次以排除浆体中的孔隙,然后在试模表面约1/3处,略倾斜于试模分别向外轻轻锯掉多余净浆,再从试模边沿轻抹顶部一次,使净浆表面光滑。此过程注意不要压实净浆。抹平后迅速将试模和底板移至维卡仪上,并将其中心定位在试杆下,降低试杆直至与水泥净浆表面接触。拧紧螺丝1~2s后,突然放松,使试杆垂直自由沉入净浆中。在试杆停止沉入或释放试杆30s时记录试杆距离底板之间的距离,升起试杆后,立即擦净;整个操作应在搅拌后1.5min内完成。

3. 试验结果判定

以试杆沉入净浆并距底板 (6±1) mm的水泥净浆为标准稠度净浆。其拌合水量为该水泥的标准稠度用水量(P),按水泥质量的百分比计。

11.3.4 水泥凝结时间测定

1. 主要仪器设备

水泥净浆搅拌机、标准法维卡仪、试针和圆模、量水器和天平等。

2. 试验步骤

(1) 试验前准备工作

调整凝结时间测定仪的试针接触玻璃板时,刻度指针对准零点。

(2) 试件的制备

以标准稠度用水量试验相同的方法制成标准稠度净浆,并立即一次装满试模,振动数次后刮平,立即放入湿气养护箱内,记录水泥全部加入水中的时间为凝结时间的初始时间。

(3) 初凝时间的测定

试件在湿气养护箱内养护至加水后 30min 时进行第一次测定。测定时,从湿气养护箱内取出试模放到试针下,降低试针与水泥净浆接触面。拧紧螺丝 1~2s 后,突然放松,观察试针停止下沉或释放试杆 30s 时指针的读数。当试针沉至距底板 (4±1) mm 时,为水泥达到初凝状态。由水泥全部加入水中至初凝状态的时间为水泥的初凝时间,用 min 表示。

(4) 终凝时间的测定

为了准确观测试针沉入的状况,在终凝针上安装了一个环形附件。在完成初凝时间测定后,立即将试模连同浆体以平移的方式从玻璃板取下,翻转 180°,直径大端向上,小端向下放在玻璃板上,再放入湿气养护箱中继续养护。临近终凝时间时每隔 15min 测定一次,当试针沉入试体 0.5mm 时,即环形附件开始不能在试件上留下痕迹时,为水泥达到终凝状态。由水泥全部加入水中至终凝状态的时间为水泥的终凝时间,min 表示。

(5) 测定时应注意:在最初测定操作时应轻轻扶持金属棒,使其徐徐下降,以防试针撞弯,但测定结果以自由下落为准;在整个测试过程中试针沉入的位置至少要距试模内壁 10mm;临近初凝时,每隔 5min 测定一次,到达初凝或终凝状态时应立即重复一次,当两次结论相同时,才能定为到达初凝或终凝状态;每次测定不得让试针落入原针孔,每次测试完毕须将试针擦净,并将试模放回湿气养护箱内,整个测定过程中要防止试模受振。

3. 试验结果

到达初凝或终凝时,应立即重复测一次,当两次结论相同时,才为达到初凝或终凝状态。

11.3.5 安定性试验

安定性试验可采用试饼法或雷氏法,当实验结果有争议时以雷氏法为准。雷氏法是测定水泥净浆在雷氏夹中沸煮后的膨胀值。试饼法是观察水泥净浆试饼沸煮后的外形变化来检验水泥的体积安定性。

1. 主要仪器设备

水泥净浆搅拌机;煮沸箱、雷氏夹、雷氏夹膨胀值测定仪、量水器和天平等。

2. 标准法(雷氏法)试验步骤

(1) 测定前的准备

试验前检查雷氏夹的质量是否符合要求。每个试样需成型两个试件,每个雷氏夹需配备两个边长或直径 80mm、厚度 4~5mm 的玻璃板两块,凡与水泥净浆接触的玻璃板和雷氏夹内表面都要稍稍涂上一层油。

(2) 水泥标准稠度净浆的制备。与凝结时间试验相同。

(3) 雷氏夹试件的成型。将预先准备好的雷氏夹放在已稍擦油的玻璃板上,并立刻将已制好的标准稠度净浆装满试模,装模时一只手轻轻扶持试模,另一只手用宽约 25mm 的小刀插捣 3 次左右,然后平盖上稍涂油的玻璃板,接着立刻将试模移至养护箱内养护（24±2）h。

（4）煮沸。调整好沸煮箱内的水位，使能保证在整个沸煮过程中都超过试件，不需中途添补试验用水，同时以能保证在（30±5）min 内加热至恒沸。

脱去玻璃板取下试饼，在试饼无缺陷的情况下，将试饼放在沸煮箱内水中的篦板上，然后在（30±5）min 内加热至沸，并恒沸（180±5）min。

3. 试验结果评定

测量试件指针尖端的距离记录至小数点后一位，当两试件煮后增加距离的平均值不大于 5mm 时，即安定性合格，反之为不合格。当两个试件的值相差 4mm 时，应取同一样品立即重新做一次实验。

11.3.6 水泥胶砂强度试验

1. 主要仪器设备

水泥胶砂搅拌机、试模、振实台、抗折强度试验机及抗压强度试验机等。

2. 水泥胶砂的制备

水泥胶砂强度采用的质量配合比为水泥∶砂∶水＝1∶3∶0.5，即水泥 450g，标准砂 1350g，水 225ml。将配料在搅拌机进行搅拌均匀。

3. 试件的制备

试件尺寸为 40mm×40mm×160mm 的棱柱体。试件可用振实台或振动台成型。

4. 试件的养护

（1）脱模前的处理和养护。去掉留在模子四周的胶砂，编号，放入雾室或湿箱的水平架子上养护，湿空气应能与试模各边接触。养护到规定的脱模时间时取出脱模。编号时应将同一试模中的三条试体分在两个以上龄期内。

（2）脱模。对于 24h 龄期的，应在破型试验前 20min 内脱模；对于 24h 以上龄期的，应在成型后 20～24h 脱模。

（3）水中养护。将做好标记的试件立即水平或竖直放在（20±1）℃水中养护，彼此间保持一定间距，养护期间试件之间间隔或试体上表面的水深不得小于 5mm。最初用自来水装满养护池（或容器），随后随时加水保持恒定的水位，不允许在养护期间全部换水。

（4）强度试验试体的龄期。试体龄期是从水泥和水搅拌开始试验时算起。不同龄期强度试验在下列时间内进行：24h±15min、48h±30min、7d±45min、28d±8h。

5. 强度试验

（1）抗折强度测定。

抗折强度按下式进行计算：

$$R_f = \frac{1.5 F_f L}{b^3} \tag{11.3.1}$$

式中　F_f——折断时施加于棱柱体中部的荷载，N；

　　　L——支撑圆柱体之间的距离，mm；

　　　b——棱柱体正方形的边长，mm。

以一组三个棱柱体抗折结果的平均值作为实验结果。当 3 个强度值中有超出平均值±10%时,应剔除后再取平均值作为抗折强度实验结果。

(2) 抗压强度测定。

抗压强度按下式进行计算:

$$R_C = \frac{F_C}{A} \tag{11.3.2}$$

式中　F_C ——破坏荷载,N;

　　　A ——受压部分面积,mm^2。

以一组三个棱柱体上得到的 6 个抗压强度测定值的算术平均为试验结果。如 6 个测定值中有一个超出 6 个平均值的±10%,就应剔除这个结果,而以剩下 5 个的平均数为结果。如果 5 个测定值中再有超过它们平均数±10%的,则此组结果作废。

11.4　试验四:骨料颗粒级配试验

11.4.1　试验目的及依据

对混凝土用砂、石进行实验,评定其质量,为混凝土配合比设计提供原材料参数。

建筑用砂试验依据为《建筑用砂》(GB/T 14684—2011);建筑用石试验依据为《建筑用卵石、碎石》(GB/T 14685—2011)。

11.4.2　取样及处理

在料堆上取样时,取样部位应均匀分布。取样前先将取样部位表层除去,然后从不同部位抽取大致等量的砂 8 份或石子 15 份,组成一组样品。在皮带运输机或车船上取样需按照标准的有关规定。

砂试样可用分料器法和人工四分法进行处理。石子缩分采用四分法进行。将样品倒在平整洁净的平板上,在自然状态下拌和均匀,堆成堆体,然后用上述四分法将样品缩分至略多于试验所需量。

11.4.3　砂的颗粒级配试验

1. 主要仪器设备

鼓风烘箱;天平;方孔筛(孔径为 $150\mu m$、$300\mu m$、$600\mu m$、1.18mm、2.36mm、4.75mm 及 9.5mm 的筛各一只),并附有筛底和筛盖;摇筛机;搪瓷盘和毛刷等。

2. 试样制备

按规定取样,并将试样缩分至约 1100g,放在烘箱中于(105±5)℃下烘干至恒量,待冷却至室温后,筛除大于 9.5mm 的颗粒(并算出筛余百分率),分为大致相等的两份备用。

3. 试验步骤

(1) 称取试样 500g,精确到 1g。将试样倒入按孔径大小从上到下组合的套筛（附筛底）上，然后进行筛分。

（2）将套筛置于摇筛机上，摇 10min；取下套筛，按筛孔大小顺序再逐个用手筛，筛至每分钟通过量小于试样总量 0.1% 为止。通过的试样并入下一号筛中，并和下一号筛中的试样一起过筛，这样顺序进行，直至各号筛全部筛完为止。

（3）称出各号筛的筛余量，精确至 1g，试样在各号筛上的筛余量不得超过按下式计算的量，超过时应按下列方法之一处理。

$$G = \frac{A \times d^{0.5}}{200} \quad (11.4.1)$$

式中　G——在一个筛上的筛余量，g；
　　　A——筛孔面积，mm^2；
　　　d——筛孔尺寸，mm。

超过时应按下列方法之一处理：①将该粒级试样分成少于按上式计算出的量，分别筛分，并以筛余量之和作为该号筛的筛余量；②将该粒级及以下各粒级的筛余混合均匀，称出其质量，精确至 1g，再用四分法缩分为大致相等的两份，取其中一份，称出其质量，精确至 1g，继续筛分。计算该粒级及以下各粒级的分计筛余量时应根据缩分比例进行修正。

4. 结果计算与评定

（1）计算分计筛余百分率：各号筛上的筛余量与试样总质量之比，计算精确至 0.1%；

（2）计算累计筛余百分率：该号筛的筛余百分率加上该号筛以上各筛余百分率之和，计算精确至 0.1%。筛分后，如每号筛的筛余量与筛底的剩余量之和同原试样质量之差超过 1%，须重新试验。

（3）砂的细度模数 M_x 可按下式计算，精确至 0.01：

$$M_x = \frac{(A_2 + A_3 + A_4 + A_5 + A_6) - 5A_1}{100 - A_1} \quad (11.4.2)$$

式中　　　　　　　　　　M_x——在一个筛上的筛余量，g；
　　　A_1、A_2、A_3、A_4、A_5、A_6——4.75mm、2.36mm、1.18mm、600μm、300μm、
　　　　　　　　　　　　　　150μm 筛的累积筛余。

（4）累计筛余百分率取两次试验结果的算术平均值，精确至 1%。细度模数取两次试验结果的算术平均值，精确至 0.1；如两次试验的细度模数之差大于 0.20 时，须重新试验。根据累计筛余百分率，可确定该砂所属的级配区。

11.4.4　石的颗粒级配试验

1. 主要仪器设备

鼓风烘箱；天平；方孔筛（孔径为 2.36mm、4.75mm、9.5mm、16mm、19mm、26.5mm、31.5mm、37.5mm、53mm、63mm、75mm 及 90mm 的筛各一只），并附有筛底和筛盖（筛框内径为 300mm）；摇筛机；搪瓷盘和毛刷等。

2. 试样制备

按规定取样，并将试样缩分至约 1100g，放在烘箱中于 (105±5)℃ 下烘干至恒量，待冷却至室温后，筛除大于 9.5mm 的颗粒（并算出筛余百分率），分为大

致相等的两份备用。

3. 试验步骤

(1) 按规定取样,从取回试样中利用四分法缩取不少于规定的试样数量,经烘干或风干后备用。

(2) 按规定取样,精确到1g。将试样倒入按孔径大小从上到下组合的套筛(附筛底)上,然后进行筛分。

(3) 将套筛置于摇筛机上,摇10min;取下套筛,按筛孔大小顺序再逐个用手筛,筛至每分钟通过量小于试样总量0.1%为止。通过的试样并入下一号筛中,并和下一号筛中的试样一起筛,这样顺序进行,直至各号筛全部筛完为止。当筛余颗粒的粒径大于19mm时,在筛分过程中,允许用手指拨动颗粒。

4. 试验结果计算和评定

(1) 计算分计筛余百分率:各号筛的筛余量与试样总质量之比,计算精确至0.1%。

(2) 计算累计筛余百分率:该号筛的筛余百分率加上该号筛以上各分计筛余百分率之和,精确至1%。筛分后,如每号筛的筛余量与筛底的筛余量之和同原试样质量之差超过1%时,须重新试验。

(3) 根据各号筛的累计筛余百分率,评定该试样的颗粒级配。

11.5 试验五:普通混凝土试验

11.5.1 试验依据

本试验依据《普通混凝土拌合物性能试验方法标准》(GB/T 50080—2002)、《普通混凝土力学性能试验方法标准》(GB/T 50081—2002)相关规定进行。

本试验的目的是:通过普通混凝土拌合物和易性试验检验所设计的初步配合比是否符合施工要求和技术要求;通过普通混凝土立方体抗压强度试验和混凝土强度非破损检测试验检测混凝土强度是否满足设计强度要求。

11.5.2 混凝土拌合试样制备

1. 主要仪器设备

搅拌机;磅秤(称量50kg,精度50g);天平(称量5kg,精度1g);量筒($200cm^3$、$1000cm^3$);拌板;拌铲;盛器等。

2. 一般规定

拌制混凝土的原材料应符合技术要求,并与施工实际用料相同,在拌和前,材料的温度应与室温[应保持在(20±5)℃]相同;在决定用水量时,应扣除原材料的含水量,并相应增加其他各种材料的用量;拌制混凝土的材料用量以质量计,称量的精确度:集料为±1%,水、水泥及混凝土混合材料为±0.5%;拌制混凝土所用的各种用具(如搅拌机、拌合铁板和铁铲、抹刀等),应预先用水湿润,使用完毕后必须清洗干净,上面不得有混凝土残渣。

3. 拌合方法

无论是人工拌合或机械拌合,实验要求从开始加水时算起,到完成坍落度测定或试件成型，全部操作须在30min内完成。

11.5.3 拌合物稠度试验

1. 主要仪器设备

坍落度筒、捣棒、拌板、铁锹、抹刀、小铲和钢尺等。

2. 试验步骤

（1）润湿坍落度筒及底板，在坍落度筒内壁和底板上无明水。底板应放置坚实水平面上，并把筒放在底板中心，然后用脚踩住二边的脚踏板，坍落度筒在装料时保持固定的位置。

（2）把按要求取得的混凝土试样用小铲分三层地装放筒内，使捣实后每层高度为筒高的1/3左右。每层用捣棒插捣25次。插捣应沿螺旋方向由外向中心进行，各次插捣应在截面上均匀分布。插捣筒边混凝土时，捣棒可以稍稍倾斜。插捣底层时，捣棒应贯穿整个深度，插捣第二层和顶层时，捣棒应插透本层至下一层的表面；浇灌顶层时，混凝土应灌到高出筒口。插捣过程中，如混凝土沉落到低于筒口，则应随时添加。顶层插捣完后，刮去多余的混凝土，并用抹刀抹平。

（3）清除筒边底板上的混凝土后，垂直平稳地提起坍落度筒。坍落度筒的提离过程应在5~10s完成；从开始装料到提起坍落度筒的整个过程应不间断进行，并应在150s内完成。

（4）提起坍落度筒后，量测筒高与坍落后混凝土试体最高点之间的高度差，即为该混凝土拌合物的坍落度值（以mm为单位）；坍落度筒提离后，如试件发生崩塌或一边剪坏现象，则应重新取样进行测定。如第二次仍出现这种现象，则表示该拌合物和易性不好，应予记录备查。

（5）观察坍落后的混凝土试体的黏聚性及保水性。黏聚性的检查方法是用捣棒在已坍落的拌合物锥体侧面轻轻敲打，此时如果锥体逐渐下沉，则表示黏聚性良好，如果锥体倒塌、部分崩裂或出现离析，即表示黏聚性不好。保水性以混凝土拌合物浆析出的程度来评定，坍落度筒提起后如有较多的稀浆从底部析出，锥体部分的拌合物也因此失浆而骨料外露，则表明此混凝土拌合物的保水性不好；如果坍落度筒提起后无稀浆或仅有少量稀浆自底部析出，则表明此混凝土拌合物保水性良好。

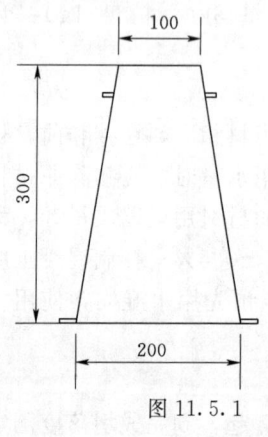

图 11.5.1

（6）当混凝土拌合物的坍落度大于220mm时，用钢尺测量混凝土扩展后最终的最大直径和最小直径，在这两个直径之差小于50mm的条件下，用其算术平均值作为坍落度扩展度值；否则，此试验无效。

如果发现粗集料在中央集堆或边缘有水泥浆析出，表示此混凝土拌合物离析性不好，应予记录。

3. 试验结果

混凝土拌合物的坍落度和坍落扩展值以mm为单位。

11.5.4 抗压强度试验

1. 试验目的和依据

学会混凝土立方体试件的制作及测试方法,用以检验混凝土强度,确定、校核混凝土配合比,并为控制混凝土施工质量提供依据。本试验根据《普通混凝土力学性能试验方法标准》(GB/T 50081—2002)进行。

2. 主要仪器设备

振动台、试模、压力试验机、钢垫板、捣棒、小铁铲、钢板尺、卡尺、抹刀及试件等。

3. 试验步骤

(1) 试件的制作。取样或拌制好的混凝土拌合物应至少用铁锹再来回拌合 3 次。采用振动台、人工插捣、插入式捣棒振实试件。

(2) 试件的养护。试件成型后应立即用不透水的薄膜覆盖表面。采用标准养护的试件,应在温度为 (20±5)℃的环境下静置一昼夜至二昼夜,然后编号、拆模。拆模后应立即放入温度为 (20±2)℃,相对湿度为 95% 以上的标准养护室中养护,或在温度为 (20±2)℃ 的不流动的 $Ca(OH)_2$ 饱和溶液中养护。标准养护室内的试件应放在支架上,彼此间隔为 10~20mm,试件表面应保持潮湿,并不得被水直接冲淋。同条件养护试件的拆模时间可与实际构件的拆模时间相同,拆模后,试件仍需保持同条件养护。标准养护龄期为 28d (从搅拌加水开始计时)。

(3) 抗压强度测试。试件自养护室取出后,随即擦干并量出其尺寸(精确至 1mm),据以计算试件的受压面积 A (mm^2)。将试件放在下承压板上,试件的承压面积应与成型时的顶面垂直。试件的中心应与试验机下压板中心对准。开动试验机,当上压板与试件接近时,调整球座,使接触均衡。

加压时,应连续而均匀地加荷,加荷速度应为:

混凝土强度等级小于 C30,取 0.3~0.5MPa/s;

混凝土强度等级大于等于 C30 且小于 C60,取 0.5~0.8MPa/s;

混凝土强度等级大于等于 C60,取 0.8~1.0MPa/s。

当试件接近破坏而急剧变形时,停止调整试验机油门,直至试件破坏。记录破坏荷载。

4. 结果计算

(1) 混凝土立方体试件抗压强度 f_{cc} (MPa) 按下式计算 (精确至 0.1MPa):

$$f_{cc} = \frac{F}{A} \tag{11.5.1}$$

式中　F ——破坏荷载,N;

　　　A ——受压面积,mm^2;

　　　f_{cc} ——混凝土立方体试件抗压强度,MPa。

(2) 强度值的确定应符合下列规定:三个试件测值的算术平均值作为该组试件的强度值(精确至 0.1MPa);三个测定值中的最小值或最大值中有一个与中间值的差异超过中间值的 15%,则把最大及最小值一并舍除,取中间值作为该组试件的抗压强度值;如最大和最小值与中间值的差均超过中间值的 15%,则此组试件的试验结果无效。

（3）混凝土强度等级小于C60时，用非标准试件测得到强度值均应乘以尺寸换算系数，其值为对200mm×200mm×200mm试件为1.05；对100mm×100mm×100mm试件为0.95。当混凝土强度等级大于等于C60时，宜采用标准试件；使用非标准试件时，尺寸换算系数应由试验确定。

11.6 综合性设计试验一：普通混凝土配合比设计试验

11.6.1 试验目的与要求

本综合设计试验目的：了解普通混凝土配合比设计的全过程，培养综合设计实验能力；熟悉混凝土拌合物和易性和混凝土强度实验方法。

根据提供的工程条件和材料，依据《普通混凝土配合比设计规程》（JGJ 55—2000）设计出符合工程要求的普通混凝土配合比。

11.6.2 工程和原材料条件

某工程的预制钢筋混凝土梁（不受风雪影响）。混凝土设计强度等级为C25，要求强度保证率95%。该施工单位无历史统计资料。施工要求坍落度为30～50mm。施工现场混凝土由机械搅拌，机械振捣。

原材料：普通水泥，强度等级32.5，表观密度$\rho_C = 3.1 \text{g/m}^3$；中砂；碎石；自来水。

11.6.3 原材料性能试验

水泥性能试验（凝结时间试验、安定性试验、胶砂强度试验）；砂性能试验（表观密度测定、堆积密度测定、筛分析试验）；石性能试验（表观密度测定、堆积密度测定、筛分析试验）。

11.6.4 计算初步配合比

根据给定的工程条件、原材料和实验测得的原材料性能进行初步配合比计算。计算应按照《普通混凝土配合比设计规程》（JGJ 55—2000）的规定。所得初步配合比，供试配用。

11.6.5 配合比的试配

配合比试配中涉及的试验方法参照试验5进行。

11.6.6 配合比的调整和确定

配合比调整和确定参照试验5进行。

参 考 文 献

[1] 高等学校土木工程学科专业指导委员会. 高等学校土木工程本科指导性专业规范［M］. 北京：中国建筑工业出版社，2011.

[2] 高等学校土木工程专业指导委员会. 高等学校土木工程本科教育培养目标和培养方案及课程教学大纲［M］. 北京：中国建筑工业出版社，2008.

[3] 苏达根. 土木工程材料［M］. 第3版. 北京：高等教育出版社，2014.

[4] 倪修全，殷和平，陈德鹏. 土木工程材料［M］. 武汉：武汉大学出版社，2014.

[5] 湖南大学，天津大学，同济大学，等. 土木工程材料［M］. 北京：中国建筑工业出版社，2002.

[6] 刘娟红，宋少民. 绿色高性能混凝土技术与工程应用［M］. 北京：中国电力出版社，2011.

[7] 中华人民共和国住房和城乡建设部. 砌筑砂浆配合比设计规程（JGJ/T 98—2010）［S］. 北京：中国建筑工业出版社，2011.

[8] 姜志青. 道路建筑材料［M］. 第4版. 北京：人民交通出版社，2013.

[9] 张松榆，金晓鸥. 建筑功能材料［M］. 北京：中国建材工业出版社，2012.

[10] 李云凯，王云飞. 金属材料学［M］. 北京：北京理工大学出版社，2013.

[11] 陈志源，李启令. 土木工程材料［M］. 第2版. 武汉：武汉理工大学出版社，2000.

[12] 余丽武. 土木工程材料［M］. 南京：东南大学出版社，2011.

[13] 符芳. 土木工程材料［M］. 南京：东南大学出版社，2006.

[14] 马一平，孙振平. 建筑功能材料［M］. 上海：同济大学出版社，2014.

[15] 陆金驰，陈凯，李东南. 利用煤粉炉渣制备微晶泡沫玻璃的研究［J］. 景德镇：中国陶瓷，2012（8）.

[16] 陆金驰，李东斌. 煤粉炉渣在蒸压条件下反应活性研究［J］. 北京：煤炭科学技术，2011（6）.

[17] 苏达根. 水泥与混凝土工艺［M］. 北京：化学工业出版社，2005.

[18] 陶新明. 一种新型功能材料—透明混凝土［J］. 福州：福建建材，2014（7）.

[19] 何镜堂，周颂鲁. 启于世博 行之中国——2010年上海世博会对中国建筑创作的启示［J］. 北京：建筑学报，2011（1）.

[20] 杜兴亮. 建筑材料［M］. 北京：中国水利水电出版社，2009.

[21] 张志国，曾光廷. 土木工程材料［M］. 武汉：武汉大学出版社，2013.

[22] 白宪臣. 土木工程材料实验［M］. 北京：中国建筑工业出版社，2010.

[23] 姚燕. 新型高性能混凝土耐久性的研究与工程应用［M］. 北京：中国建材工业出版社，2004.

[24] 张誉，蒋利学，张伟平，等. 混凝土结构耐久性概论［M］. 上海：上海科学技术出版社，2003.

[25] 刘新佳. 建筑工程材料手册［M］. 北京：化学工业出版社，2010.